AutoML

自 機器學習

Auto … arning with AutoKeras

Packt

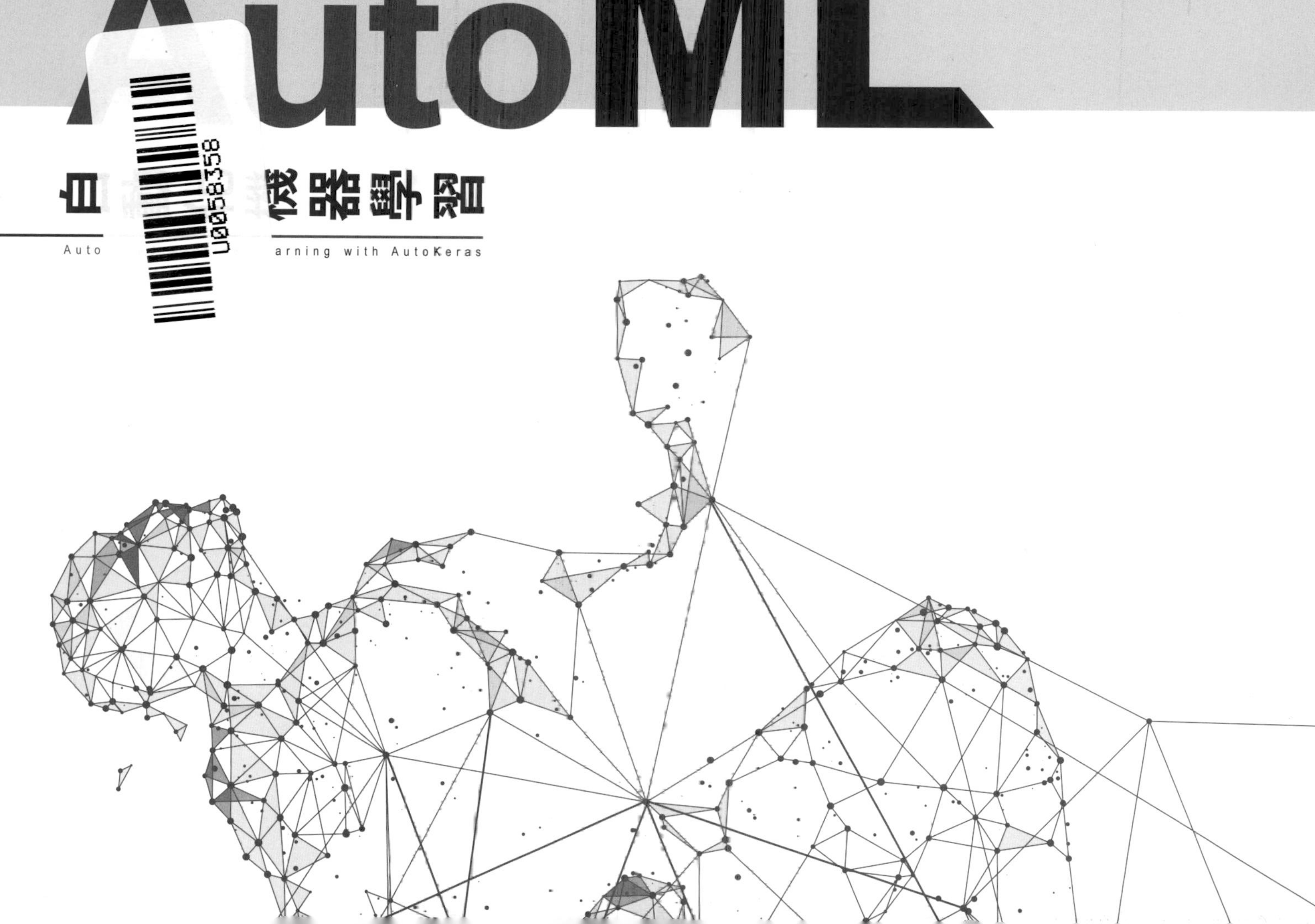

感謝您購買旗標書,
記得到旗標網站
www.flag.com.tw
更多的加值內容等著您…

● FB 官方粉絲專頁:旗標知識講堂

● 旗標「線上購買」專區:您不用出門就可選購旗標書!

● 如您對本書內容有不明瞭或建議改進之處,請連上旗標網站,點選首頁的 聯絡我們 專區。

若需線上即時詢問問題,可點選旗標官方粉絲專頁留言詢問,小編客服隨時待命,盡速回覆。

若是寄信聯絡旗標客服email,我們收到您的訊息後,將由專業客服人員為您解答。

我們所提供的售後服務範圍僅限於書籍本身或內容表達不清楚的地方,至於軟硬體的問題,請直接連絡廠商。

學生團體　訂購專線:(02)2396-3257 轉 362
　　　　　傳真專線:(02)2321-2545

經銷商　服務專線:(02)2396-3257 轉 331
　　　　將派專人拜訪
　　　　傳真專線:(02)2321-2545

國家圖書館出版品預行編目資料

AutoML 自動化機器學習:用 AutoKeras 超輕鬆打造高效能 AI 模型
/ Luis Sobrecueva 作;許珮瑩 譯. --
臺北市:旗標, 2021.12　面;　公分
譯自:Automated machine learning with autokeras : deep learning made accessible for everyone with just few lines of coding.
ISBN 978-986-312-697-3 (平裝)
1.機器學習 2.人工智慧
312.831　110020355

作　者/Luis Sobrecueva

翻譯著作人/旗標科技股份有限公司

發行所/旗標科技股份有限公司

台北市杭州南路一段15-1號19樓

電　話/(02)2396-3257(代表號)

傳　真/(02)2321-2545

劃撥帳號/1332727-9

帳　戶/旗標科技股份有限公司

監　督/陳彥發

執行編輯/王寶翔

美術編輯/陳慧如

封面設計/陳慧如

校　對/王寶翔・留學成

新台幣售價:690 元

西元 2021 年 12 月 初版

行政院新聞局核准登記-局版台業字第 4512 號

ISBN 978-986-312-697-3

目錄 Contents

02 開始使用 AutoKeras — 第一個自動化 DL 範例

03 了解 AutoKeras 對於自動化 DL 流程的資料預處理

AutoKeras 實踐篇

04 運用 AutoKeras 進行圖像的分類與迴歸

06 運用 AutoKeras 進行結構化資料的分類與迴歸

07 運用 AutoKeras 進行時間序列預測 (小編補充)

AutoKeras 進階篇

08 自訂 AutoModel 複合模型並處理多重任務

09 AutoKeras 模型的匯出與訓練過程視覺化

可下載電子書

前言

深度學習 (deep learning, DL) 可以成為人人都能駕馭的工具嗎？這毫無疑問是 Google、Amazon 等大公司提供的 DL 雲端服務所致力達成的目標。諸如 Google Cloud AutoML 和 Amazon SageMaker 這類服務，讓新手或老手開發者都能輕易運用機器學習 (machine learning, ML) 或 DL 技術。但與其只能使用這些大企業的服務，**AutoKeras** 是一個免費、開源的替代方案，任何 Python 開發者都能輕鬆使用。我們在本書也將會看到，它同時也是一個成效出眾的 **AutoML (自動化機器學習)** 框架。

小編註：ML (機器學習) 是要讓機器可以藉由我們提供的大量資料來學習資料模式，以具備類似人類的判斷或辨識能力。DL (深度學習) 則是 ML 中的一個子領域，主要是利用『由許多神經層所組成的神經網路架構』來進行學習，其名稱中的『深度 (deep)』其實就是『深層、有許多層』的意思。由於 DL 已成為目前 AI 的主流，並在各領域取得了豐碩的成就，因此 DL 幾乎已成為 ML 的代名詞，而本書所提到的 ML 也都是以 DL 為主。

在過去，我們需要解決深度學習問題時，對於模型的架構設計和模型參數的選擇，往往有賴於資料科學家提供建議，因為他們對這方面已有多年研究經驗。若要靠我們來自行調校模型，那就會非常困難且耗時。我本人身為一個在資料科學背景稱不上深厚的軟體工程師，對於模型參數調整這部分一直有自動化的需求，過去也採用過不同的方法 (如網格 (grid)、進化 (evolutionary) 或貝氏 (Bayesian) 搜尋法)* 去探索合適的模型變數。

如同大部份的 Python 開發者，我是從 scikit-learn* 套件踏進機器學習世界的，接著就是接觸 TensorFlow/Keras* 的深度學習專案。我也嘗試過不同的框架，例如用 Hyperas 或 TPOT* 來自動產生模型，甚至自己開發了一個框架來試驗 Keras 模型的不同架構。然而，當 AutoKeras 釋出時，我發現它滿足了我的一切需求，而我從那時開始也一直使用它來建立我的專案、甚至參與 AutoKeras 的改良。

譯者註

網格 (grid)、進化 (evolutionary)、或貝氏 (Bayesian)：這幾種模型參數的搜尋方式，將於第 1 章介紹。

scikit-learn 為基於 Python 的開源機器學習套件，提供類型豐富的 ML 分類及迴歸模型，但對神經網路的支援很少。

Tensorflow：由 Google 開發的深度學習開源框架，支援多種語言且已應用於多種 Google 產品。Keras 則是一個基於 Python 的深度學習 API, 對使用者而言操作友善，可以使用 Tensorflow 做為後端。

hyperas、TPOP：皆為用來調整超參數 (hyperparameter, 見第 1 章) 的套件，安裝後可使用其中函式探索模型的各種超參數。

AutoKeras 擁有日益廣大的社群，而且就是建立在知名的深度學習框架 Keras、以及用來調整 Keras 模型超參數的 Keras Tuner 套件之上。然而，除了它本身的文件及偶爾更新的部落格文章外，目前市面上幾乎沒有關於 AutoKeras 的書。這本書的目的正是希望可以彌補這個缺口。

本書和 AutoKeras 框架針對的目標對象，包含各種程度的 ML 學習者，比如想要在雲端服務之外尋找替代品的初學者 (這些人反正已經將雲端服務當成 AI 黑盒子，單純給它定義輸出入資料來得到結果), 或是經驗豐富的資料科學家，想藉由事先決定的條件來自動產生模型、再把模型匯出至 Keras 以便手動微調。如果你是初學者，你可能對以上這段話的專有名詞還不太熟悉，但不用擔心，接下來這本書都會詳細介紹。

本書適用的讀者

本書適用的讀者，是所有對機器學習及深度學習有興趣，有意了解 ML 及 DL 的一些基礎概念、並想實際在專案中運用自動化機器學習技術的人。

務必注意的是，本書並非真正的 ML／DL 入門書，主要還是透過不談論數學的實際程式操作，讓各位了解建立 DL 模型的流程。此外，您**務必得有具備基本的 Python 程式基礎**，才能充分理解本書的範例。

小編註

本書將用到像是 NumPy、pandas、matplotlib 等 Python 資料科學／資料繪圖套件，以及 scikit-learn 與 TensorFlow/Keras 機器學習套件。我們會稍微解釋程式碼的用意，但不會提供詳細的 API 講解。

若想進一步了解這些套件，可參考旗標出版《**必學！Python 資料科學．機器學習最強套件**》或其他相關書籍。

本書內容

- 第 1 章　**AutoML 入門**：介紹自動化機器學習的主要概念，並綜觀 AutoML 技術的種類與軟體系統。
- 第 2 章　**開始使用 AutoKeras——第一個自動化 DL 範例**：你開始使用 AutoKeras 時需要了解的一切，並提供一份附有詳細解釋的程式實作範例。

- **第 3 章　了解 AutoKeras 對於自動化 DL 流程的資料預處理**：介紹機器學習的標準流程，並說明如何用 AutoKeras 來自動化此流程，以及在訓練模型前準備資料的最佳做法。

- **第 4 章　運用 AutoKeras 進行圖像的分類與迴歸**：將 AutoKeras 應用在圖片，建立出更加複雜且強大的圖像辨識器。本章會說明 CNNs (卷積神經網路) 是如何從圖像中辨識模式，AutoKeras 圖像分類器／迴歸器是如何運作，並讓各位了解如何微調模型來達到更好的效果。

- **第 5 章　運用 AutoKeras 進行文本、情感、主題的分類與預測**：將 AutoKeras 應用在文本 (一連串字串) 的分析，各位將看到它如何藉由將文字轉為向量，以便從文本資料中提取特徵。我們也會應用文本分類概念來實作情緒或主題的分類器。

- **第 6 章　運用 AutoKeras 處理結構化數據**：我們將介紹如何處理並轉化結構化數據，並拿這些資料建立分類或迴歸模型。正如圖像與文本資料，AutoKeras 同樣會對結構化資料進行預處理。

- **第 7 章　運用 AutoKeras 進行時間序列預測**：使用以 RNNs (循環神經網路) 為基礎的時間序列預測器，根據一系列有時間性的資料來預測未來的資料變化趨勢。

- **第 8 章　自訂 AutoModel 複合模型並處理多重任務**：更深入介紹 AutoModel API 的使用，並示範如何建立複合模型、同時接收與輸出多重資料。

- **第 9 章　AutoKeras 模型的匯出與視覺化**：教你如何匯出與匯入 AutoKeras 模型，並以視覺化方式即時呈現訓練過程中的變化。

下載範例程式碼檔案

你可以到以下網址免費下載本書附錄的電子書，以及所有的範例程式碼，包含 .py 及 .ipynb 版本 (需註冊會員)：

https://www.flag.com.tw/bk/st/F1385

關於 AutoKeras 在各種環境的安裝方式，請參閱第二章。

針對原文的調整方向

為了讓原書的內容有更明確的架構，此外考慮到 AutoKeras 在原書出版後有些新功能，因此我們做了以下調整：

1. 原書第 7、8 章分別為文本情感及主題分析，但內容其實仍然與第 5 章相近，因此全部合併至第 5 章。
2. 增補一章介紹 AutoKeras 的時間序列預測類別，成為新的第 7 章。
3. 調整原書部分範例程式，好更清楚展示 ak.AutoModel 類別的不同寫法。

AutoKeras 基礎篇

本單元會介紹自動化機器學習的概念，讓各位在實際運用之前先打好必要的基本觀念。

本篇涵蓋了以下章節：

- 第 1 章、AutoML 入門
- 第 2 章、開始使用 AutoKeras — 第一個自動化 DL 範例
- 第 3 章、運用 AutoKeras 打造自動化的機器學習流程

01

AutoML 入門

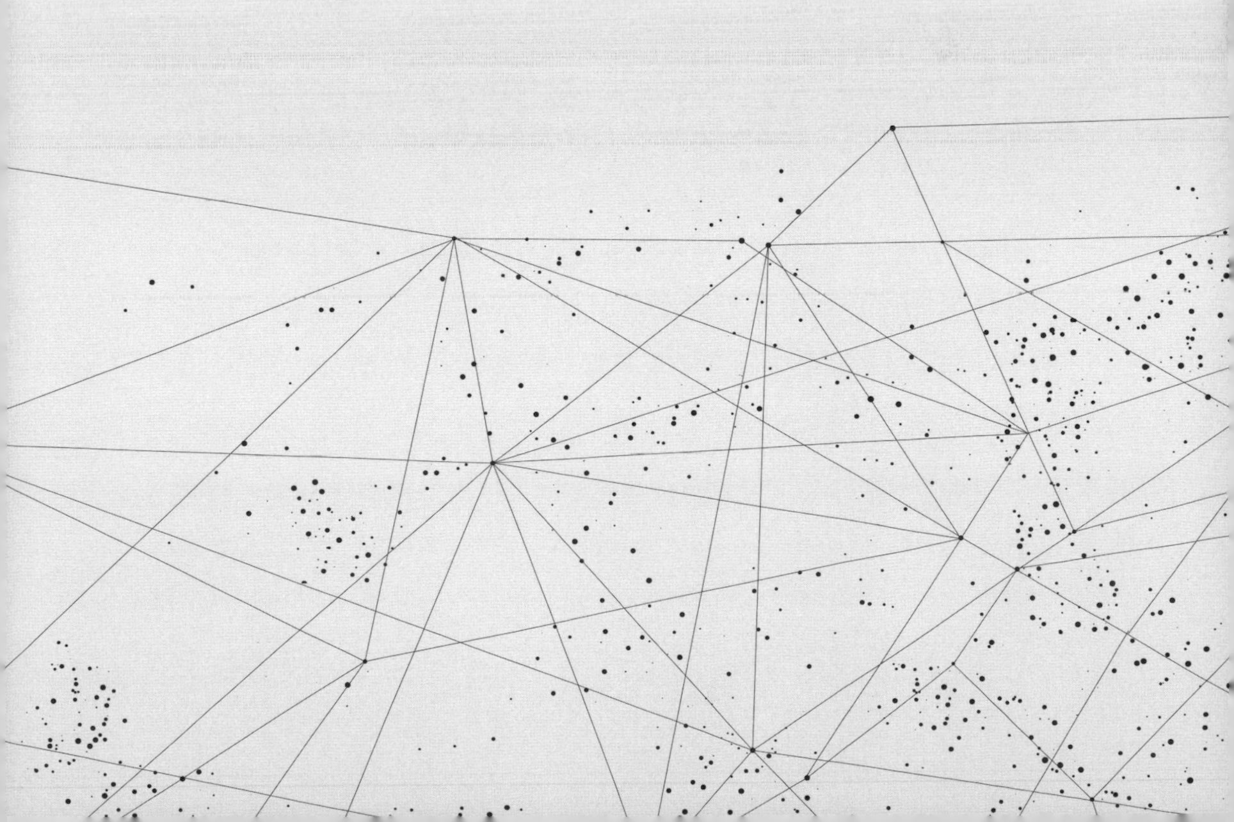

在本章中，我們將會介紹**自動化機器學習 (AutoML)** 的主要概念，並綜觀 AutoML 技術的種類與軟體系統。

如果你是打算運用 AutoML 的開發者，你看完本章後就能對機器學習 (ML) 的工作流程有更清楚的認知，並知道什麼是 AutoML 及它的不同種類。而在看完這本書後，你將能把所學到的知識運用在你的專案中，用最先進的 AI 演算法來解決問題。

本章會對重要概念提供詳盡的解釋以及實例，讓你搞清楚標準 ML 和 AutoML 的差異，以及它們的優缺點。本章包含以下主題：

- 標準 ML 工作流程的深度剖析
- 什麼是 AutoML？
- AutoML 的種類

1-1 標準 ML 工作流程的深度剖析

在傳統的 ML 應用中，專家必須輸入一些數據來訓練模型。如果這些數據並非可以直接拿來使用的格式，就需要用上一些資料預處理 (preprocessing) 的技巧，例如特徵萃取、特徵工程，或是特徵選擇 (這些稍後就會介紹)。

一旦資料準備好、可以開始訓練模型，下一步就是選擇合適的演算法並把它的超參數 (hyperparameters) 最佳化，好讓模型的預測準確率達到最大化。這些步驟都非常花時間，且基本上需要一位知識與經驗都夠豐富的資料科學家才有辦法成功。

從以下的圖中，我們可以看到一個典型的 ML 工作流程的主要步驟：

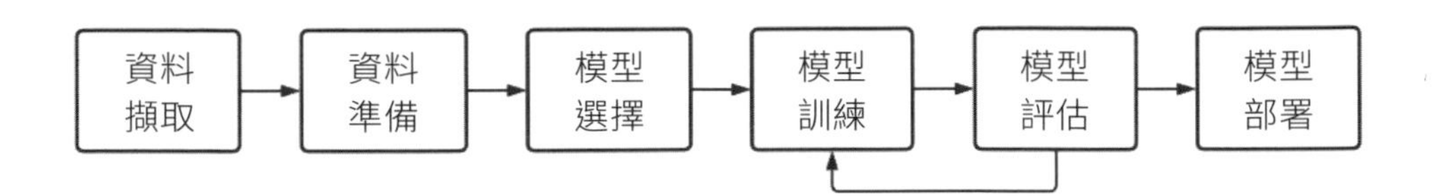

這個流程中的每一個環節都包含一系列的步驟。在接下來幾節，我們會更詳細介紹每個流程和其相關概念。

1-1-1 資料擷取 (data ingestion)

ML 工作流程的第一步是將外部資料原封不動儲存至本地，讓我們可以隨時存取未受修改的原始資料。而資料可以從多種來源獲得，例如資料庫、數據匯流排 (message buses)*、資料串流 (streams) 等等。

譯者註：此名詞源自電腦系統中的匯流排，是一種讓不同應用程式能透過同一個管道交換資料的架構。

1-1-2 資料預處理 (data preprocessing)

第二階段『資料預處理』是最花時間的步驟之一，它牽涉到很多子任務，包含資料清洗、特徵萃取、特徵選取、特徵工程以及資料隔離。我們來進一步看看這些項目：

- **資料清洗 (data cleaning)** 步驟用來檢查並修正 (或刪除) 資料集中無法使用或錯誤的紀錄。因為原始資料還未處理過和尚未轉成結構化時，很少可以直接拿來使用。這個步驟包含填補缺漏值、移除重複資料、正規化 (normalizing)*、以及修正其他資料中的錯誤。

> **譯者註**：當不同資料之間的數值範圍差異較大時，會影響模型的學習效果，因此一般需要將它們轉換至相同的範圍或量級讓模型能更有效學習。第 3 章會更詳細說明之。

- **特徵萃取 (feature extraction)** 是在不影響有用資訊的前提下，將各項特徵 (feature)* 加以篩選、合併或重整，以減少特徵數量，來降低大型資料集消耗的運算資源。在分析大型資料集時，最常遇到的問題在於採用的變數數量過多，而處理大量變數通常會需要很多硬體資源 (如記憶體容量和電腦運算能力)。

> **小編註**：一個**特徵**即資料集內一個欄位的資料，代表資料的一個特性，也是模型訓練及預測時要用到的一個變數。模型會試著替每個變數找出**權重 (weight)**, 和預測結果越有關係的特徵就會獲得越大的權重。

- **特徵選取 (feature selection)** 是指選取專案真正需要的特徵 (這取決於各專案而定), 好簡化模型 (讓人類更好理解之)、降低訓練時間，並藉由避免過度配適來提升模型的普適性 (generalization)*。之所以需要做特徵選取，主要原因是某些特徵資料可能是冗餘或不太相關的，移除它們對資訊所需資訊並不會造成什麼損失。

  此外，特徵很多時就得建立更大型的神經網路，這也容易造成訓練時的**過度配適 (overfitting)**, 也就是演算法對於訓練集資料的預測表現良好，但對於沒看過的新資料時就預測表現不佳。特徵選取能夠縮減現存的變數組合，以在盡量不影響模型準確率的情形下避免以上問題。

> **譯者註**：普適性指模型對於（訓練集以外的）新樣本的適應能力。相對於過度配適，普適性較好的模型對不同的資料都可以得到良好、穩定的預測成效。

- **特徵工程 (feature engineering)** 是基於領域知識，運用資料探勘技巧來將原始資料中隱藏的資訊轉換／萃取為新特徵的過程。這可以用來優化 ML 演算法的表現，但通常也需要具備深厚的相關專業知識。

- **資料隔離 (data segregation)** 是將資料集分割成兩個子集：用來訓練模型的**訓練資料集 (train dataset)**、以及用來測試模型訓練成效（普適能力）的**測試資料集 (test dataset)**。

1-1-3 建模 (modeling)

建模可以分成以下三個階段：

1. 選擇一些候選模型來做評估。
2. 訓練各個候選模型。
3. 評估模型（並跟其他候選模型做比較，需要時回頭微調模型）。

這個流程會不斷迭代，並需要測試多種不同的模型，直到找到最有效的一種。以下圖表展示了 ML 工作流程中建模階段的過程：

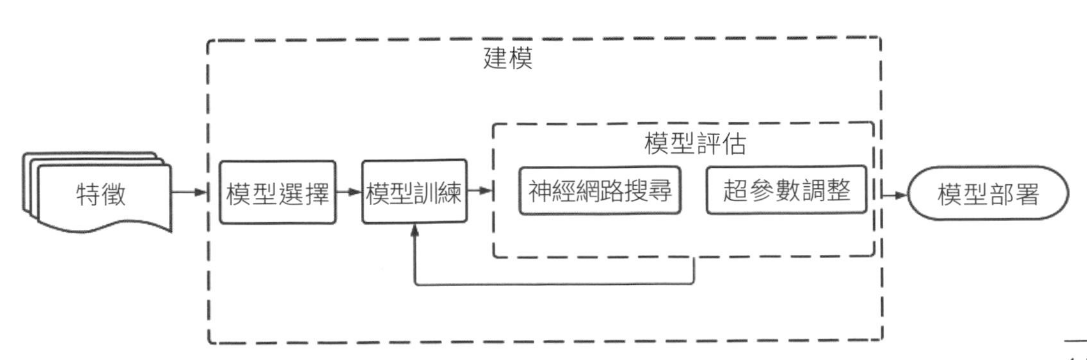

現在我們來深入了解建模階段中的三個主要部份。

模型選擇 (model selection)

在選擇候選模型時，除了其可能的最終表現，也有很多需要考慮的因素，例如對人類的可解讀性、除錯的容易性、可利用的資料量、訓練與預測上的硬體限制等等。

選擇模型時的主要考量包含以下幾點：

- **可解釋性與除錯的容易性**：如何釐清模型是以何種根據做出判斷？如何修正錯誤？
- **資料集類型**：有些模型會比其他模型更適合處理特定資料類型。
- **資料集大小**：可以取得的資料量大概多少？未來是否會變化？
- **資源**：你有多少資源和時間來進行訓練與預測？

模型訓練 (mode training)

這個步驟將經過資料預處理後的訓練資料集傳入各個候選模型中，讓模型可以利用反向傳播演算法 (backpropagation)* 從中學習 (訓練), 從樣本中尋找模式 (pattern)。模型訓練完成後，我們就能拿模型的配置與參數進行模型評估。

> **小編註**：神經網路模型在訓練時，資料會以前向傳播通過各層神經節點，並計算出一個預測值。該值與訓練資料的實際值之誤差，則會被反向傳給模型中的各個節點 (稱為反向傳播), 好更新其權重、使其更有機會產生更小的誤差 (更準確的預測)。

模型評估 (model evaluation)

此步驟使用測試資料集來衡量模型預測的準確度，好評估模型表現。這個過程也包含參數調整與模型優化，以便產生新的候選模型來重新訓練。

模型調整 (model turning)

模型的評估步驟包含調整超參數，例如**學習率 (learning rate)***、模型使用的**最佳化演算法 (optimization algorithm)**, 以及跟模型架構有關的參數，例如神經網路的層數和各層的運算方式。在標準 ML 流程中，這些參數都必須由專家手動設定。

在模型的選擇過程中，若模型的訓練表現不理想，你可以捨棄之，改選擇用不同的超參數來訓練另一個新的模型。不過，你也可以試著拿別人已經訓練好的模型來做**遷移學習 (transfer learning)***, 這或許能減少訓練時間、並能得到理想的預測表現。

譯者註

- 學習率：即模型的學習效率，數值越高表示模型更新幅度越劇烈，而學習率過高、過低都有可能造成學習失敗。學習率過低時模型收斂緩慢，需花費較長時間進行，也可能陷入局部最佳解而無法繼續最佳化；學習率過高時則可能造成更新過快，錯過最佳解位置且無法收斂。
- 遷移學習：將訓練來用在某種預測任務的模型套用至另一個預測任務，以增進學習效率。

由於訓練時間會是主要瓶頸，你應該以『最有效』和『可重現』的方式調整模型——前者可讓訓練得以在最快的時間內完成，後者則讓其他人能夠採取一樣的步驟來建立相同的模型(例如固定模型的某些隨機因子，使程式每次執行時產生的模型都會相同)。

1-1-4 模型部署 (model deployment)

一旦選出了最佳模型，通常會讓模型正式上線，並採用 API 服務的形式來供使用者或其他內部服務來取用。

一般情況下，最終模型有以下兩種部署模式：

- 離線 (offline) (非同步)：模型的預測結果是以批次的方式定期計算，然後將結果儲存在資料庫中供人查詢。
- 線上 (online) (同步)：預測是即時進行和傳回的。

部署也包含將你的模型開放給任何實際的應用程式使用，包含對串流平台使用者推薦影片，或是手機 App 的氣象預測等等。

發佈 ML 模型至正式環境是一個複雜的過程，牽涉到多種技術(版本控制、容器化 (containerization)、快取 (caching)、熱插拔 (hot swapping)、A/B 測試等等)，但這些不屬於本書討論範圍。

1-1-5 模型監控 (model monitoring)

一旦部署到正式環境後，模型就必須被監控，以確認它在真實世界的表現，並依此來進行調校。下圖展示了從資料擷取至模型部署的連續模型週期：

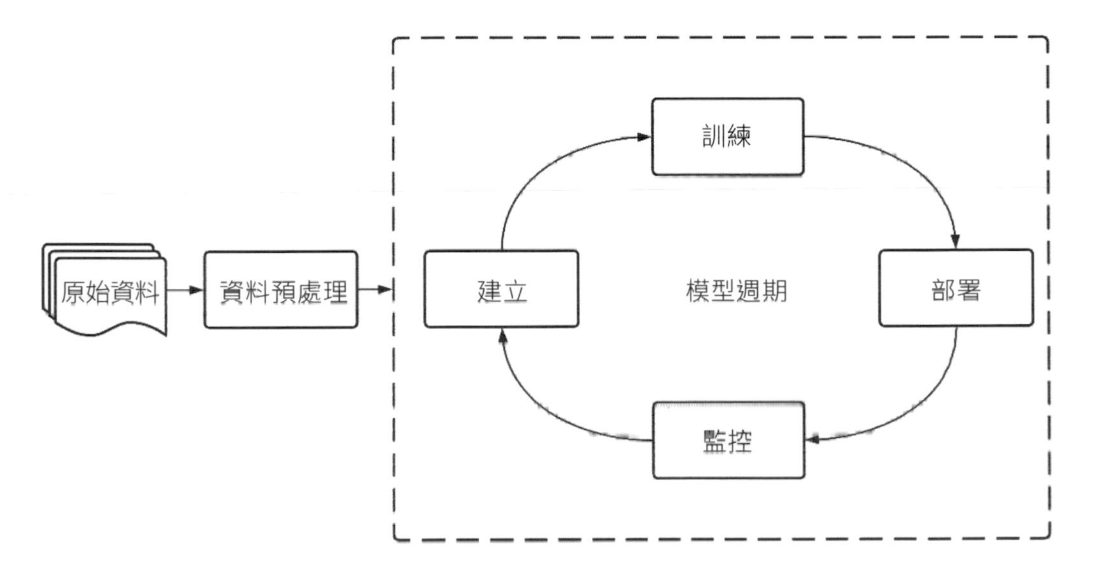

在接下來的幾節中，我們會詳細說明為何監控你發佈至正式環境的模型非常重要。

為何要監控你的模型？

你的模型表現通常會隨著時間劣化，這個現象叫做『飄移 (drift)』。飄移是輸入資料產生變化所致；隨著時間過去，模型預測表現自然會越來越差。

我們可以拿搜尋引擎的使用者舉例。一個預測模型會依據使用者的特徵 (例如你的個人資訊、搜尋類型、點擊紀錄) 來決定要顯示的廣告。然而經過了一段時間後，這些舊的搜尋紀錄可能就無法反映近期的搜尋行為。

以近期的資料重新訓練是個可能的解法，然而這並非每次都可行，有時候甚至會適得其反。例如，若是利用 COVID-19 剛爆發時的搜尋紀錄來訓練模型，所有預測出來的廣告結果都會跟疫情相關，造成其他產品的銷售下降。

對抗飄移現象的最佳辦法便是監控我們的模型，了解發生什麼事情，它的預測能力是否已經降低，然後決定要如何或在什麼時候來重新訓練它。

如何監控模型？

如果你可以即時拿真實結果跟模型的預測結果做比較——意即你做完預測後馬上就能獲得正確答案，那你只要監控你的一些衡量指標，如預測準確率 (accuracy) 或 F1 score* 就可以了。然而，真實結果的取得經常跟預測結果有一段時間差。例如，在預測電子郵件是否為垃圾信的情形中，使用者可能在過幾個月後才把該信標註為垃圾郵件，此時你就需要用到其他衡量方式。

譯者註

- F1 score：同時考量到**準確率 (precision)** 與**召回率 (recall)** 的指標。

  以 TP (True Positive) 代表真陽樣本，FP (False Postive) 代表偽陽樣本，TN (True Negative) 代表真陰樣本，FN (False Negative) 代表偽陰樣本，則：

→ 接下頁

- 精確率為 TP / (TP + FP), 代表判斷為陽性樣本中真正為陽性的正確比例。
- 召回率為 TP / (TP + FN), 代表所有實際陽性樣本中有正確被偵測出來的比例。

由上述計算方法可知，若提高判斷為陽性的門檻，精確率可以不斷增加；反之降低判斷為陽性的門檻，召回率則會增加。因此若同時考慮兩者的結果，可以較客觀地評估模型效果。

F1 score 即為精確率與召回率的調和平均數 (harmonic mean), 計算公式為 **2 × (精確率 × 召回率) / (精確率 + 召回率)**。

在其他複雜的模型運用情境中，有時候很難找到經典 ML 評估指標跟實際應用之間的關聯。這時若分割流量或案例，再直接監控一些商業指標，就會比較容易。

你該監控模型的哪些項目？

任何一個 ML 工作流程中都包含其表現監控。以下是模型一些可能的監控對象：

- 模型本身：現在選用的模型是哪一種？它採用什麼架構？它的最佳化演算法為何？超參數設定為何？
- 輸入資料分佈：拿訓練資料以及目前輸入的資料比較一下分佈狀況，即可確認訓練資料是否能反映真實世界的現況。
- 部署日期：模型發佈的日期。
- 使用變數：模型採用的輸入變數。有時候有些正式環境會用到某些資料特徵，可是我們並未在模型中採用。

- 期望與實際差異：監控模型最常用的做法之一，是用一個散布圖 (scatter plot) 來比較預期結果與實際結果。
- 發佈次數：模型被發佈的次數，通常用模型版本號碼來代表。
- 運作時間：模型部署到現在經過了多長時間？

現在我們已經看完整個 ML 工作流程中的各個部份，下一節就要來介紹 AutoML 的主要概念。

1-2 什麼是 AutoML？

如前所見，建模階段的主要任務是要從不同的模型中去選擇和評估，並針對每個模型調整不同的超參數。這部份通常是資料科學領域專家的工作，但即使是經驗豐富的專家也常會花上很多時間。然而從電腦運算的角度來看，超參數的微調就是一個搜尋所有排列組合的過程，因此可以加以自動化。

AutoML（自動化機器學習）就是一個自動化過程，將前面提到的 ML 工作流程中的每個步驟——從資料預處理到 ML 模型的部署——都以 AI 演算法來自動處理，讓資料科學家以外的人（例如一般軟體開發者）都可以在缺乏相關領域知識的前提下使用 ML/DL 技術。我們可以在下圖看到 AutoML 系統輸入和輸出的簡化示例：

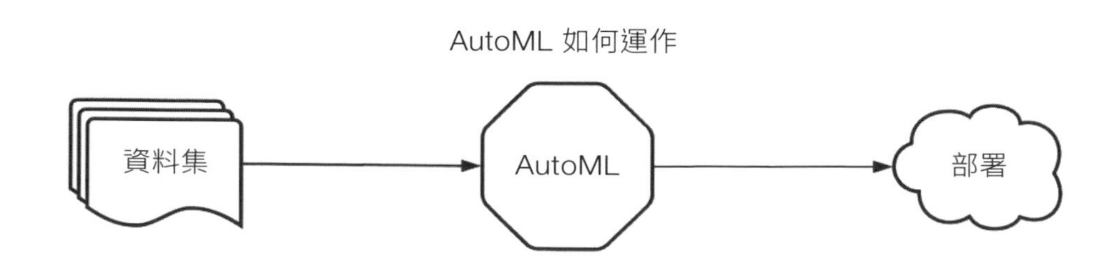

AutoML 也能產生更簡單的解決方案、更敏捷的概念驗證 (proof-of-concept, POC) 產品，以及比手動設計表現得更好的模型。AutoML 可以大幅改善模型預測成效，並讓資料科學家專注於其他更複雜且難以自動化的任務，例如資料預處理和特徵工程。

在開始介紹 AutoML 種類之前，我們還要先快速看看 AutoML 跟傳統 ML 的主要差異。

在標準 ML 做法中，資料科學家會有一批要拿來訓練的輸入資料集。通常這些原始資料不能直接拿來套用訓練演算法，所以專家得先運用各種不同的手法，如資料預處理、特徵工程、特徵萃取，讓資料變成模型可處理的形式，然後透過選擇演算法和超參數最佳化來微調模型，以便讓模型的預測表現最大化。但以上步驟都非常消耗時間跟資源，這也成了 ML 應用在實務領域的主要障礙。

然而如今有了 AutoML, 即使是對非專家而言，這些步驟也能被簡化、進而能更簡單快速地拿 ML 來解決問題。

現在我們已經介紹了 AutoML 的主要概念，可以準備來實作了。不過首先，我們仍要來檢視 AutoML 的主要種類和常用工具。

1-3 AutoML 的種類

本章將會介紹現今可使用的各種 AutoML 框架，讓你大概了解目前 AutoML 可以做到什麼程度。不過，我們現在先來簡單探討整個 AutoML 的工作流程，並檢視它在每個過程中會做什麼處理。

如同我們前面看到的流程圖，一般的 ML 工作流程不僅僅包含建模，還有資料準備與部署的相關步驟。在本書中，我們主要關注的是建模自動化，因為此階段需要投入的時間較多，而且後面各位會看到我們所使用的 AutoML 框架——也就是 AutoKeras ——會運用到神經網路架構搜尋與超參數最佳化，這些方法都會被應用於建模階段。

換言之，AutoML 雖然致力於將 ML 工作流程的每個步驟都自動化，但一般著重的還是以下最耗時的項目：

- 自動化特徵工程
- 自動化模型種類選擇與超參數調整
- 自動化神經網路架構選擇 (自訂調整神經網路的各層組成方式)

1-3-1 自動化特徵工程

模型選用的特徵會直接影響 ML 演算法的表現。特徵工程需要大量時間與人力資源 (資料科學專家) 的投入，不僅需要反覆試誤 (trial and error), 也得具備相關領域內的深厚知識。相對的，自動化特徵工程能夠不斷產生新的特徵組合，直到 ML 模型獲得良好的預測表現。

在標準的特徵工程過程中，會先收集並建立資料集。舉個例，一個求職網站會收集求職者的行為。資料科學家通常會先設立資料中尚未存在的新特徵，例如：

- 求職搜尋關鍵字
- 求職者瀏覽過的職缺名稱

- 求職者應徵的頻率
- 距離上一次應徵的時間
- 求職者應徵工作的類別

自動化特徵工程的目的，就是設計一個演算法，以便從資料中自動產生這類特徵。其實深度學習 (deep learning, DL) 本身就能藉由模型層進行多次矩陣轉換，自動從圖像、文字與影片中萃取出有助於做預測的特徵或模式 (pattern)。

1-3-2 自動化模型種類選擇與超參數最佳化

經過資料預處理階段後，你需要找尋合適的 ML 演算法來拿這些特徵進行訓練，使模型能夠預測新資料。與前一個步驟相反的是，ML 模型的選擇很多，光是神經網路就有許多不同的架構，而依據預測類型也可分為分類 (classification) 模型、迴歸 (regression) 模型、時間序列 (time series) 模型等等。

每一種模型都有適合應付的問題種類，而若使用自動化模型選擇，我們就可以針對特定的任務找出所有合適的模型，再從中選擇最準確的。世上沒有哪種 ML 演算法可以通用於所有的資料集，而有些演算法需要的超參數調整程度又更甚於其他演算法。事實上，在做模型選擇時，我們也會用不同的超參數組合來加以試驗。

超參數是什麼？

在模型訓練過程中，有很多需要設定的變數。基本上我們可以把它們分成兩類：**參數和超參數**。

參數是模型在訓練過程中會自行學習的，例如神經網路中的權重 (weight) 和偏值 (bias)；而超參數在開始訓練前就要由人工方式初始化，例如學習率、隨機丟棄神經元之機率 (dropout factor)* 等等。

> **小編註**：dropout factor 是指在訓練神經網路模型時，dropout 層的神經元有多大的機率會將它收到的資料丟掉 (或者實際上來說是關閉神經連結), 以免模型過度倚賴特定的神經元來做判斷。這是一個能降低模型過度配適的良好方法，但其機率得由使用者事先設定。

搜尋方式的種類

替一個模型尋找最佳超參數有很多種方法。底下的圖例列舉了幾個最有名、且也有被 AutoKeras 採用的方法：

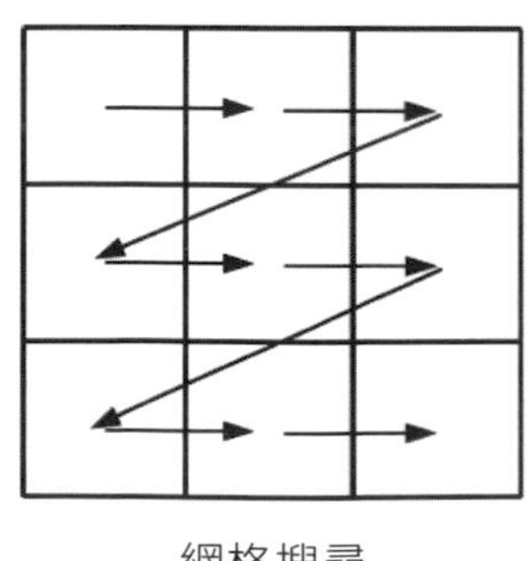

網格搜尋

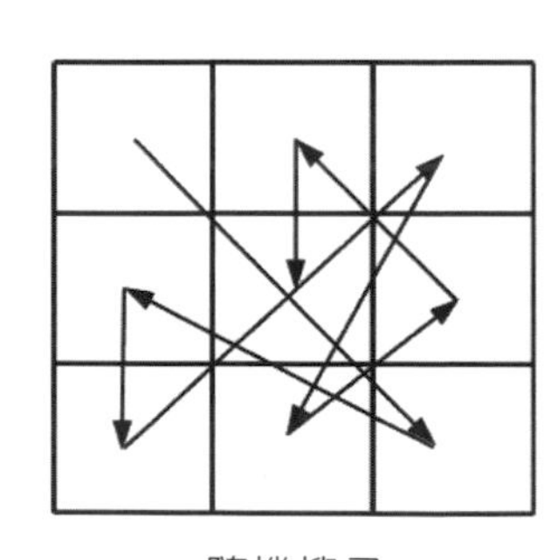

隨機搜尋

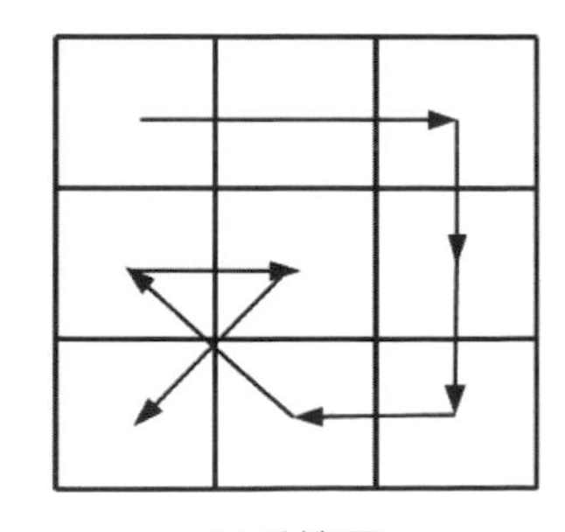

貝氏搜尋

以下我們就來深入了解這些方法。

網格搜尋 (grid search)

網格搜尋的做法是讓你先提供一組超參數，以及每個超參數可用的一系列值，它會用暴力法測試這些值所有可能的排列組合，然後針對某個評估指標 (例如精確度) 找到結果最好的模型。

舉個例，若我們要微調一個神經網路模型的學習率與 dropout 超參數，我們可以把學習率的值組訂為 [0.1, 0.01], dropout set 則是 [0.25, 0.5], 此時網格搜尋就會用以下組合進行訓練：

(a) 學習率 =0.1, dropout=0.25 => 模型版本 1

(b) 學習率 =0.01, dropout=0.25 => 模型版本 2

(c) 學習率 =0.1, dropout=0.5 => 模型版本 3

(d) 學習率 =0.01, dropout=0.5 => 模型版本 4

隨機搜尋 (random search)

類似網格搜尋，但對於超參數排列組合的搜尋是以隨機順序進行。這種隨機探索的特徵，是它的搜尋成本通常比網格搜尋更低。

貝氏搜尋 (Bayesian search)

此方法依據貝氏定理來搜尋超參數，它只探索可以最大化機率函數的組合。

Hyperband 搜尋

這是一個新的隨機搜尋的變體，以基於多臂吃角子老虎機的理論來解決探索 / 利用困境 (exploration/exploitation dilemma)*, 來進行超參數的最佳化。

譯者註

多臂吃角子老虎機問題 (multi-armed bandit problem) 是在研究：若賭場裡有一排吃角子老虎機，賭客一開始不知道每台機器的中獎機率，而為了最大化收益，便得設計一些方法來決定選擇機器的策略。在拉過一些機器後，賭客可以選擇探索未知 (拉新的機器), 或者利用已知 (使用拉過的機器)。探索未知可能帶來更佳的收益，但也須承受結果不佳的風險；而利用已知則能帶來可預期的結果，但無法獲得更佳的結果。

Hyperband 即為利用這個問題，好在有限時間內找到最佳超參數。你可想像每個超參數組合都是一台吃角子老虎機。

1-3-3 自動化神經網路架構選擇

設計神經網路架構，是 ML 世界中最複雜又冗長的任務之一。通常在傳統 ML 流程中，資料科學家會花費大量時間測試神經網路不同的超參數設定，好讓目標函數 (如稍後會提到的損失函數) 的表現能達到最佳。這個過程需要深厚的知識，既極花時間、又很容易失敗。

在 2010 年代中期，有人提出了利用演化演算法和強化學習來尋找最佳神經網路架構的搜尋方法，稱作**神經網路架構搜索 (neural architecture search, NAS)**。基本上，它會訓練一個模型來創造網路層，並把它們堆疊起來、創造出深度神經網路架構。

NAS 系統包含三個主要元件：

- 搜尋空間：包含一系列不同類型的網路層單元 (全連接層、卷積等等), 以及這些單元如何與其他單元相連來產生合理的網路架構。傳統來說，這個搜尋空間得由資料科學家來設計。
- 搜尋演算法：NAS 的搜尋演算法會測試各種候選網路架構模型，並依據評估指標來選擇表現最佳的模型。
- 評估策略：測試並評估候選模型。由於測試大量的候選模型會耗費巨大的計算資源，時常會有人提出新方法來節省計算時間與資源。

在下圖中，你可以看到這三個部份之間的關係：

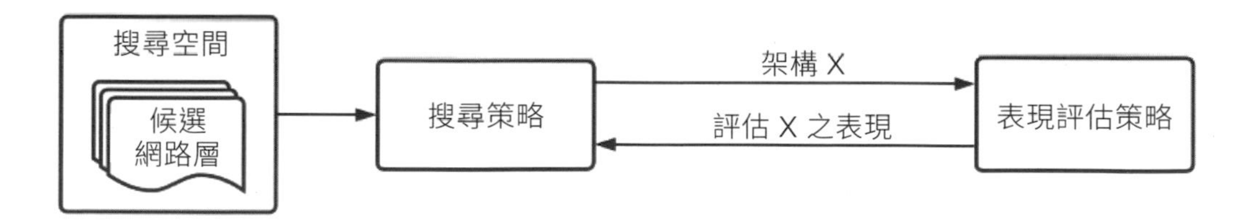

目前 NAS 是備受關注的新研究領域，在下列網址可以找到很多相關的研究論文：http://www.ml4aad.org/automl/literature-on-neural-architecture-search/。下面就列舉一些引用次數最多的著作：

- **NASNet**：Learning Transferable Architecture for Scalable Image Recognition

NASNet 會直接從目標資料來學習網路架構，並產生高準確率、基於複雜多層神經網路的圖像分類模型。當資料集很大時，這麼做非常消耗資源，所以它會先從比較小的資料集開始尋找合適的網路層單元，然後再將這些單元結構遷移至較大的資料集。

這個做法成功展現了 AutoML 可以做到的事，因為 NASNet 目前產生的模型經常比人類設計的最佳模型還要更好。在下圖中，我們可以看到 NASNet 是如何運作的：

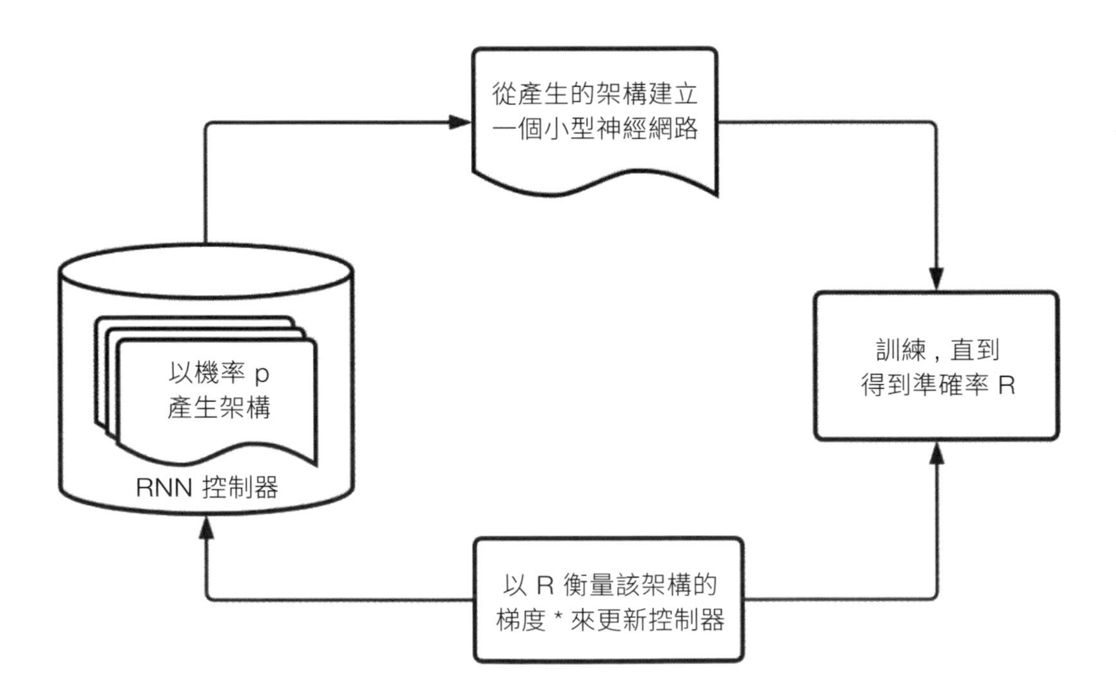

譯者註

NASNet 會判斷一個神經網路架構能否帶來較好的梯度下降 (gradient descent) 結果，並依據這結果來提高或降低該架構的機率 p, 最終選出表現最佳的網路模型。

神經網路在訓練時，會選擇一個損失函數 (loss function), 其產生的損失值 (用來衡量預測值的誤差，例如均方差 (MSE) 或交叉熵 (cross entropy)) 越小代表預測訓練成果越好。損失值的變化稱為梯度 (gradient), 你可想像它是山坡的坡度與方向，呈現了該點下坡的方向及有多陡；只要往下坡方向前進，就越有機會抵達山腳或谷底 (令損失值最小，也就是讓預測值盡量貼近實際值)。

前面提到的學習率，其實就決定了『摸索走下山』的步伐大小。若步伐太大，就有可能陷在局部最佳解 (比如山坡上的凹坑，讓人誤以為已經走到最低點)；至於走得太快，則可能在谷底的兩側來回跑動，卻一直走不進最低處。

- **AmoebaNet**：Regularized Evolution for Image Classifier Architecture Search

  這個方法使用**進化演算法 (evolutionary algorithm)** 來有效率地探索高品質的神經網路架構。在 AmoebaNet 問世之前，進化演算法對於圖像分類的應用表現從未能夠超過人類設計的模型。AmoebaNet-A 是第一個超越它們的；關鍵在於改良選擇演算法，加入了年齡屬性來優先選擇比較年輕的模型基因。

  AmoebaNet-A 產生之模型的預測精準度，和使用更複雜搜尋法所得到的最新 ImageNet 模型不相上下，這顯示了進化演算法可以在同樣的硬體條件下更快獲得結果，尤其是在搜尋的早期階段；當可用的運算資源較少時，這種特質就格外重要。下圖顯示了一些歷史上最有代表性之圖像分類模型的準確率與模型大小的相關性。虛線圓圈代表 AmoebaNet 模型擁有 84.3% 的準確率。

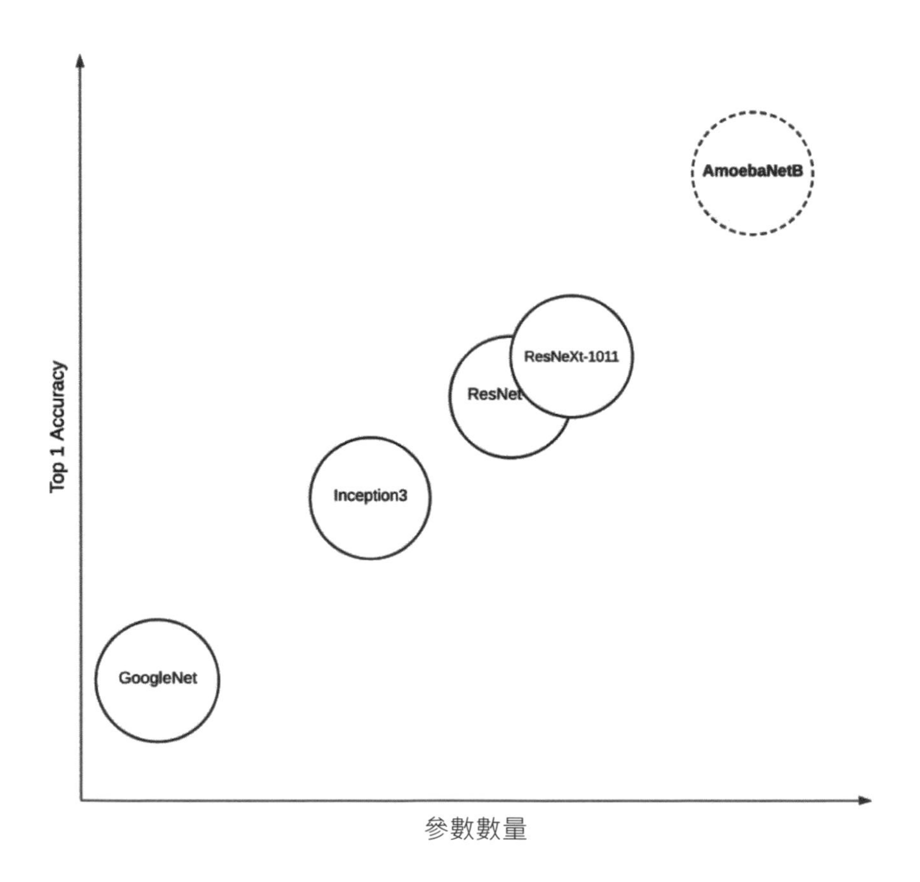

小編註：若讓模型針對辨識對象提出一系列可能的分類，每個都列出機率，Top-1 準確率即判別機率最高者預測正確的比率。

- **ENAS**：Efficient Neural Architecture Search

  這是改良自 NASNet 的變形，讓子模型可以跟父模型分享權重，在訓練子模型時就不需要從頭開始。這個改善顯著提升了分類表現。

1-4 AutoML 工具

現在有非常多可用的 ML 工具，能將 ML 工作流程中不同的步驟自動化。下面是一些常用的選擇：

- **AutoKeras**：基於深度學習框架 Keras 的 AutoML 系統，使用超參數搜尋和 ENAS。
- **auto-sklearn**：基於 scikit-learn 的 AutoML 工具包，讓你使用一個特製的 scikit-learn 預測器，可以自動選擇 ML 演算法以及調整超參數，使用貝氏優化、元學習 (meta-learning) 和模型集成 (model ensembling) 技術。
- **DataRobot**：從模型建立、部署到維護全部都能自動化的 AI 平台，而且可以大規模運用。
- **Darwin**：這個 AI 工具能將模型生命週期中最慢的步驟加以自動化，好確保模型長期的品質和可擴展性。
- **H2O-DriverlessAI**：一個提供 AutoML 解決方案的 AI 平台，還允許使用者整合自訂的演算法。
- **Google Cloud AutoML**：讓沒有 ML 經驗的開發者也可以在專案中訓練並使用高品質模型的一套 ML 產品。為了達到此目標，這套工具使用 Google 強大的次世代遷移學習和神經網路搜尋技術。
- **Amazon SageMaker Autopilot**：搭配亞馬遜 AWS (Amazon Web Service) 的自動化機器學習平台。
- **Microsoft Azure Machine Learning**：這個雲端服務會創造平行運算的多重工作流程，同時嘗試不同的演算法和參數。

- **Tree-based Pipeline Optimization Tool (TPOP)**：一個基於 Python 的自動化機器學習工具，使用遺傳規劃法 (genetic programming) 來最佳化機器學習流程。

- **Fast and Lightweight AutoML (FLAML)**：強調速度與經濟性的輕量級 AutoML Python 套件，使用 XGBoost、LightGBM 及隨機森林演算法等，特點是可以指定運算時間，它會試圖在時限內找出最佳模型。

我們透過『Evaluation and Comparison of AutoML Approaches and Tools』這篇論文可以看到對主流 AutoML 工具的詳盡比較，並得出如下結論：主流的商業解決方案如 H2O-DriverlessAI、DataRobot 以及 Darwin, 可以讓我們解讀資料綱要、執行特徵工程，並產生詳細的分析結果來供人解讀，至於開源的工具則更強調建模、訓練跟模型評估的自動化，將其他資料層面的任務留給資料科學家進行。

那麼，AutoKeras 的表現如何呢？該論文指出它在各類 ML 任務的表現都很穩定，對於多重分類任務更稍微超越了其餘 AutoML 工具，這些對於正式 ML 環境來說都很重要。此外，AutoKeras 也已被廣泛應用，以上原因便是我撰寫本書時為何選擇 AutoKeras 這個 AutoML 框架的原因。

1-5 總結

在本章中，我們藉由描述 ML 工作流程的不同階段，到超參數最佳化及神經網路架構搜尋的演算法介紹，向各位說明了 AutoML 的目的及好處。

現在我們已經了解 AutoML 的主要概念，可以準備進入下一章——你將學到如何安裝 AutoKeras、並怎麼用它來訓練一個簡單的神經網路。等你透過本書學到更複雜的技術後，就有能力搜尋並建立更進階的模型。

延伸閱讀

- 探索與利用困境 (exploration-exploitation dilemma)：https://towardsdatascience.com/the-exploration-exploitation-dilemma-f5622fbe1e82
- 在有限時間內解決多臂吃角子老虎機問題 (Finite-time Analysis of the Multiarmed Bandit Problem)：https://homes.di.unimi.it/~cesabian/Pubblicazioni/ml-02.pdf
- NASNet：https://arxiv.org/abs/1707.07012
- AmoebaNet：https://arxiv.org/abs/1802.01548
- ENAS：https://arxiv.org/abs/1802.03268
- Evaluation and comparison of AutoML approaches and tools：https://arxiv.org/pdf/1908.05557.pdf
- 假如對 AutoML 論文有興趣，亦可參考以下網址列出的更多項目，包括論文與網路資源：https://github.com/hibayesian/awesome-automl-papers

MEMO

02

開始使用 AutoKeras — 第一個自動化 DL 範例

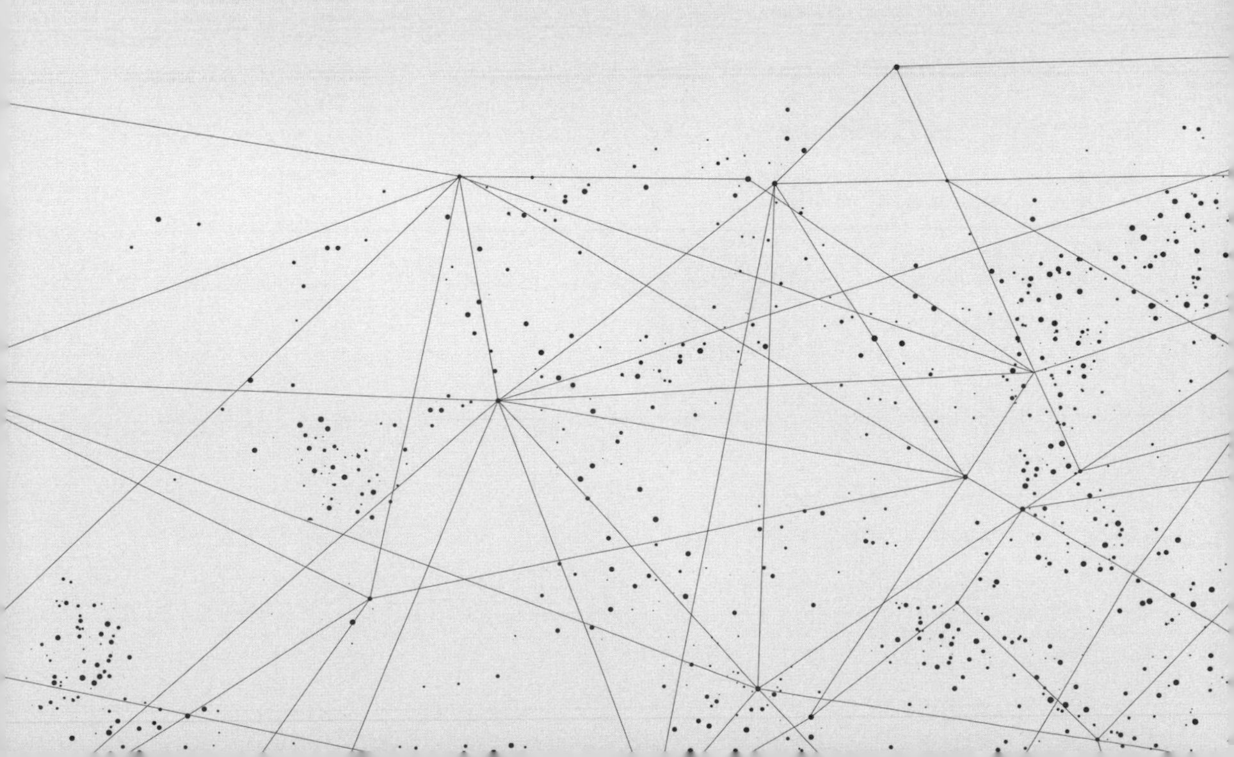

在本章中，我們會帶各位了解開始使用 AutoKeras 之前所需知道的一切，並以一個基本但詳盡解說的程式範例來實作。在本章結束後，你就會曉得如何利用短短幾行程式，針對知名的 **MNIST** 資料集來打造手寫數字辨識分類器。

我們已經在前一章介紹過，自動化 ML 的目的是加速訓練時程，並讓資料科學家得以把精力花在 ML 工作流程中較難自動化的部份，或者讓沒有專業背景的開發者也能輕鬆運用 ML。而 拜 AutoKeras 之賜，這種自動化也得以被套用到 DL 工作流程上。我們也解釋了我們為何選擇 AutoKeras 這個自動化建模框架；AutoKeras 能夠替我們找到最合適的 Keras 神經網路模型，大大節省因反覆試誤而浪費的時間。

接下來，我們將了解如何在不同環境安裝 AutoKeras, 並以實際範例來操作它。但在此之前，我們得先釐清以下問題：

- 什麼是深度學習 (deep learning)？
- 什麼是神經網路 (neural network)？它如何學習？
- 深度學習模型如何學習？
- 為何選擇 AutoKeras？
- 在雲端或本地端安裝 AutoKeras
- Hello MNIST：執行我們的第一個 AutoKeras 實驗 (圖像分類器與迴歸器)

2-1 什麼是深度學習？

DL 屬於 ML 的其中一個子範疇，藉由建立一連串相疊的**網路層 (layers)** 來從資料中抽取有關的特徵，也就是在資料中尋找模式 (pattern)。這種模型稱為神經網路（或『類神經網路』，啟發自人類的大腦神經元構造）。

但這些『層』究竟是什麼呢？一個層由一組稱為**神經元 (cells)** 的節點構成，它們各自會接收輸入的資料、並在處理過後輸出。這個處理過程可以是無狀態的 (stateless)*，但一般來說神經元會有狀態，也就是以一系列浮點數 (floating number) 來代表的**權重 (weights)**。模型透過訓練，將能找出合適的權重，好決定神經元如何篩選特徵、從資料中找出那些真正能用來做判斷的部分。

譯者註：無狀態的是指每次運算都是獨立的，不受之前運算的影響。

讓我們來看看一個能從圖片辨識出單一手寫數字的多層神經網路範例：

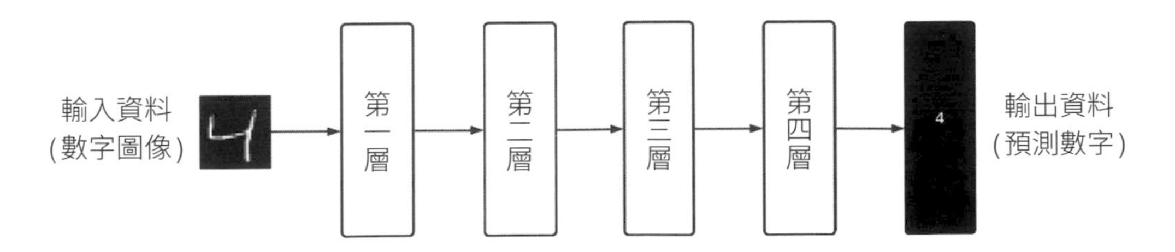

我們可以把神經網路想像成裝有多層濾紙的漏斗，每層都是一片濾紙，可以濾去不同類型的雜質，直到最終獲得想要的結果。以上面的例子來說，神經網路可以從一個由眾多像素構成的圖片抽取特徵，藉此判斷（或者說預測）圖片內容究竟是哪個數字。

目前神經網路已經被廣泛應用在許多領域，像是電腦視覺 (computer vision, 即視覺辨識)、自然語言處理 (natural language processing, NLP, 即語言辨識)、時間序列數據預測等等。我們在本書會展示幾個範例，而這些範例的概念也可以用來解決各種領域的問題。

2-2 什麼是神經網路？它如何學習？

如同我們前面提到的，一個神經網路是由彼此相連的層所構成。每層都包含一組節點，而每一個節點會有對應的權重。神經網路的學習過程就是根據輸出結果不斷修改權重，好讓讓模型的預測越來越準確。下圖就是一個簡單的雙層網路：

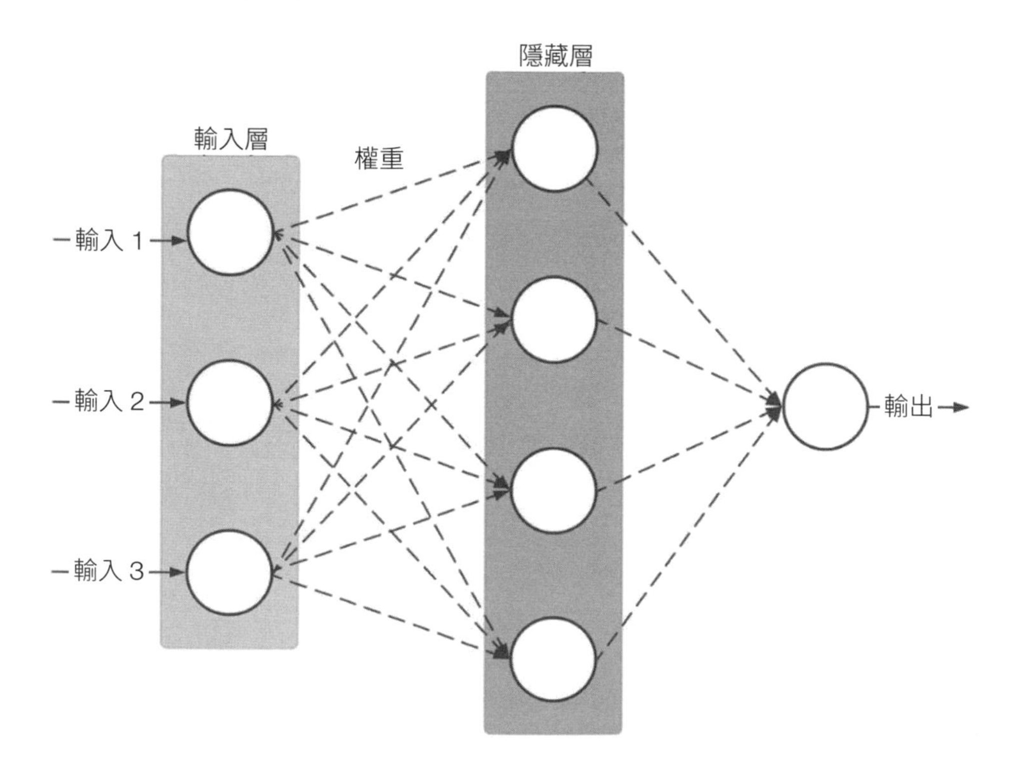

在上圖中的每一個圓圈代表一個人工神經元，它們其實就是個數學函數，用來模擬生物神經元的功能。它們的運作方式即接收一個或多個輸入值 (特徵值，也是數值形式)，將之乘上對應的權重因子，然後把加權後的結果輸出給下一層。權重若越大，對預測結果的影響力便越強。

小編註：神經元在輸出之前，通常還會再做一個非線性或基於其他方式的轉換，稱為啟動函數，好強化神經元的學習能力。

這種模型的原理看似簡單，威力卻十分強大。只要給予一組事先定義好的輸入與輸出資料 (即訓練集內的資料和答案)，神經網路就可以從中學習和找出模式——特別是人類自己無法辨認出的模式——接著便能替還不知道結果的新資料進行預測。例如，若我們訓練神經網路根據房屋的一系列因素 (面積、地點、屋主收入等等) 去尋找與房價的關聯，這個網路就可以基於這些變數去大致預測新房產的價格。

2-3 深度學習模型如何學習？

我們來進一步看看一個多層神經網路辨識單一數字圖像的過程：

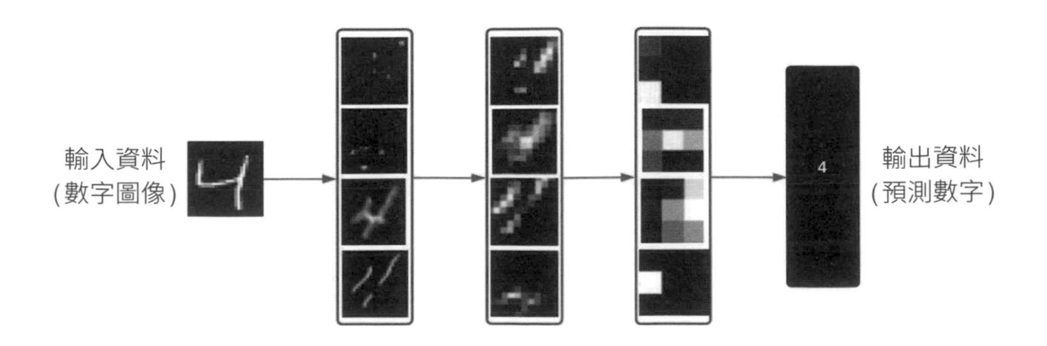

正如你可以從上圖中看到的，神經網路會從數字圖像中抽取出模式。它在每一層中會對圖片產生不同的**表徵 (representation)***，而每一層都有其注重的特徵，最終結合出能夠預測結果的必要因素。

小編註：表徵即為一層神經元接收特徵值後，乘上權重而得到的結果，好強調或忽略資料中的某些部份。

DL 的原理基本上就是如此，用一層又一層神經元來學習資料模式。只要調整這個簡單概念和把它放大，就能讓模型做出準確率驚人的預測。

接下來，我們再次來看看 AutoKeras 為何非常適合用來做自動化 ML\DL 建模。

2-4 為何選擇 AutoKeras？

如同前一章介紹的，AutoKeras 是一個開源的 AutoML 框架，讓非 ML 專家也可以輕鬆訓練出優秀的模型。雖然有些其他工具也提供類似的功能，但 AutoKeras 是特別針對自動化 DL 建模而設計的。

AutoKeras 當然不是唯一的 AutoML 解決方案，市面上也有其他服務，但大部份都是廠商提供的雲端運算平台 (如 Amazon, Google, IBM)。這類平台有一些顯著的限制：

1. 機器學習的雲端平台非常昂貴。它們通常會給你一段免費試用期或一些免費流量，但之後若想要定期使用，就得乖乖繳月費或年費。

2. 對於某些雲端平台，你得對容器 (containers) 或叢集 (clusters) 有了解才有辦法設定它和擴張規模。

3. 它們會提供簡單易用的現成解決方案，但彈性也較為不足。

既然 AutoKeras 是開源工具，它可以解決以上問題，因為你可以自由瀏覽它的原始碼，並能在本地端免費安裝執行。它會如此容易安裝和使用，主要有以下四個理由：

1. 它的應用程式介面 (application programming interface, API) 是以 Keras 為基礎，因此清楚又直覺，只要有基礎 Python 程式經驗就能快速上手。若你是進階使用者，AutoKeras 也允許你修改底下的 Keras 模型參數。

2. 它可以在任何 Python 3 環境 (本地或雲端) 安裝和執行。

3. 它會依據系統中可用的 GPU (圖形處理單元) 記憶體容量來動態配置神經網路的架構大小。

4. 它目前在開源社群中的開發與維護十分活躍。

我們後面會來看個實際範例，也就是使用 AutoKeras 來訓練一個能預測手寫數字的簡單**分類器 (classifier)**。不過首先，我們需要先在工作環境安裝 AutoKeras 跟必要的相依套件。

2-5 安裝AutoKeras

我們在本書中的程式範例都會採用 **Jupyter Notebook** 作為主要工具。這是一個開源程式編輯器，以瀏覽器網頁的形式運作，能用來建立和分享附檔名為 .ipynb 的『筆記本』，將程式碼、說明文字和執行後產生的圖形整合在一起。你甚至可將程式分割到不同的格子 (cells) 中，好看到各部分程式依序執行的效果，使開發過程更有互動性。

下圖就是個範例，透過 **Google Colaboratory** (雲端代管版的 Jupyter Notebook) 來訓練神經網路模型：

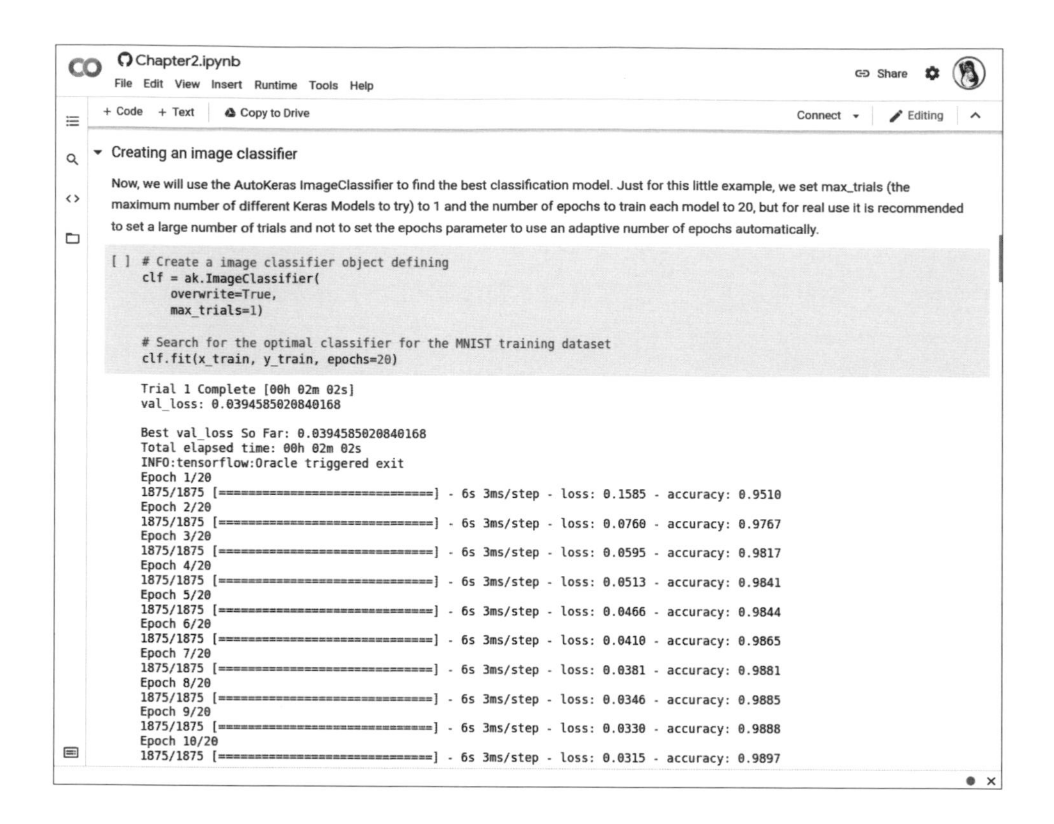

使用 Google Colaboratory 或 Jupyter Notebook 是開始使用 AutoKeras 的良好選擇，特別是這類環境已經安裝了不少資料科學套件，而且能輕易地保留執行結果和分享。不過它並非唯一的選擇；各位仍然能在一般的 Python 3 環境安裝與使用 AutoKeras, 搭配你習慣的整合開發環境 (integrated development environment, IDE), 並將程式儲存為標準的 .py 檔。

> **小編註**：我們的範例程式會提供 .ipynb 及 .py 兩種版本。書中範例會以 Notebook 的呈現形式為主。

在接下來的小節中，我們會先介紹如何在雲端安裝與使用 AutoKeras, 接著則是在本地端（本機）。這兩個選項有各自的優缺點，本章後面也會一一分析。

2-5-1 在雲端上安裝 AutoKeras

在雲端上，我們有兩個選項：**Google Colaboratory** (簡稱 Colab), 以及 **Amazon Web Services (AWS) 容器**。這兩個都允許你透過瀏覽器和網路存取遠端的 Jupyter Notebook 服務，無須在自己的電腦安裝任何東西。

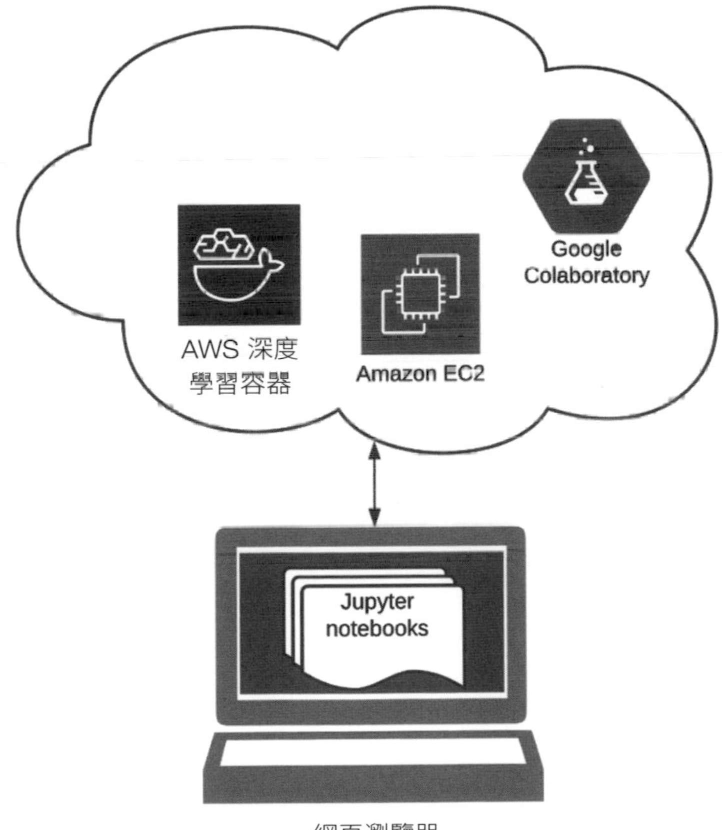

我們來進一步看看這些雲端選項。

透過 Google Colaboratory 使用 AutoKeras

Google 提供了名為 Colaboratory 的 Jupyter Notebook 代管服務，讓你可以上傳你的 .ipynb 檔並在 Google 的雲端伺服器上運行，運用 Google 提供的運算資源 (它提供了免費的 CPU、GPU 及 TPU (tensor processing unit, 張量處理單元)), 使你不會受制於個人電腦的限制，而且只要有網頁瀏覽器就能操作。

小編補充

Colab 會讓你連線到一個執行階段 (runtime), 實際上就是個虛擬機，而 Notebook 檔則會自動保存於你的 Google 雲端硬碟中 (位於 Colab Notebook 資料夾)。

務必注意，虛擬機都有儲存空間與記憶體的限制。此外若閒置太久或連續使用超過 12 小時，虛擬機就會斷線並被系統收回。此外，Colab 上支援 GPU 及 TPU 的執行階段數量有限 (使用它們的方式稍後介紹), 這些也會被優先分配給付費使用者，因此不見得永遠能用到。詳情請參閱官方說明：https://research.google.com/colaboratory/intl/zh-TW/faq.html。

此外，在本書編輯時，使用 Colab 的 GPU 也可能會產生另一個問題。假如你嘗試執行 AutoKeras 模型圖像訓練時看到以下訊息：

```
UnknownError:  Failed to get convolution algorithm. This is
probably because cuDNN failed to initialize... (以下略)
```

這是因為本書編輯時，AutoKeras 1.0.16 使用 Tensorflow 2.5, 而 Colab 的預設版本為 Tensorflow 2.7 (AutoKeras 會在安裝時自動將 Tensorflow 降級), 導致執行階段中的 GPU 驅動程式不相容。因此，目前唯一的解法就是不使用 GPU, 或者等待 AutoKeras 的新版本能夠支援 Colab 預設環境。

以下我們來在 Colab 中建立一個 Notebook, 並執行簡單的程式：

1. 打開 https://colab.research.google.com 並用 Google 帳號登入。

2. 接著出現的畫面讓你選擇能從 Google 雲端硬碟開啟／新建 Notebook, 或者上傳既有檔案。你可以上傳本書的範例程式 chapter2\notebook\test.ipynb, 或者點『新建筆記本』來建立一個新的 Notebook。

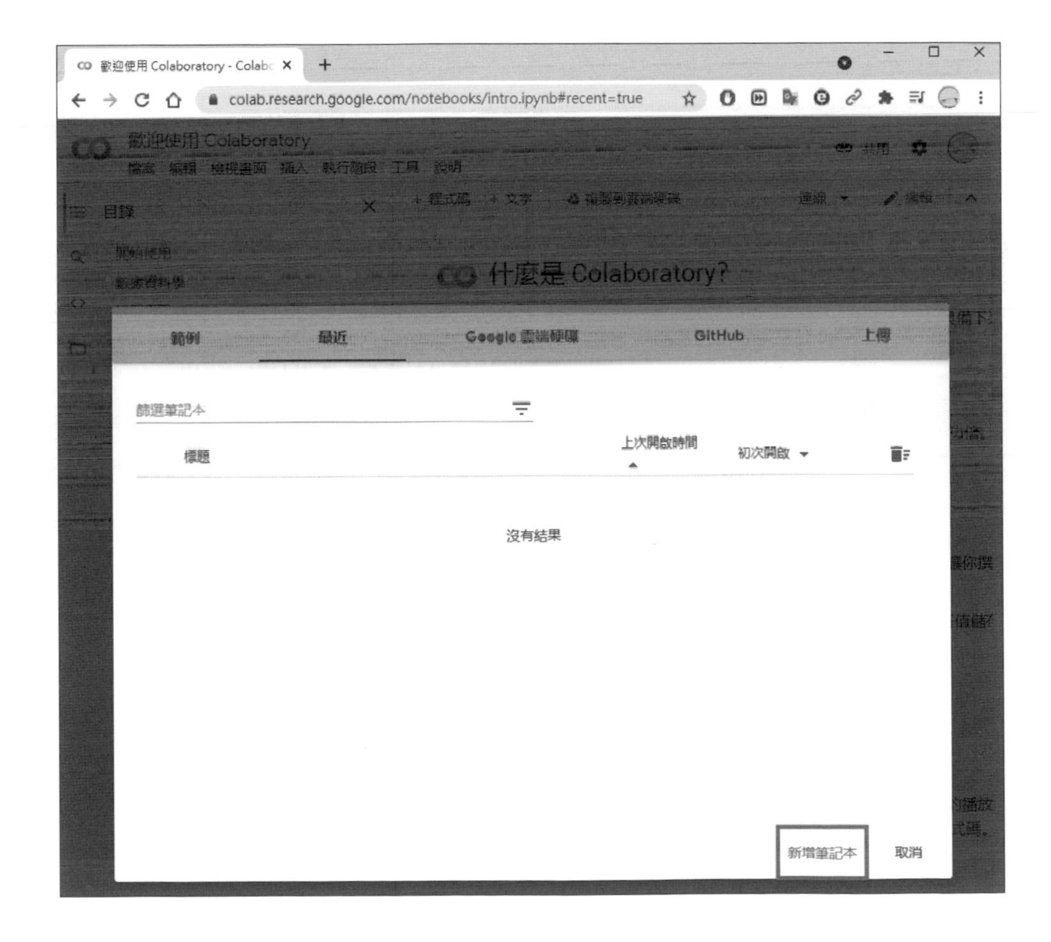

使用 Googla Colab Notebook 時 , 也可試著啟用 GPU 或 TPU, 好加速訓練速度 (功能表的**執行階段** → **變更執行階段類型** → 選擇 **GPU** 或 **TPU**)：

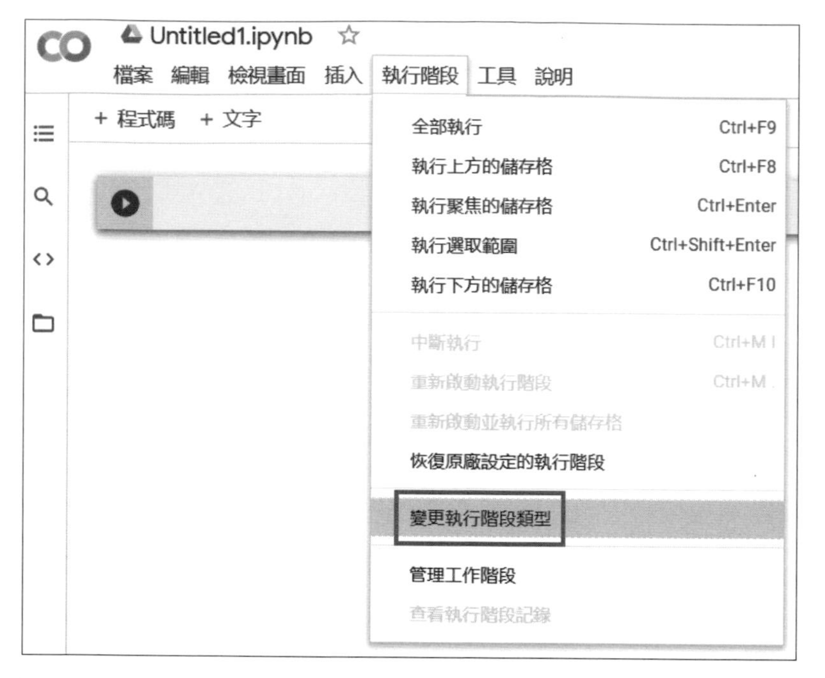

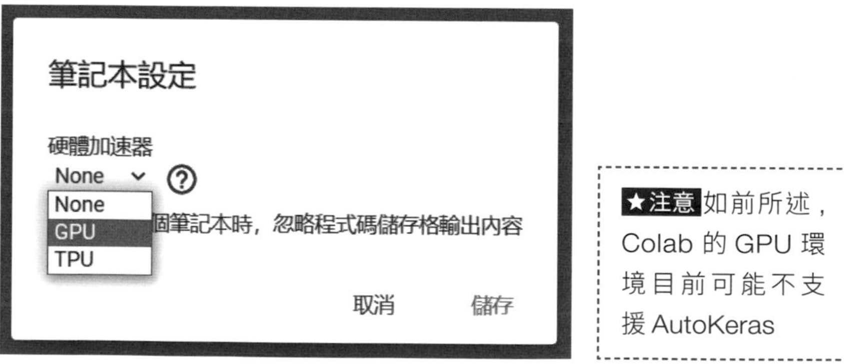

★注意 如前所述，Colab 的 GPU 環境目前可能不支援 AutoKeras

- 若是新建筆記本，在畫面最上方中更改 Notebook 檔名，並在第一個格子輸入以下程式碼：

In

```
import matplotlib.pyplot as plt
from tensorflow.keras.datasets import mnist

(x_train, y_train), (x_test, y_test) = mnist.load_data()
```

→ 接下頁

```
fig = plt.figure()

ax = fig.add_subplot(1, 2, 1)
plt.imshow(x_train[1234], cmap='gray')
ax.set_title('Train sample')

ax = fig.add_subplot(1, 2, 2)
plt.imshow(x_test[1234], cmap='gray')
ax.set_title('Test sample')

plt.show()
```

- 按格子左側的箭頭，或點一下格子後點選『執行階段 → 執行聚焦的儲存格』(或者點格子後按 Ctrl + Enter), 就可以執行該格內的程式碼：

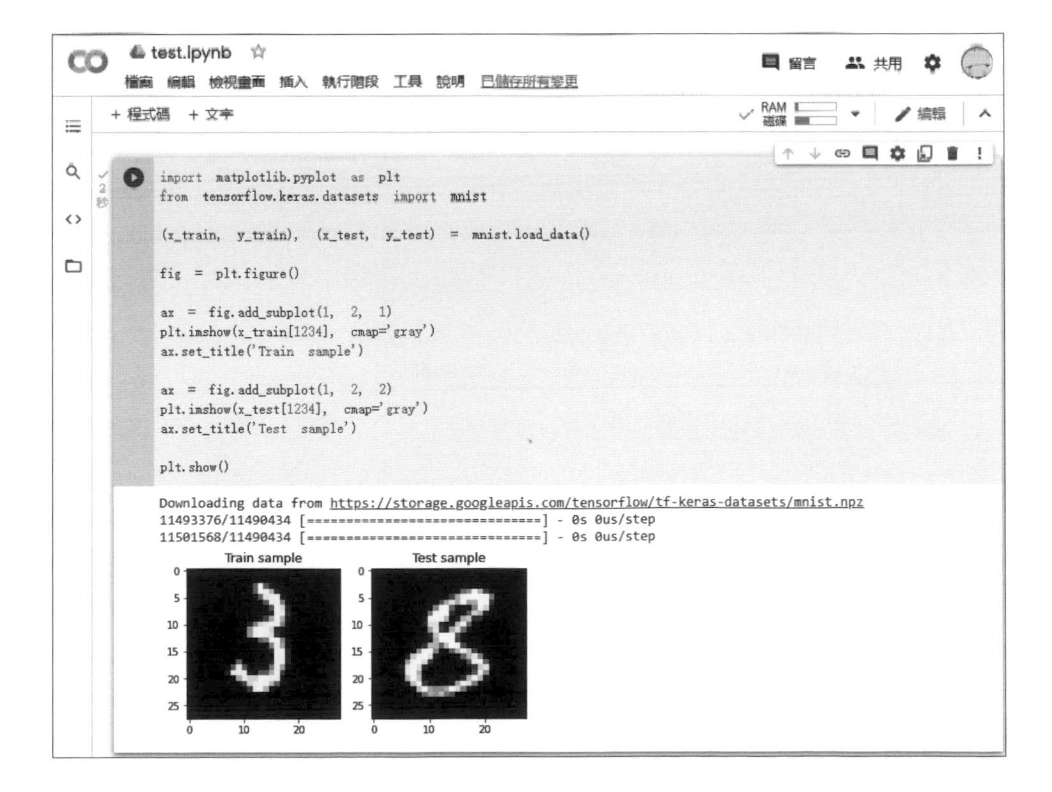

- 這是一段很簡單的程式，它會下載 MNIST 資料集、從訓練集和測試集各取出一筆資料 (一張手寫數字圖片), 然後用稱為 **matplotlib** 的繪圖套件畫在 Notebook 的執行結果區。後面我們會更深入解釋這些程式碼的意義。

- 再次儲存 Notebook, 這樣程式碼和其執行結果就會一起保存，日後你可隨時重新開啟、或者透過 Google 雲端硬碟分享給別人。

小編補充

對於 Colab 執行階段，你可以用**執行階段 → 重新啟動執行階段**來清除執行階段的變數 (虛擬機中下載的套件、檔案會保存), 或者用**恢復原廠設定的執行階段**來完全重設虛擬機。

- 最後，開啟一個新格子並輸入以下程式碼，好在 Google Colab 內安裝 AutoKeras：

```
!pip3 install autokeras
```

AWS 中的 AutoKeras

本書我們不會講解如何使用 AWS 服務，因為它需要付費，但這裡仍來簡單介紹一下。

Amazon Elastic Compute Cloud (Amazon EC2) 是一種雲端容器服務，可用於執行 Docker 容器。Docker 容器實際上便是一個基於 Linux 系統的可攜式虛擬機映像檔；後面我們也會看到如何執行一個獨立的 AutoKeras Docker 映像檔。

亞馬遜提供的許多 AWS DL Containers 已經預先安裝好深度學習架構，甚至附有 CUDA (Compute Unified Device Architecture) 函式庫來操作 AWS 自身的 GPU 資源。你只要在映像檔內安裝 Jupyter Notebook 及 AutoKeras, 便可利用 AWS 來執行 AutoKeras 模型訓練。

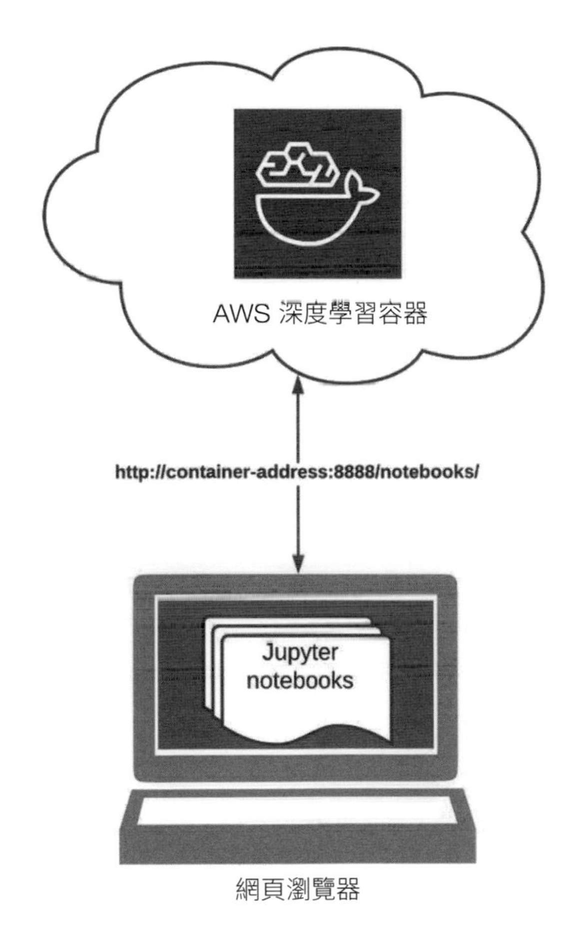

- 若想進一步了解 AWS DL Containers, 可參考這裡：https://aws.amazon.com/tw/machine-learning/containers/。
- 若想瀏覽可用的 AWS DL 容器，請參考此 Github 儲存庫：https://github.com/aws/deep-learning-containers。

雲端上的 AutoKeras：優點和缺點

在雲端使用 AutoKeras 或其他 ML/DL 工具的最大好處，是當你的電腦沒有充足的運算資源、程式也不需要特別長的運算時間時，使用雲端會相當方便。例如，一個叫做 TensorFlow Cloud 的擴充功能，讓你只要輸入短短幾行程式，便可以在 Google 雲端平台 (Google Cloud Platform, GCP) 上運行你的程式、輕鬆運用雲端平台上的運算資源。

但若你會更頻繁或更長時間執行 ML/DL 任務，雲端就沒有那麼方便。雲端平台的資源、甚至可訓練的時間是有限的，有些更需要付費。在這種情況下，花錢購買具有圖形加速卡的工作站，或許就會是更為划算的選擇。

話說回來，若你需要大規模隨選即用 (on-demand) 的運算資源，自行建立伺服器叢集就會耗費大量的人力與硬體成本，也比雲端方案更難規模化與維護。這時你就或許得考慮由 AWS 之類的企業級服務來替你管理。

雲端	vs.	本地
短	設置時間	長
低	投資成本	高
要	IT成本	不用
可預期的	總成本	不可預期
低	客製化程度	高
中	安全性	高
大	擴大規模的能力	中

簡而言之，一開始選擇在雲端上運行 AutoKeras 是一個起頭的好方式。你不需要擁有多好的設備，就可以利用雲端資源計算出強大的神經網

路模型；但如果你打算長期使用，並願意花費數天甚至數周去改良你的模型，自行購買配有 GPU 的電腦就會是較好的選擇。

2-5-2 在本地端安裝 AutoKeras

儘管深度學習的模型訓練需要可觀的運算資源，AutoKeras (以及 Tensorflow/Keras) 對於硬體並沒有特別的限制，在沒有 GPU 的普通電腦上也能運行，唯一要求是你必須使用 64 位元系統，因為 AutoKeras 仰賴的 Tensorflow 需要用到 64 位元 Python 直譯器。

要注意的是 AutoKeras 還是在發展中的專案，它仍然在快速地進化中，因此在安裝過程中可能會有一些變化。我推薦你可以在以下網址找到最新的安裝教學：https://autokeras.com/install/。

小編補充

本書我們使用 AutoKeras 1.0.16 及 Tensorflow 2.5。Tensorflow 2.x 目前需要 64-bit Python 3.5 至 3.9 版本環境，而作業系統則得滿足以下條件：

- Ubuntu 16.04 以上版本
- Windows 7 以上版本 (包含 C++ 可轉發套件)
- macOS 10.12.6 (Sierra) 以上版本 (不支援 GPU)
- Raspbian 9.0 以上版本

最新的需求請參閱：https://www.tensorflow.org/install/pip?hl=zh-tw。

下面我們以 64 位元 Windows 及 Linux 環境為例，介紹安裝與使用 AutoKeras 的幾種方式：

1. 在 Windows 安裝 (使用 Anaconda 3 或正規 Python 環境)
2. 在 Linux 安裝 (使用 Jupyter)
3. 使用 AutoKeras Docker 映像檔

在 Windows 安裝 AutoKeras：使用 Anaconda 3

在 Windows 系統上，取得 Jupyter Notebook 最簡單的方式是安裝 **Anaconda 3**。Anaconda 3 提供了自己的 Python 3 環境，並預先裝好眾多相關套件，所以用起來就和 Google Colab 一樣簡單。

1. 到 https://www.anaconda.com/products/individual 下載個人版 (Individual Edition) 並安裝。

2. 從開始選單點選 **Anaconda 3 (64-bit)** → **Jupyter Notebook**。這會啟動一個本地伺服器服務，並在你的瀏覽器自動打開 Jupyter Notebook 檔案總管。

   點選 **New**, 然後選擇一個 Python 3 執行環境 (你看到的項目取決於系統而可能有所不同), 以便建立新的 Notebook：

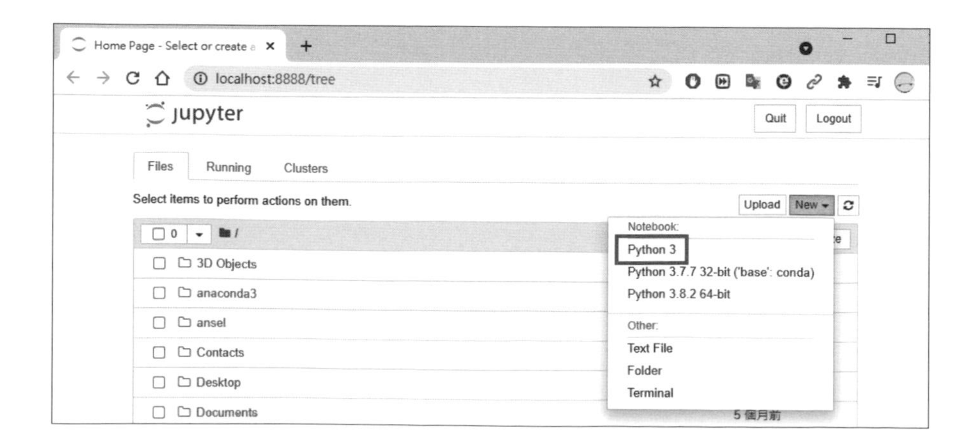

新的 Notebook 預設會儲存在『C:\Users\< 使用者名稱 >』目錄下。若要開啟既有的 .ipynb 檔，你可先將它複製到『下載』資料夾 (這會使它出現在畫面中的 Downloads 資料夾下)。

3. Anaconda 3 的 Python 3 環境已經安裝了多種套件，但並未安裝 Tensorflow 及 AutoKeras, 因此請在第一個格子輸入以下程式碼，並按上方的 **Run** 或按鍵盤的 Ctrl + Enter 執行之：

In

```
!pip3 install autokeras
```

這個指令會下載並安裝 AutoKeras, 而 AutoKeras 所需的 Tensorflow、Keras Tuner (用來調整 Keras 模型超參數) 等套件也會一併被安裝。

耐心等待執行完成：

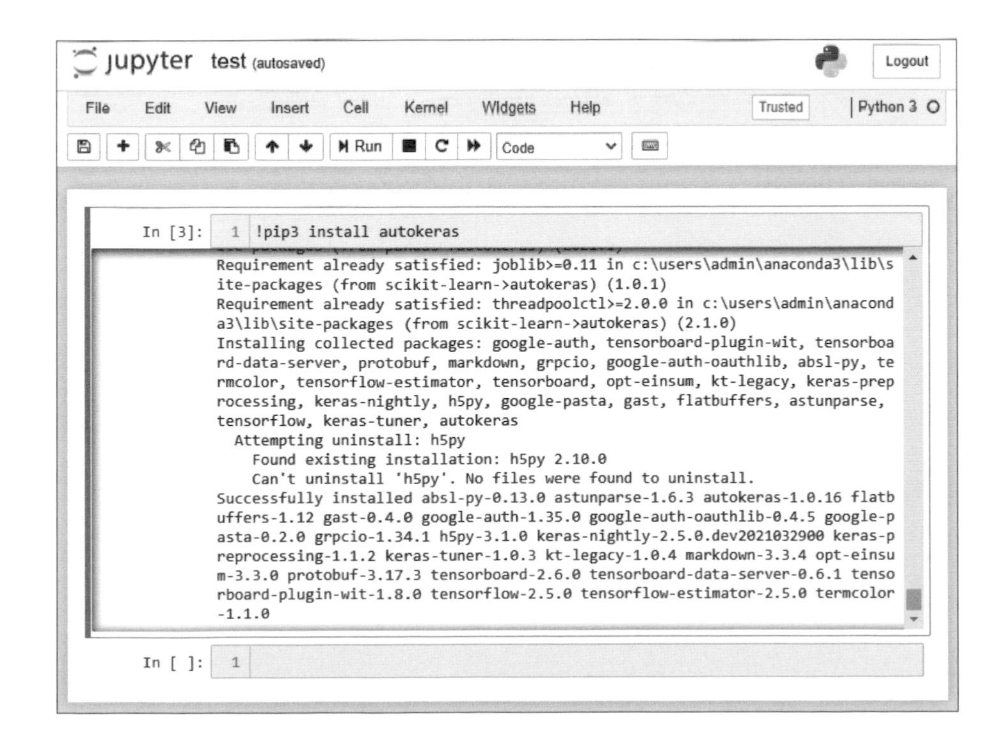

4. 如果將來想升級 AutoKeras 以及它所使用的 Keras Tuner 套件，可執行以下指令：

In

```
!pip3 install --upgrade autokeras keras-tuner
```

你也就能在下一個格子輸入前一小節我們在 Google Colab 展示的程式碼，並獲得相同的結果：

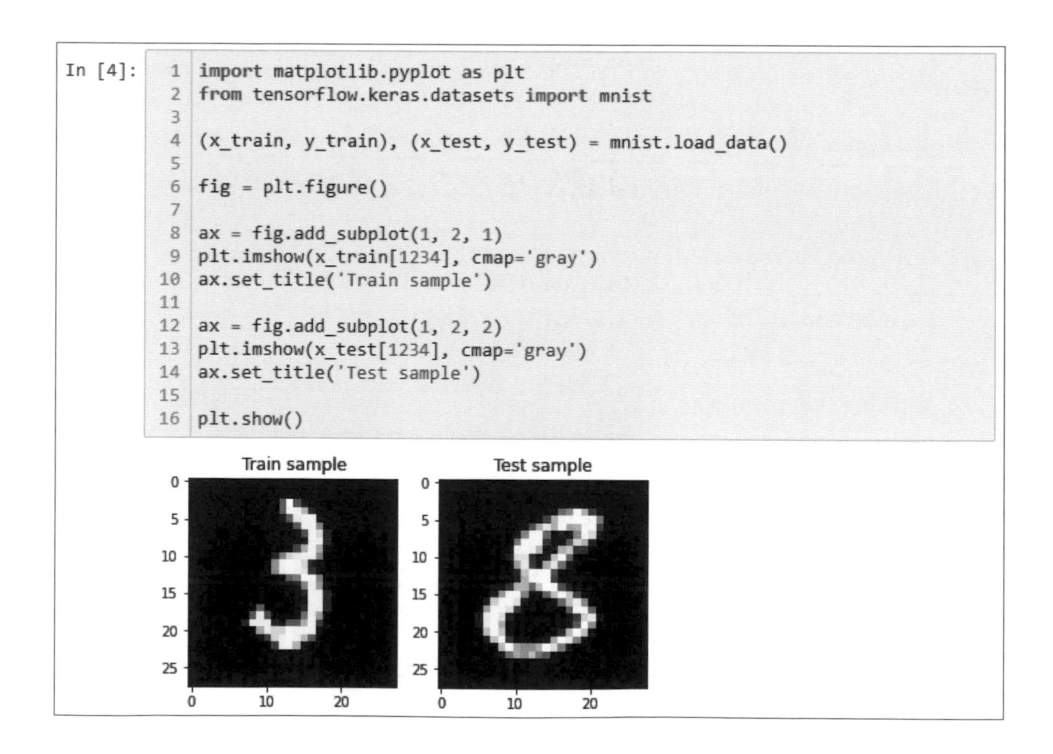

```
In [4]:
1  import matplotlib.pyplot as plt
2  from tensorflow.keras.datasets import mnist
3  
4  (x_train, y_train), (x_test, y_test) = mnist.load_data()
5  
6  fig = plt.figure()
7  
8  ax = fig.add_subplot(1, 2, 1)
9  plt.imshow(x_train[1234], cmap='gray')
10 ax.set_title('Train sample')
11 
12 ax = fig.add_subplot(1, 2, 2)
13 plt.imshow(x_test[1234], cmap='gray')
14 ax.set_title('Test sample')
15 
16 plt.show()
```

在 Windows 安裝 AutoKeras：使用正規 Python 3 環境

你自然也可以自行安裝 Python 3 環境以及所有相關套件，然後使用你喜歡的開發環境。這麼做的好處是你能自由搭配你想要的編輯器。

1. 下載並安裝 Python 3, 例如 3.9.6 版：https://www.python.org/downloads/。安裝時請記得勾選『Add Python 3.9 to PATH』：

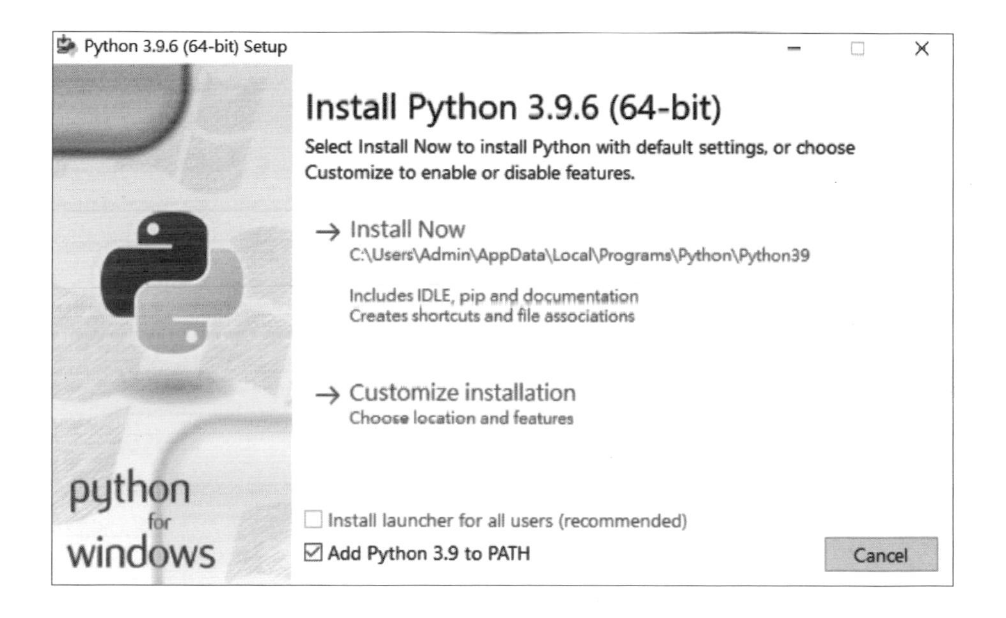

2. Tensorflow 需要下載並安裝 Visual C++ 可轉發套件：https://support.microsoft.com/help/2977003/the-latest-supported-visual-c-downloads

3. 接著也得下載和安裝 Git 工具：https://git-scm.com/downloads。

4. 打開命令提示字元，依序執行以下兩行指令：

```
pip3 install git+https://github.com/keras-team/keras-tuner.git
pip3 install autokeras matplotlib
```

第一行指令會安裝 Keras Tuner, 第二行指令則會安裝 AutoKeras 以及本書會使用的資料視覺化套件 matplotlib。本書後面的實驗可能會使用到其他套件，屆時另外再安裝即可。

5. 同樣的，將來若想升級 AutoKeras 及 Keras Tuner 套件，可在命令提示字元內執行以下指令：

```
pip3 install --upgrade autokeras keras-tuner
```

小編補充：解決 NumPy 版本衝突

NumPy 是非常受歡迎的數值運算套件，很多其他套件都會倚賴它，AutoKeras/Tensorflow 自然也不例外。但 Tensorflow 使用的 NumPy 往往不是最新版本；若你或某個其他套件事先安裝了較新的 NumPy, 就可能會得到版本衝突的訊息。

例如，以下是安裝了 NumPy 1.21.2 時的結果，套件管理工具 pip 指出 Tensorflow 2.5.0 只能使用 1.19.2 或更新的 1.19.x 版本：

```
ERROR: tensorflow 2.5.0 has requirement numpy~=1.19.2, but you'll
have numpy 1.21.2 which is incompatible.
```

這時你便得依指示將 NumPy『降級』至建議的版本 (以下以 1.19.5 版為例)：

```
pip3 install --upgrade numpy==1.19.5
```

這個方式也適用於 Linux, 但記得在 pip3 前面加上 sudo。

6. 現在你可以使用任何支援 Python 的 IDE 來撰寫並執行 .py 檔。下面我們以 Visual Studio Code (簡稱 VS Code) 來示範，你可至以下網址來下載並安裝它：https://code.visualstudio.com/。

   啟動 VS Code 後，按**檔案** → **新增檔案**，輸入前小節的程式碼，並儲存該空白檔案為 test.py (或者你可直接開啟範例程式的 chapter02\py\test.py)。

   編輯器這時應該會提示你安裝 VS Code 的 Python 延伸套件，並會請你選擇系統中的 Python 直譯器。在出現的選單中點選一個 64-bit 版本：

   點選**執行 (Run)** → **執行但不進行偵錯 (Run Without Debugging)** 或直接按 Ctrl + F5 來執行程式：

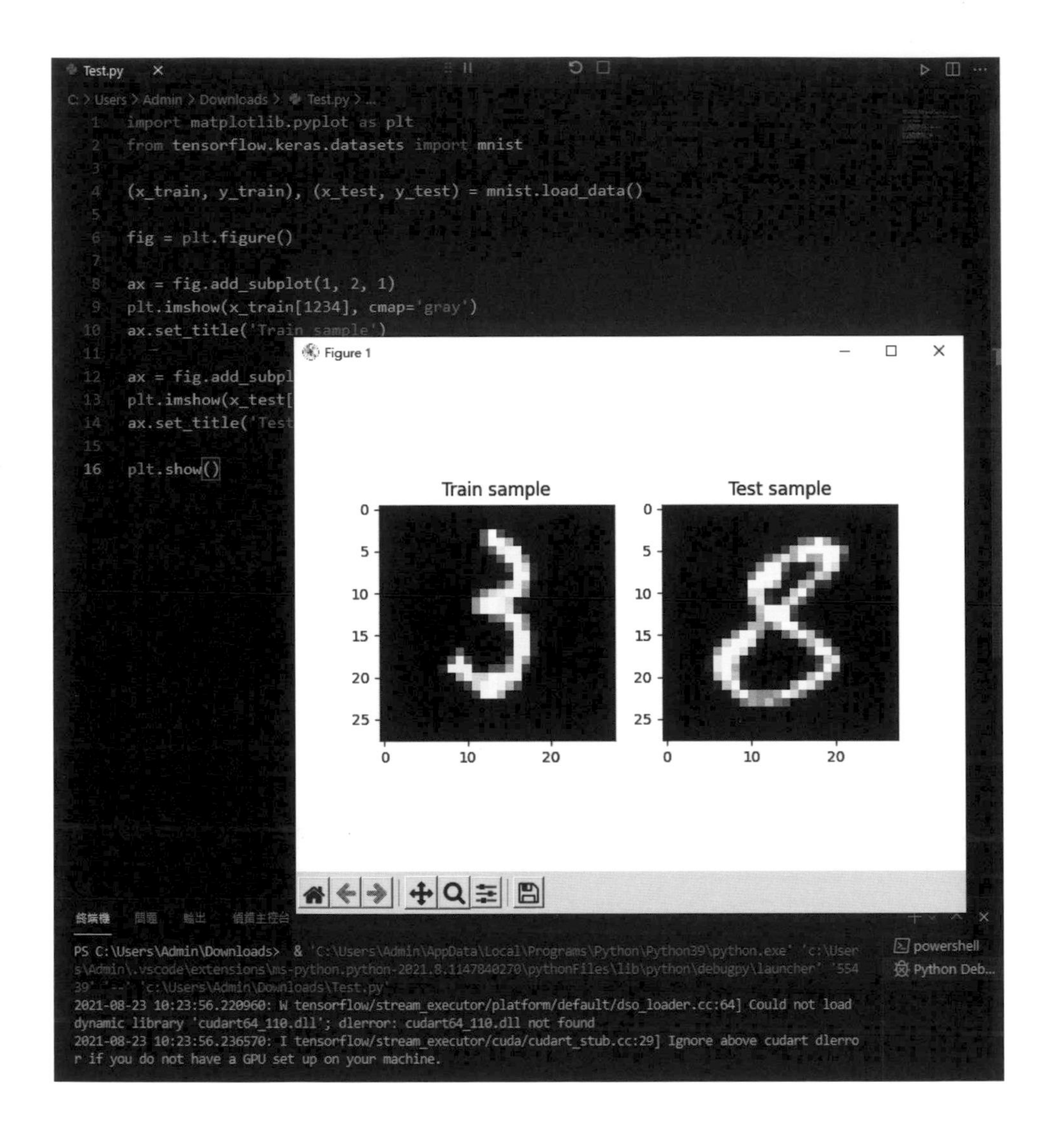

在 Linux 安裝 AutoKeras

1. 64 位元 Linux 系統如 Ubuntu，一般已經裝有 Python 3.7 或 3.8 環境。若你還沒安裝 pip 及 Git 工具，請用以下指令在終端機安裝之：

```
sudo apt update
sudo apt install python3-dev python3-pip git
```

2. 接著下載並安裝 keras-tuner、AutoKeras 及 matplotlib：

```
sudo pip3 install git+https://github.com/keras-team/keras-tuner.git
sudo pip3 install autokeras matplotlib
```

3. 安裝 AutoKeras 時也會一併安裝 Tensorflow, 但這時你有可能看到以下警告訊息，指出 (由 Keras Tuner 或你自己) 安裝的 NumPy 版本太新：

```
ERROR: tensorflow 2.5.0 has requirement numpy~=1.19.2, but you'll
have numpy 1.21.2 which is incompatible.
```

這時和前面提過的一樣，依指示將 NumPy『降級』至建議版本即可：

```
sudo pip3 install --upgrade numpy==1.19.5
```

需要升級 AutoKeras 及 Keras Tuner 時，則可輸入以下指令：

```
sudo pip3 install –upgrade autokeras keras-tuner
```

4. 和在 Windows 一樣，你可以使用自己偏好的任何程式編輯器。若你想在 Linux 環境使用 Jupyter Notebook 來撰寫程式，就用以下方式安裝它：

```
sudo pip3 install notebook
```

接著只要在終端機輸入 **jupyter-notebook**, 它就會在瀏覽器打開 http://localhost:8888：

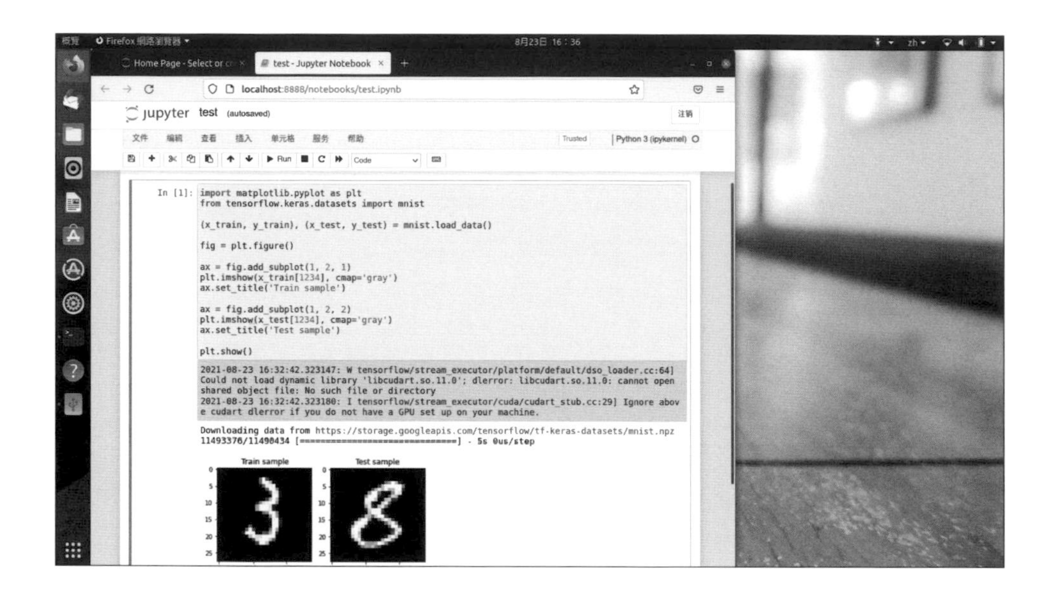

小編補充：安裝 plot_model() 所需繪圖套件

在本書的實驗中，幾乎都會用到 Tensorflow 套件的 plot_model() 來繪製神經網路的圖形化結構。Google Colab 已經能支援它，但在本機執行前得安裝一些套件，才能讓它正確產生結果：

```
pip3 install pydot pydot-ng pydotplus
```

此外還需要 Graphiz 套件，Linux 使用者可如下安裝之：

```
pip3 install graphviz
```

→ 接下頁

Windows 使用者則可從以下連結下載並安裝 graphiz (https://graphviz.org/download/#windows), 並記得在安裝時勾選『Add Graphiz to the system PATH for all users』:

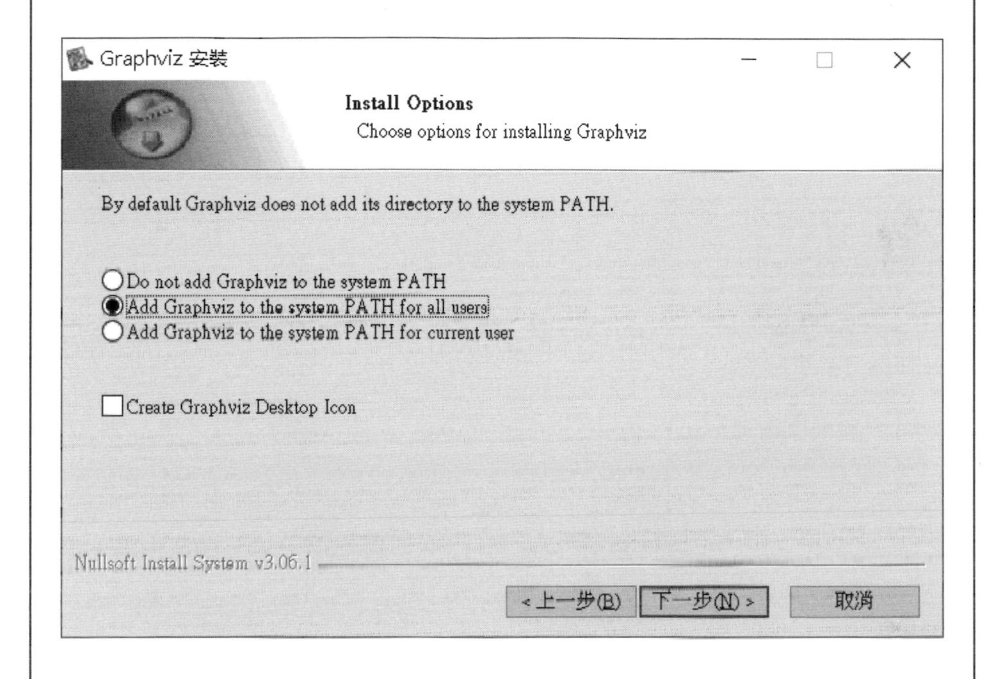

若你正在本機使用 Jupyter Notebook, 請記得先重啟筆記本的 Python 執行環境 (**Kernel → Restart**), 好確保此執行環境能存取到這些新安裝的套件。

2-5-3 在本地端支援 GPU (安裝 CUDA)

當你匯入 Tensorflow (包括透過 AutoKeras 匯入) 時，可能會看到它顯示找不到 cudart64_110.dll 函式庫的錯誤訊息，但這是正常的。這表示你的電腦沒有 Tensorflow 可偵測到的 GPU；在這種情況下，AutoKeras 就只會運用 CPU 來運算。

若你的電腦或工作站配有支援 CUDA 架構的 NVIDIA 圖形加速卡，你便可安裝 CUDA 套件，好讓 AutoKeras 在訓練模型時借用 GPU 的硬體運算能力。這也適用於所有的本機安裝環境。Tensorflow 的官方指南有安裝 CUDA 套件的說明：https://www.tensorflow.org/install/gpu?hl=zh-tw 。

下面我們來帶過在 Windows 安裝 CUDA 的基本過程：

1. 確認你的圖形加速卡是否支援 CUDA 架構 3.5 以上版本：https://en.wikipedia.org/wiki/CUDA#GPUs_supported。目前 CUDA11.x 支援 CUDA 架構 3.5 ～ 8.6。
2. 檢查你的 Tensorflow 版本對應到哪些支援的 CUDA 版本 (例如 Tensorflow 2.4.0 以上支援的版本是 CUDA 11.x)：https://www.tensorflow.org/install/source?hl=zh-tw#gpu。
3. 下載並安裝最新的 NVIDIA 驅動程式：https://www.nvidia.com.tw/Download/index.aspx?lang=tw。
4. 下載並安裝 CUDA Toolkit (步驟 2 支援的版本，可能須註冊並登入)：https://developer.nvidia.com/cuda-toolkit-archive。

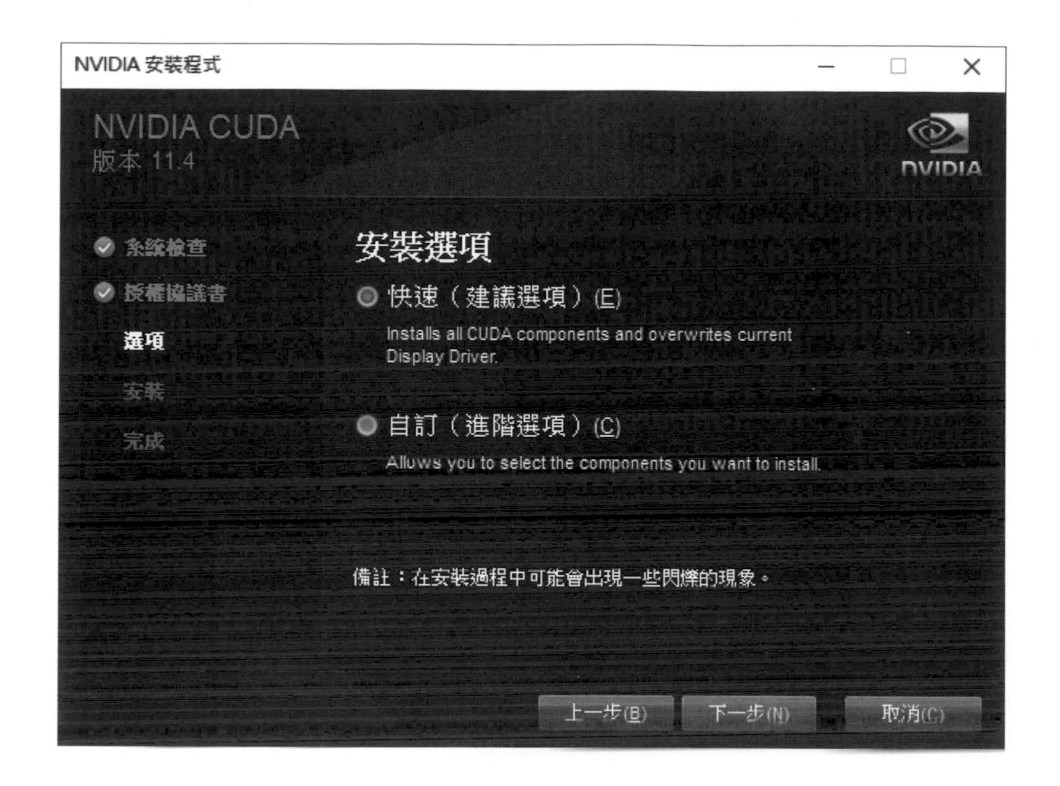

小編註：CUDA Toolkit 安裝過程中可能會提示你先關閉某些程式，例如顯示卡監控工具。關閉它們後退出安裝程式，重新執行安裝即可。

5. 下載 cuDNN 函式庫 (對應到 CUDA Toolkit 的版本，可能須註冊並登入)：https://developer.nvidia.com/rdp/cudnn-archive。將之解壓縮到電腦上，例如 C:\cuda。

6. 將以下目錄 (取決於你安裝或下載的位置，下面以 CUDA v11.4 為例) 加到系統 PATH 環境變數中：

```
C:\Program Files\NVIDIA GPU Computing Toolkit\CUDA\v11.4\bin
C:\Program Files\NVIDIA GPU Computing Toolkit\CUDA\v11.4\extras\CUPTI\lib64
C:\Program Files\NVIDIA GPU Computing Toolkit\CUDA\v11.4\include
C:\cuda\bin
```

將路徑加到 PATH 的方式可參閱 Tensorflow 官方說明：https://www.tensorflow.org/install/gpu?hl=zh-tw#windows_setup。

7. 只要以上路徑設定正確，Tensorflow/AutoKeras 套件匯入時應該就會顯示正確載入 CUDA 的訊息。

2-5-4 用 Docker 容器執行 AutoKeras

還有一種方式能很輕鬆地操作 Tensorflow 與 AutoKeras, 就是使用 **Docker** 容器。如前面所提過，Docker 容器是輕量化的 Linux 虛擬機，每個容器就像獨立的作業系統，能安裝自己的軟體、函式庫和環境，不會干擾到外界。下面是創建 Docker 容器的標準流程：

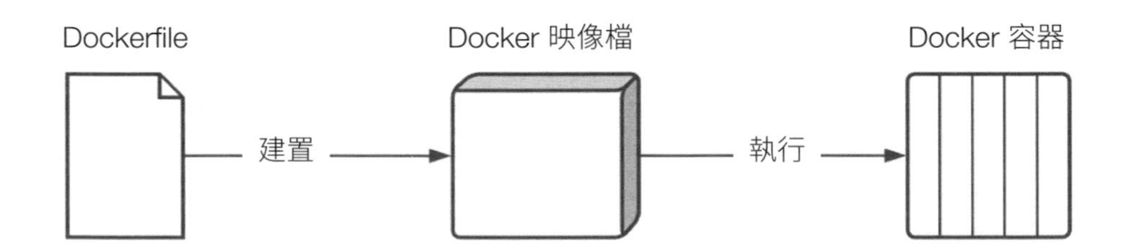

但幸好你不必自己這麼做，因為有一個公開的 Docker 映像倉儲叫做 Docker Hub (https://hub.docker.com/), 你能在裡面找到上千個已經安裝好軟體套件的 Docker 映像檔。你正是可以從這裡取得含有最新 AutoKeras 與相關套件的映像檔，其操作步驟如下：

1. 到 Docker 官網下載適合你系統的 Community Edition：https://hub.docker.com/search?q=&type=edition&offering=community。

2. 在命令列輸入以下指令，下載最新的 AutoKeras Docker 映像檔：

```
docker pull haifengjin/autokeras:latest
```

注意在 Linux 環境執行時開頭要加上 sudo。

3. 啟動剛才下載的映像檔：

```
docker run -it --shm-size 2G haifengjin/autokeras
```

其中參數 shm-size 為容器的記憶體 (2GB)，你可視需要換成更大的數值。這會帶我們進入 Docker 虛擬機，你能看到它顯示了 Tensorflow 字樣：

在本書撰寫時，這個 AutoKeras 映像檔使用 Python 3.6.9、Tensorflow 2.3.0 和 AutoKeras 1.0.16。你可以在裡面用 pip3 來安裝

你需要的額外套件 (但既然這個容器是命令列介面 , matplotlib 之類的視覺化套件就無用武之地)。

4. 容器裡什麼檔案也沒有 , 所以輸入『exit』或按 Ctrl + D 退出它。現在我們要將本機系統的一個資料夾掛載到容器裡 , 好讓我們能從外界跟容器交換資料：

```
docker run -it -v "C:\路徑\work":/work --shm-size 2G haifengjin/ 接下行
autokeras python test.py
```

以上面為例 , 我們將要執行的 test.py 檔置於本機的『C:\ 路徑 \work』路徑下 , 然後用 -v 參數將該資料夾掛載到 Docker 容器的 **/work** 路徑 , 這也是此映像檔的預設工作目錄。容器啟動後會執行 python (Python 直譯器), 並直接執行掛載資料夾中的 test.py。

假如你想要先進入 Docker 容器後再操作檔案 , 拿掉以上指令結尾的 python test.py 即可 , 效果等於使用一個純命令列 Linux 系統。

2-6 Hello MNIST：執行我們的第一個 AutoKeras 實驗——建立圖像分類器

我們要用 AutoKeras 做的第一個實驗 , 是以 MNIST 手寫數字圖像資料集來打造一個圖像分類器。在 DL 的世界 , 將 MNIST 資料集的手寫數字圖像正確辨識為數字 0 到 9, 就等同於是這領域的『Hello World』經典入門範例。

MNIST 是機器學習領域最知名也最被廣泛使用的資料集之一，由美國國家標準暨技術研究院於 1980 年代收集，包含 70,000 張圖像 (60,000 張訓練圖像和 10,000 張測試圖像), 每張圖像都是 28 x 28 像素的灰階圖片。

你能在底下看到 MNIST 資料集中不同數字的一些圖像樣本：

有了 AutoKeras, 使用者便可輕鬆建立高預測率的神經網路模型。不過對於不同類型的資料，AutoKeras 也提供了不同的分類器，例如結構化資料 (structured data)、文字、圖像等等。對於這個任務，我們要使用 AutoKeras 的 ImageClassifier (圖像分類器) 類別，它特別設計來產生模型處理二維圖像資料。

從下面開始，我們會以 Jyputer Notebook 的格式解說，不同段落的程式碼會寫在不同格子中，請依序執行之。假如您是使用其他編輯器及 .py 檔，就將它們照順序寫在同一個檔案內，等到全部完成後再一口氣執行。

★提示 範例程式：chapter02\notebook\mnist.ipynb 及 chapter02\py\mnist.py

2-6-1 準備環境與匯入必要套件

若你選擇新建一個 Notebook, 重新命名之，接著在第一個格子輸入以下程式碼來安裝 AutoKeras：

In

```
!pip3 install autokeras
```

安裝完成後，若是在 Google Colab 上，它可能會提示你重啟 Notebook 執行階段，這時就點一下『RESTART RUNTIME』：

```
Successfully installed autokeras-1.0.16 grpcio-1.34.1 keras-nightly-2.5.0.dev2021032900 keras-tuner-1.0.3
WARNING: The following packages were previously imported in this runtime:
  [keras,tensorflow]
You must restart the runtime in order to use newly installed versions.
RESTART RUNTIME
```

接著點『+ 程式碼』新增一個新格子，我們要匯入 AutoKeras 與相關的必要套件：

In

```
import numpy as np
import matplotlib.pyplot as plt
import tensorflow as tf
from tensorflow.keras.datasets import mnist
import autokeras as ak
```

這裡依序匯入 NumPy (給予別名 np)、matplotlib (給予別名 plt)、Tensorflow (給予別名 tf) 以及 AutoKeras (給予別名 ak)。此外我們匯入了 Tensorflow.Keras 內的 mnist 子模組，我們要透過它來下載 MNIST 資料集。

2-6-2 取得 MNIST 資料集

接著我們得將 MINST 資料集載入記憶體，並很快瀏覽一下訓練集與測試集的大小。在之前的格子後面新增下一格，並輸入以下程式：

In
```
(x_train, y_train), (x_test, y_test) = mnist.load_data()

print(x_train.shape)
print(x_test.shape)
```

mnist.load_data() 會傳回以下四個 ndarray 陣列：

資料集	x_train	y_train	x_test	y_test
意義	訓練集資料	訓練集標籤	測試集資料	測試集標籤

以上資料就是手寫數字圖片，標籤 (label) 則是這些圖片內容對應的答案 (0~9), 也就是資料的分類 (class)。這段程式執行後會產生以下結果：

Out
```
Downloading data from https://storage.googleapis.com/tensorflow/tf-
keras-datasets/mnist.npz
11493376/11490434 [==============================] - 0s 0us/step
(60000, 28, 28)  ←— 訓練集的形狀 (60000 x 28 x 28)
(10000, 28, 28)  ←— 測試集的形狀 (10000 x 28 x 28)
```

小編註：第一次執行 mnist.load_data() 時會將資料集下載到本機或 Colab 執行階段中。要是你使用本機 Linux 虛擬機，執行 mnist.load_data() 時有可能會因為記憶體不足而令 Python 環境當掉。

ndarray 的 shape 屬性會傳回陣列的各維度尺寸 (下一章我們會探討圖像張量與維度的關係), 可見訓練集與測試集資料都是 28 x 28 二維圖片，而訓練集有 60,000 筆圖片，測試集則是 10,000 筆圖片。

2-6-3 檢視圖像內容

現在，正如我們在之前的測試程式中展示過的，我們來檢視 MNIST 資料集中的數字圖像長得什麼樣子：

In

```
# 產生畫布
fig = plt.figure()

# 產生左子畫布
ax = fig.add_subplot(1, 2, 1)
# 畫出訓練集一張圖像, 設為灰階圖片
plt.imshow(x_train[1234], cmap='gray')
# 設定子畫布標題
ax.set_title(f'Train sample: {y_train[1234]}')

# 畫出右子畫布
ax = fig.add_subplot(1, 2, 2)
# 畫出測試集一張圖像
plt.imshow(x_test[1234], cmap='gray')
ax.set_title(f'Test sample: {y_test[1234]}')

# 產生整個圖表 (令以上繪圖動作生效)
plt.show()
```

小編註：程式碼中的註解只是方便讀者閱讀用，輸入時可跳過。

這裡我們用 matplitlib 在畫布 (figure) 建立兩個左右並列的子畫布，並分別顯示 x_train 中索引 1234 的圖像、以及 x_test 索引 1234 的圖像。matplotlib 的 imshow() 函式可以將二維資料繪製成圖片，而為了避免顯示成奇怪的顏色，我們也將其 cmap (color map) 參數指定為灰階。最後，我們在子畫布的標題顯示了這些圖像對應的標籤 (目標值), 好證明兩者是有對應的。

這段程式執行後會顯示以下結果：

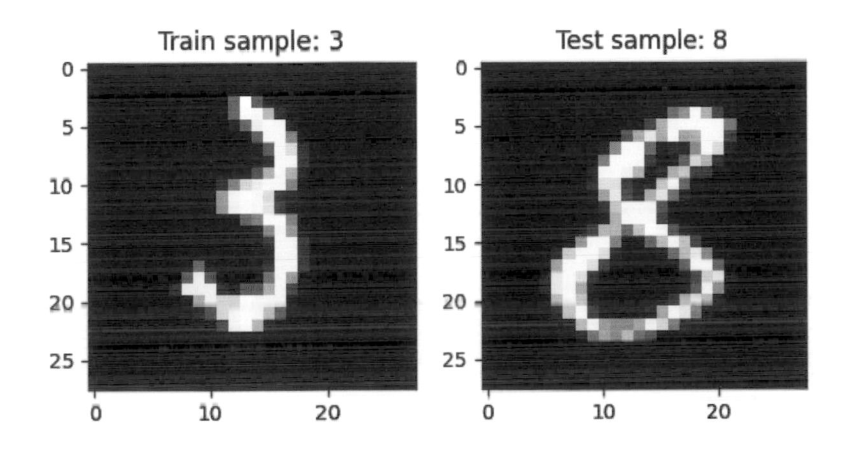

小編註：若你是在 .py 檔撰寫程式，程式會在你關閉 matplotlib 圖表後才會繼續往下執行。

現在我們看了資料集中樣本的長相，接著要來檢視它們的分布情形。

2-6-4 數字的分布情況為何？

那麼，資料集中每種數字的資料是否一樣多呢？我們在使用資料集時，檢查資料的分布是否平均非常重要，否則這就可能影響模型的訓練效果。

我們可以用 matplotlib 的 hist() 函式來繪製標籤資料的**直方圖 (histogram)**, 也就是標籤 0~9 的分布：

In

```
fig = plt.figure()

bin = np.arange(11)  # 產生 0~10 的資料代表區間

ax = fig.add_subplot(1, 2, 1)
ax.set_xticks(bin)  # 設定 X 軸數字
plt.hist(y_train, bins=bin-0.5, rwidth=0.9)  # 繪製直方圖
ax.set_title('Train dataset histogram')

ax = fig.add_subplot(1, 2, 2)
ax.set_xticks(bin)
plt.hist(y_test, bins=bin-0.5, rwidth=0.9)
ax.set_title('Test dataset histogram')

plt.show()
```

在 hist() 函式中，bins 參數用來設定直方圖要分成幾欄顯示，我們也傳入一個值為 0~10 的 ndarray, 並減去 0.5 好讓直方圖的長條『對齊』X 軸數字。rwidth 參數則用來設定長條的寬度，在此設為 90%, 讓每個長條的位置一目了然。

這段程式會產生以下的圖表：

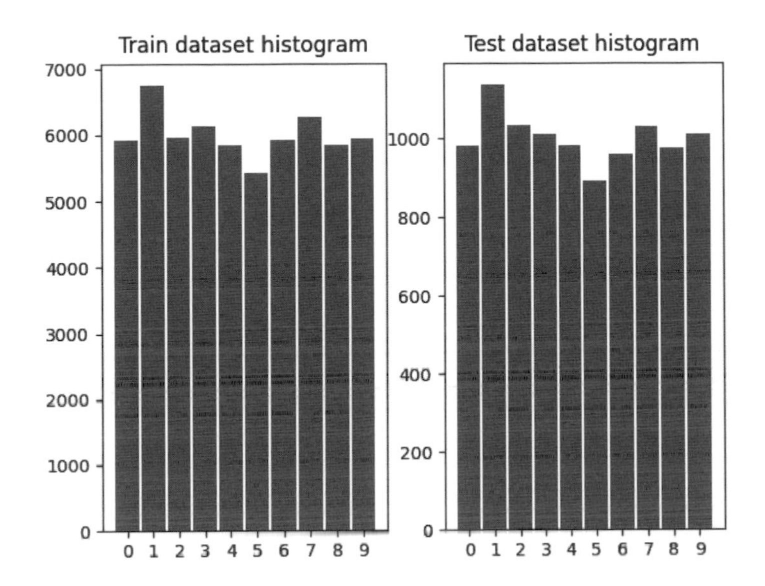

儘管資料集中每個數字的數量有多有少，但看起來大致是相近的。因此我們就可以進行下一步，也就是建模。

2-6-5 建置圖像分類器

為了建立圖像分類器，我們將如前面所提，使用 AutoKeras 的 **ImageClassifier** 類別建立一個分類器物件：

In

```
# 建立分類器, 並指定只試驗一個候選模型, 以便較快看到結果
clf = ak.ImageClassifier(max_trials=1)
```

接著我們呼叫分類器的 **fit()** 方法，讓它使用 MNIST 訓練集的資料和標籤來進行訓練，好自動搜尋最佳模型：

In

```
clf.fit(x_train, y_train, epochs=10)  # 開始訓練 (訓練 10 週期)
```

假如你曾經用過 Tensorflow 或 scikit-learn 套件，就會發現這種 API 介面的設計是一樣的，但是省去了你得自行建模的需求。

由於現在只是要快速示範，我們指定分類器的 **max_trials** 參數 (嘗試的 Keras 模型數量上限) 為 1, 訓練時的 **epochs** 參數 (模型訓練週期) 則為 10。但在實務情境下，你應該設個較大的 max_trials (預設值為 100), 且不限制 epochs 的值 (預設上限為 1000, 但可能提前結束), 好讓 AutoKeras 嘗試找到更佳的模型。

小編註：若你使用 .py 來撰寫程式，請繼續輸入本實驗的其餘後續程式碼，再一口氣執行它們。

按下執行後，會看到類似如下的輸出結果：

Out

測試第 1 個模型

```
Search: Running Trial #1
```

→ 接下頁

```
  ← 目前模型使用的超參數, 以及目前表現最佳的模型
Hyperparameter     |Value              |Best Value So Far
image_block_1/b...|vanilla            |?
image_block_1/n...|True               |?
image_block_1/a...|False              |?
image_block_1/c...|3                  |?
image_block_1/c...|1                  |?
image_block_1/c...|2                  |?
image_block_1/c...|True               |?
image_block_1/c...|False              |?
image_block_1/c...|0.25               |?
image_block_1/c...|32                 |?
image_block_1/c...|64                 |?
classification_...|flatten            |?
classification_...|0.5                |?
optimizer          |adam               |?
learning_rate      |0.001              |?

Epoch 1/10     ←— 第 1 週期訓練
1500/1500 [==============================] - 136s 90ms/step - loss:
0.1743 - accuracy: 0.9463 - val_loss: 0.0696 - val_accuracy: 0.9800
Epoch 2/10     ←— 第 2 週期訓練
835/1500 [===============>.............] - ETA: 56s - loss: 0.0783 -
accuracy: 0.9759
```

可以看出 AutoKeras 自行替我們建立了要用來嘗試的模型結構，而且在第一個訓練週期就能達到很高的準確率 (94.63%)。

> **小編註**：注意由於訓練時有隨機成分存在，因此你每次訓練時的結果都會略為不同。

當模型在訓練時，訓練集圖像的各個像素會被當成特徵輸入模型，而這模型的最末層會輸出該圖像的預測標籤值。Keras 會比較預測標籤和該圖像的實際標籤，然後嘗試在下一輪訓練修改各層神經元的權重，以便繼續提高模型的預測能力。

譯者 & 小編補充

在以上訓練過程中可以看到四個指標：loss (訓練集損失值), accuracy (訓練集預測準確率), val_loss (驗證集損失值) 和 val_accuracy (驗證集準確率)。我們通常會由訓練集中取出一部份資料做為驗證集 (第 3 章會再介紹), 以便在訓練過程中用來驗證訓練成效。驗證集並不會用於訓練，因此在每週期訓練完之後，就可以拿來測試模型當下的普適能力，以供我們判讀該週期的訓練成效，或決定是否需要中止訓練。

在預設情況下，AutoKeras 會將原始訓練集中的 20% 資料移做驗證之用，因此訓練集只剩 48,000 筆資料，而驗證集則有 12, 000 筆。另外，由於 AutoKeras 將批次量設為 32 筆，因此在以上的訓練過程中，可看到每週期都會訓練 1500 批次 (= 48000 / 32)。

就大多數的 AutoKeras 模型來說，它們會試著將 val_loss 最小化，這即是模型訓練時的目標指標 (objective)；之所以要以驗證集損失值為指標，是因為若訓練集的損失值 (loss) 持續下降，驗證集損失值卻不減反增，這就代表模型的普適能力變差 (發生過度配適), 應該要停止訓練了。

相對的，準確率 (accuracy 及 val_accuracy) 只是給我們看的評價指標 (metric), 好讓我們更容易判讀模型的表現，但模型訓練並不會以評價指標為最佳化依據。不過，你還是可以要求 AutoKeras 模型在訓練時改用其他目標指標 (見第 6 章)。

損失值是透過損失函數計算而得，不同模型使用的損失函數也會有所不同。分類器 (包括 AutoKeras) 一般會用『二元交叉熵』(binary cross entropy) 或『分類交叉熵』(categorical cross-entropy), 這也是 AutoKeras 會自動選擇的損失函數，但在此我們不會深入解釋其數學原理。

你能觀察到，模型每訓練一次損失值就會更小、準確率也會提高，所以理論上增加 epochs 參數的週期數，就能讓模型更加準確 (但也會花更多時間)。不過在此我必須指出，某個超參數組合的模型通常訓練到某個程度就無法再進步了，所以就算 epochs 值設得非常高，也不能保證模型一定會進步下去。此外，AutoKeras 發現模型在訓練一段時間後都無法進步的話，也會自動停止訓練。

訓練完成時，你能看到 AutoKeras 針對表現最佳的模型（在此就只有一個候選模型）進行最後一次訓練，這回同時用上訓練集和驗證集的內容，好產生最終結果：

Out

```
Trial 1 Complete [00h 22m 39s]
val_loss: 0.03709622472524643

Best val_loss So Far: 0.03709622472524643
Total elapsed time: 00h 22m 39s
INFO:tensorflow:Oracle triggered exit
Epoch 1/10
1875/1875 [==============================] - 134s 71ms/step - loss: 0.1567
- accuracy: 0.9523
Epoch 2/10
1875/1875 [==============================] - 130s 69ms/step - loss: 0.0729
- accuracy: 0.9779
Epoch 3/10
1875/1875 [==============================] - 137s 73ms/step - loss: 0.0567
- accuracy: 0.9825
Epoch 4/10
1875/1875 [==============================] - 139s 74ms/step - loss: 0.0489
- accuracy: 0.9844
Epoch 5/10
1875/1875 [==============================] - 136s 73ms/step - loss: 0.0434
- accuracy: 0.9863
Epoch 6/10
1875/1875 [==============================] - 134s 72ms/step - loss: 0.0399
- accuracy: 0.9875
Epoch 7/10
1875/1875 [==============================] - 128s 68ms/step - loss: 0.0365
- accuracy: 0.9883
```

→ 接下頁

```
Epoch 8/10
1875/1875 [==============================] - 143s 76ms/step - loss: 0.0333
- accuracy: 0.9891
Epoch 9/10
1875/1875 [==============================] - 148s 79ms/step - loss: 0.0314
- accuracy: 0.9899
Epoch 10/10
1875/1875 [==============================] - 144s 77ms/step - loss: 0.0291
- accuracy: 0.9906
INFO:tensorflow:Assets written to: .\image_classifier\best_model\assets
```

最佳模型被寫入此目錄

小編補充

目前由於 max_trials 參數被設為 1, 唯一一個測試的模型就是最佳模型，因此你會看到這個模型被訓練了兩次。差別在於第二次已經沒有驗證集，因為 AutoKeras 合併了訓練集和驗證集來做最終訓練 (所以訓練批次變成 60000 / 32 = 1875)。前面我們提到驗證集不會被用於模型訓練，但其實在 AutoKeras 的最終訓練中，它還是參與了模型最佳化過程。

我們在第 4 章會看到 AutoKeras 如何選擇和訓練多重模型。此外，若訓練時不指定 epochs 參數，AutoKeras 會記住模型表現最好的那個週期，並在最終訓練時給它訓練同樣次數的週期。

訓練完成時，模型對整個原始訓練集的預測準確率達到了 99.06%, 以這麼短的訓練時間來說已經很不錯。此外最後一行也顯示，AutoKeras 找到的最佳模型被儲存在系統中 (Colab 會將之存在執行階段內，至於在本機訓練時，則會存在 .ipynb 或 .py 檔的同目錄)。我們在第 4 章會再看到如何重新載入這個模型。

2-6-6 使用測試集評估模型的預測效果

模型訓練完成後，接下來我們就要以測試集來衡量模型的實際預測效果。由於模型在前面是用訓練集來訓練，它沒有看過測試集資料，我們可藉此檢查模型是否有過度配適問題 (對訓練集的預測能力太好，在預測新資料時反而表現差很多)。

我們可呼叫分類器的 **evaluate()** 方法，傳入測試集資料與標籤，就能得到模型對測試集的預測準確率：

In

```
# 比較測試集的預測分類和實際分類，並傳回預測準確率
clf.evaluate(x_test, y_test)
```

Out

```
313/313 [==============================] - 5s 16ms/step - loss: 0.0299 -
accuracy: 0.9904
[0.029862888157367706, 0.9904000163078308]
```

evaluate() 傳回兩個數值，第一個是損失值，第二個則是準確率。可見模型對測試集的預測準確率為 99.04%, 與訓練集的準確率十分接近，這表示它沒有發生過度配適問題。

我們接著來看看模型如何針對單一測試樣本進行預測。記得前面我們印出 x_test[1234] 這個測試集數值時看到 8 嗎？現在我們要將圖像輸入模型，並用 predict() 方法來預測它究竟是哪個數字：

In

```
predicted = clf.predict(x_test[np.newaxis, 1234])
print(predicted)
```

由於測試集中的單一圖像 (x_test[1234]) 的陣列形狀是 (28, 28), 但模型接受的是 (n, 28, 28) 陣列 (n 代表圖像的數量), 因此我們用 **np.newaxis** 常數給該陣列增加一個維度，使它變成 (1, 28, 28)。這行程式的執行結果如下：

Out

```
1/1 [==============================] - 0s 14ms/step
[['8']]
```

clf.predict() 傳回一個二維 ndarray, 裡面只有一個值 8。注意這個值是字串而非數值，因此若要拿來做運算 (例如輸入其他評估函式、當成陣列索引等等) 就得先將型別轉換為數值。目前我們還不用做任何處置，單純只是要拿來顯示結果。

我們來將這個預測結果視覺化，比較一下圖像內容、預測標籤與實際標籤：

In

```
# 產生 x_test[1234] 的預測標籤
predicted = clf.predict(x_test[np.newaxis, 1234])
print(predicted)

# 畫出 x_test[1234] 圖像
plt.imshow(x_test[1234], cmap='gray')
# 在標題顯示預測標籤
plt.title(f'Test sample predicted as: {predicted[0]}')

plt.show()
```

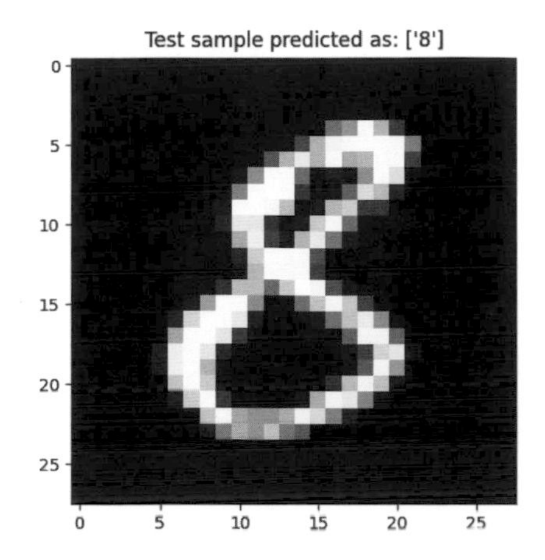

可以發現，預測結果與真實的標籤值相符，代表我們的分類器對這張圖像判斷出了正確結果。你也可以將索引值 1234 修改為其他值，進一步測試看看分類器。

在確認了模型訓練成功後，我們就要進一步了解分類器內部的結構。

2-6-7 將模型視覺化：理解模型架構

現在我們要將這個最佳模型匯出為 Keras 模型 (一個 tf.keras.Model 物件), 這使我們得以存取 Tensorflow/Keras 的 API, 來觀察此模型的架構：

In

```
model = clf.export_model()  # 將模型匯出為 Keras 模型
model.summary()  # 印出模型架構
```

這會顯示以下結果：

Out

```
Model: "model"
_________________________________________________________________
Layer (type)                 Output Shape              Param #
=================================================================
input_1 (InputLayer)         [(None, 28, 28)]          0
_________________________________________________________________
cast_to_float32 (CastToFloat (None, 28, 28)            0
_________________________________________________________________
expand_last_dim (ExpandLastD (None, 28, 28, 1)         0
_________________________________________________________________
normalization (Normalization (None, 28, 28, 1)         3
_________________________________________________________________
conv2d (Conv2D)              (None, 26, 26, 32)        320
_________________________________________________________________
conv2d_1 (Conv2D)            (None, 24, 24, 64)        18496
_________________________________________________________________
max_pooling2d (MaxPooling2D) (None, 12, 12, 64)        0
_________________________________________________________________
dropout (Dropout)            (None, 12, 12, 64)        0
_________________________________________________________________
flatten (Flatten)            (None, 9216)              0
_________________________________________________________________
dropout_1 (Dropout)          (None, 9216)              0
_________________________________________________________________
dense (Dense)                (None, 10)                92170
_________________________________________________________________
classification_head_1 (Softm (None, 10)                0
=================================================================
Total params: 110,989
Trainable params: 110,986
Non-trainable params: 3
_________________________________________________________________
```

如果你沒有使用過 Keras 或 TensorFlow, 你可能會不太能理解這個輸出結果。不過不必擔心，使用 AutoKeras 並不需要真的了解模型細節，因為整個建模過程都已自動完成。不過若能理解模型架構的原理，還是有其好處的，所以在這本書中，我都是會盡量提到神經網路每一層代表的意義。至於現在，我們先以概觀的方式看看這模型大致在做什麼。

正如本章前面講解過的，神經網路的每一層都會拿輸入資料做處理，再把轉換過的資料輸入下一層。第一層是最初的輸入層，接收的變數是 28 x 28, 符合圖像的像素大小：

```
input_1 (InputLayer)          [(None, 28, 28)]
```

接下來的三層負責將圖像轉換維度與正規化 (normalization), 好讓像素資料能夠做卷積 (convolution) 處理：

```
cast_to_float32 (CastToFloat (None, 28, 28)           0

expand_last_dim (ExpandLastD (None, 28, 28, 1)        0
                                 變成 28 x 28 x 1 種顏色的三維陣列

normalization (Normalization (None, 28, 28, 1)        3
```

我們在第 4 章會再看到什麼是卷積，目前你只需要知道它被廣泛用於圖像處理，利用『過濾器』掃描圖像中的特徵。Conv2D 就是用來處理圖像的二維卷積層，而緊接在後的則是一個二維池化層 (pooling layer), 用來減少需要處理的資料量：

```
conv2d (Conv2D)              (None, 26, 26, 32)      320

conv2d_1 (Conv2D)            (None, 24, 24, 64)      18496

max_pooling2d (MaxPooling2D) (None, 12, 12, 64)      0
```

接著的三層中，有兩層 droupout 會隨機丟掉上一層的部分資料，以免模型過度倚賴特定的神經元與其權重，進而有效阻止過度配適現象。flatten 層則將二維資料『壓扁』成一維 (把 12 x 12 x 64 的三維變數變成單維 9216 個變數), 好替最終輸出做準備：

```
dropout (Dropout)            (None, 12, 12, 64)      0

flatten (Flatten)            (None, 9216)            0

dropout_1 (Dropout)          (None, 9216)            0
```

再來是一個全連接層 (Dense), 把 9216 個變數減少到 10 個，對應到 10 個數字標籤：

```
dense (Dense)                (None, 10)              92170
```

模型的最末層叫做 Softmax, 這是一種啟動函數的名稱。它會將 10 個輸入值 (模型對 10 個標籤的推斷機率) 中最大的留下，成為最終的預測標籤：

```
classification_head_1 (Softm (None, 10)              0
```

最後摘要顯示模型有多少參數，也就是所有神經元的權重總數：

```
Total params: 110,989
Trainable params: 110,986
Non-trainable params: 3
```

Keras 模型的 summary() 方法是檢視模型結構最常用的功能，不過其實還有另一種更具親和力的模型視覺化方式：

In

```
from tensorflow.keras.utils import plot_model
plot_model(model)  # 使用 clf.export_model() 輸出的模型
```

小編註：注意在本機執行時，plot_model() 需要先安裝一些套件 (見本章 2-5-2 節)。產生的模型結構圖檔也會儲存在 .ipnyb 或 .py 程式檔的所在目錄。

這會產生以下圖片：

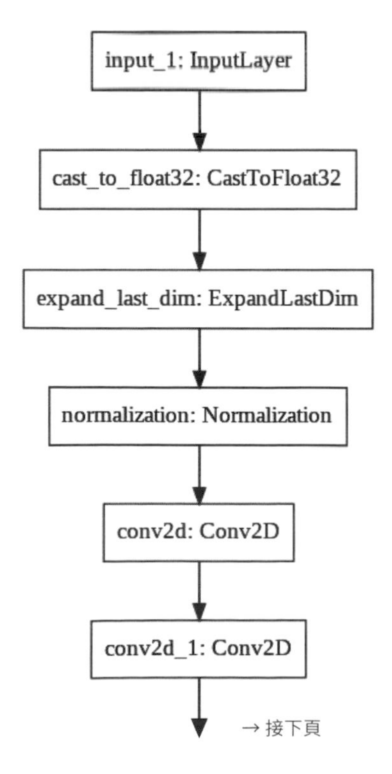

→ 接下頁

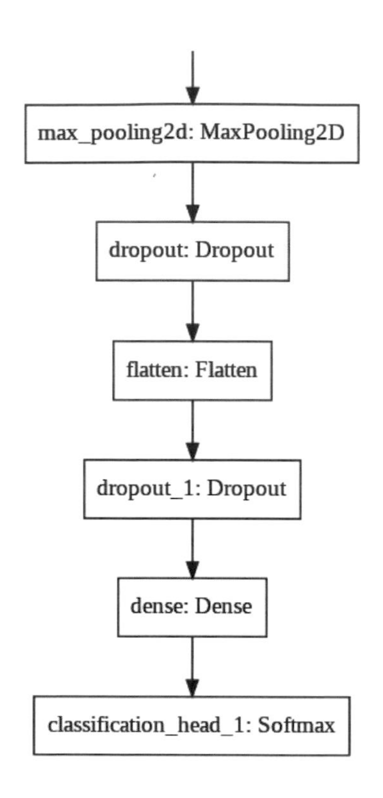

這個結構圖比起 summery() 產生的表格更讓人一目了然，使我們清楚看到模型各層的組成方式。

小編補充

plot_model() 有一些參數可用來自訂模型結構圖。例如，以下程式碼啟用了 show_shapes 參數來顯示各層節點形狀，用 show_dtype 顯示資料型別，以及用 show_layer_names 參數顯示各層名稱：

In

```
from tensorflow.keras.utils import plot_model
# 用 to_file 指定輸出檔名
plot_model(model, to_file='./mnist_model.png', show_shapes=True, 接下行
show_dtype=True, show_layer_names=True)
```

→ 接下頁

這會產生以下圖片：

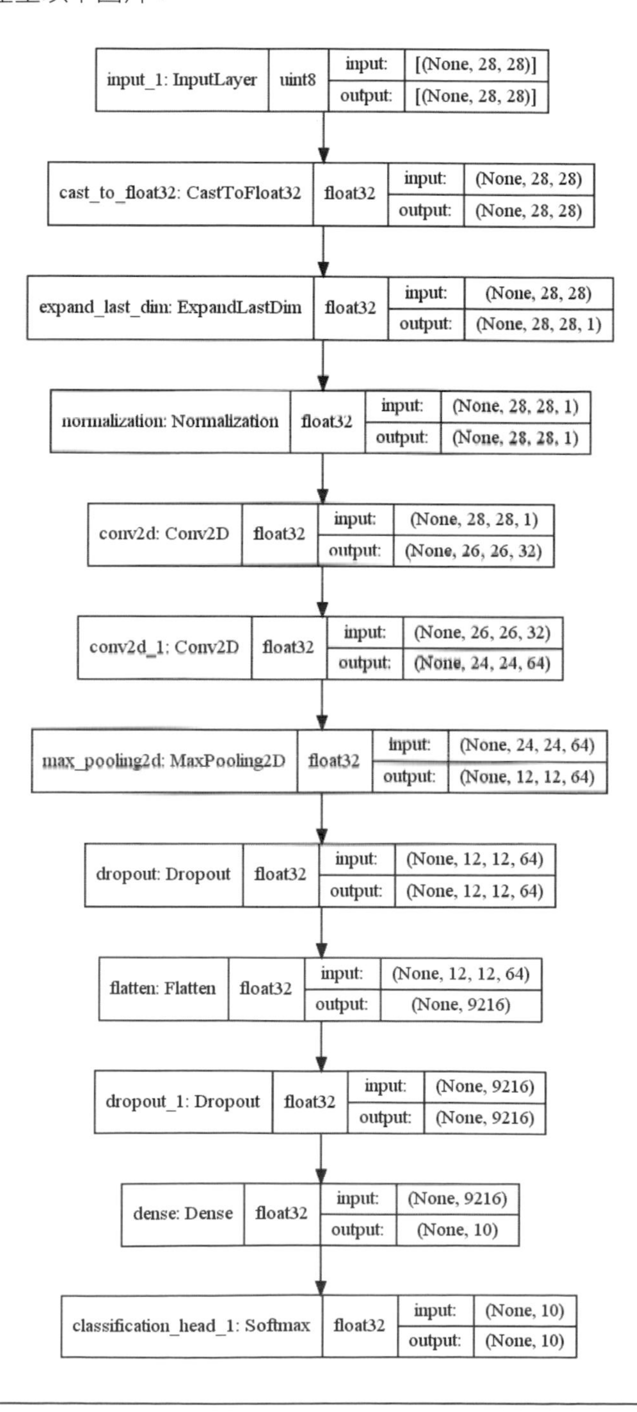
input_1: InputLayer
uint8
input:
[(None, 28, 28)]
output:
[(None, 28, 28)]
cast_to_float32: CastToFloat32
float32
input:
(None, 28, 28)
output:
(None, 28, 28)
expand_last_dim: ExpandLastDim
float32
input:
(None, 28, 28)
output:
(None, 28, 28, 1)
normalization: Normalization
float32
input:
(None, 28, 28, 1)
output:
(None, 28, 28, 1)
conv2d: Conv2D
float32
input:
(None, 28, 28, 1)
output:
(None, 26, 26, 32)
conv2d_1: Conv2D
float32
input:
(None, 26, 26, 32)
output:
(None, 24, 24, 64)
max_pooling2d: MaxPooling2D
float32
input:
(None, 24, 24, 64)
output:
(None, 12, 12, 64)
dropout: Dropout
float32
input:
(None, 12, 12, 64)
output:
(None, 12, 12, 64)
flatten: Flatten
float32
input:
(None, 12, 12, 64)
output:
(None, 9216)
dropout_1: Dropout
float32
input:
(None, 9216)
output:
(None, 9216)
dense: Dense
float32
input:
(None, 9216)
output:
(None, 10)
classification_head_1: Softmax
float32
input:
(None, 10)
output:
(None, 10)

2-7 建置圖像迴歸器

現在，我們要用另一種方式來預測圖像的標籤值，使用稱為**迴歸器 (regressor)** 的模型。和分類器不同的是，迴歸器會傳回一個貼近預測值的『純量』(比如 1.1 或 8.9), 而非絕對的 0~9 整數。在此為了預測數字，我們會將預測值四捨五入，看看它最接近哪個整數，並將之視為最終預測結果。

★提示 範例程式：chapter02\notebook\mnist2.ipynb 及 chapter02\py\mnist2.py

2-7-1 建立與訓練模型

首先開啟一個新 Notebook, 匯入以下模組，並且載入 MNIST 資料集：

In

```
import matplotlib.pyplot as plt
import tensorflow as tf
from tensorflow.keras.datasets import mnist
import autokeras as ak

(x_train, y_train), (x_test, y_test) = mnist.load_data()
```

對於圖像資料，AutoKeras 提供了 **ImageRegressor** 這個類別，專門用來找出最佳的圖像迴歸模型。這模型的建立與訓練方式如下：

In

```
reg = ak.ImageRegressor(max_trials=1)
reg.fit(x_train, y_train, epochs=20)
```

就和前面的分類器一樣，為了簡單示範，我們在此將 max_trails 參數設為 1，要它只嘗試一個 Keras 模型，而訓練時的 epochs 參數則設為 20（訓練 20 週期）。

現在執行該格子，然後等待模型訓練完成。最後畫面上會出現最佳模型的最終訓練結果：

Out

```
Epoch 1/20
1875/1875 [==============================] - 152s 79ms/step - loss: 0.9221
- mean_squared_error: 0.9221
Epoch 2/20
1875/1875 [==============================] - 148s 79ms/step - loss: 0.3711
- mean_squared_error: 0.3711
Epoch 3/20
1875/1875 [==============================] - 149s 79ms/step - loss: 0.2644
- mean_squared_error: 0.2644
Epoch 4/20
1875/1875 [==============================] - 149s 79ms/step - loss: 0.2522
- mean_squared_error: 0.2522
Epoch 5/20
1875/1875 [==============================] - 148s 79ms/step - loss: 0.1773
- mean_squared_error: 0.1773
...( 中略 )
Epoch 16/20
1875/1875 [==============================] - 149s 80ms/step - loss: 0.0562
- mean_squared_error: 0.0562
Epoch 17/20
1875/1875 [==============================] - 149s 80ms/step - loss: 0.0472
- mean_squared_error: 0.0472
Epoch 18/20
```

→ 接下頁

```
1875/1875 [==============================] - 153s 82ms/step - loss: 0.0444
- mean_squared_error: 0.0444
Epoch 19/20
1875/1875 [==============================] - 153s 82ms/step - loss: 0.0435
- mean_squared_error: 0.0435
Epoch 20/20
1875/1875 [==============================] - 152s 81ms/step - loss: 0.0309
- mean_squared_error: 0.0309
```

這回模型訓練時參考的損失值以及顯示給我們看的評價指標，都是**均方誤差 (mean square error, MSE)***，代表預測值與真實值的差距。模型會更新權重，好試著讓 MSE 最小化。而我們得到的最終 MSE 為 0.0309 (其平方根即為平均誤差，約 0.176)，表現算是不錯。

譯者註：其實在前面的分類器中，也是用 MSE 做為損失值。MSE 為所有預測值與真實結果的差距取平方後的平均，是迴歸器很常用來衡量『平均誤差』的指標。另一種常見的損失指標是 MSE 的平方根，RMSE (root mean square error, 均方根誤差)。

2-7-2 使用測試集評估模型

模型訓練完成後，我們就接著用測試集來評估模型的預測效果：

In

```
reg.evaluate(x_test, y_test)
```

這會產生以下結果：

Out

```
313/313 [==============================] - 8s 23ms/step - loss: 0.1119 -
mean_squared_error: 0.1119
[0.11186239123344421, 0.11186239123344421]
```

↑ 損失值和評估指標都是 MSE

可見我們的模型對測試集做預測時得到的 MSE 為 0.111。

為了展示迴歸器的預測效果，這回我們抽出測試集的前 10 筆圖像資料，分別用文字和視覺化方式比較其真實值與預測值：

In

```
# 取得測試集的前 10 個預測結果, 轉成一維後四捨五入、並轉成整數格式
predicted = reg.predict(x_test[:10]).flatten().round().astype('uint8')

# 印出前 10 筆資料的真實標籤與預測標籤
print(y_test[:10])
print(predicted)

# 顯示測試集前 10 筆圖像, 其標題為預測標籤
fig = plt.figure()
for i in range(10):
    ax = fig.add_subplot(2, 5, i + 1)  # 子畫布以 5 x 2 格排列
    ax.set_axis_off()  # 不顯示圖片軸
    plt.imshow(x_test[i], cmap='gray')
    ax.set_title(predicted[i])
plt.show()
```

Out

```
[7 2 1 0 4 1 4 9 5 9]  ←── 真實標籤
[7 2 1 0 4 1 4 9 5 9]  ←── 預測標籤
```

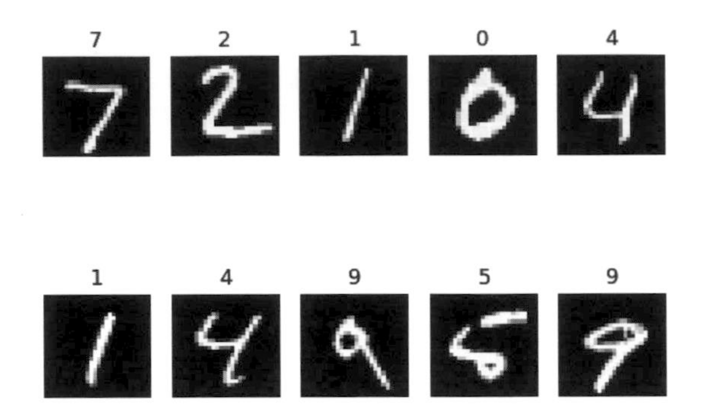

雖然上圖中右下方的 5 寫得非常潦草，但 AutoKeras 模型仍然能正確判斷它是 5。

可見儘管迴歸器的預測值不是整數，但只要訓練時得到的 MSE（即預測誤差）夠小，四捨五入後就還是能貼近真實的標籤。不過一般來說，迴歸模型的用途大多還是用在預測非離散的數值，例如房價等等。

現在，如同前面我們探討分類器時的做法，我們現在也來檢視這個最佳模型的架構。

2-7-3 將模型視覺化

首先我們將模型匯出為 Keras 模型，並呼叫其 summary() 方法來檢視模型架構：

In

```
model = reg.export_model()
model.summary()
```

```
Model: "model"
__________________________________________________________________________________________________
Layer (type)                    Output Shape         Param #     Connected to
==================================================================================================
input_1 (InputLayer)            [(None, 28, 28)]     0
__________________________________________________________________________________________________
cast_to_float32 (CastToFloat32) (None, 28, 28)       0           input_1[0][0]
__________________________________________________________________________________________________
expand_last_dim (ExpandLastDim) (None, 28, 28, 1)    0           cast_to_float32[0][0]
__________________________________________________________________________________________________
resizing (Resizing)             (None, 71, 71, 1)    0           expand_last_dim[0][0]
__________________________________________________________________________________________________
concatenate (Concatenate)       (None, 71, 71, 3)    0           resizing[0][0]
                                                                 resizing[0][0]
                                                                 resizing[0][0]
__________________________________________________________________________________________________
xception (Functional)           (None, 3, 3, 2048)   20861480    concatenate[0][0]
__________________________________________________________________________________________________
flatten (Flatten)               (None, 18432)        0           xception[0][0]
__________________________________________________________________________________________________
regression_head_1 (Dense)       (None, 1)            18433       flatten[0][0]
==================================================================================================
Total params: 20,879,913
Trainable params: 20,825,385
Non-trainable params: 54,528
__________________________________________________________________________________________________
```

這個模型會將圖像資料轉為浮點數、並放大到 71 x 71，接著使用 Xception 網路模型來處理它，最後將結果輸出到一個迴歸層。

此外我們也能用更視覺化的方式來檢視模型架構：

In

```
from tensorflow.keras.utils import plot_model
plot_model(model)
```

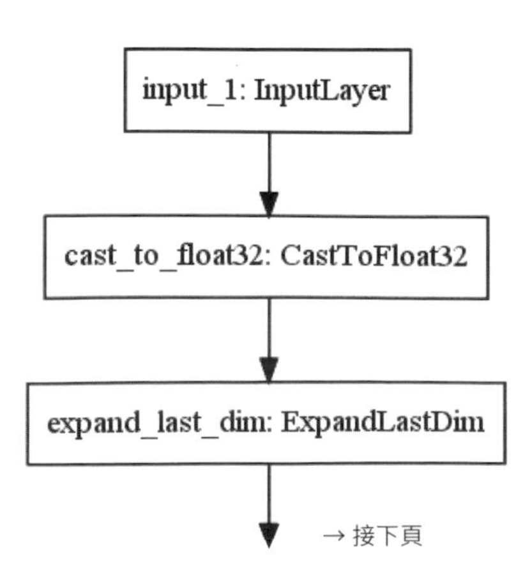

→ 接下頁

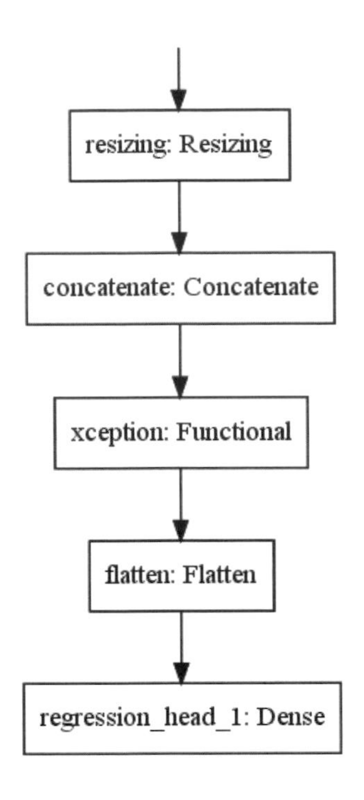

2-8 總結

在本章中，我們首先學習如何在幾種不同的環境 (包括雲端及本地端) 安裝並使用 AutoKeras, 接著我們以一個經典入門範例展示了 AutoKeras 的威力：只要短短幾行程式碼，就能針對手寫數字圖像實作出高預測精確度的 DL 分類器或迴歸器模型。

在接下來的章節中，我們將帶領各位看看如何解決更複雜的任務，資料來源將包含圖像、文本、結構化資料等等。但在此之前，我們會先在下一章中了解如何使用一些工具來預處理要輸入給 AutoKeras 的資料，並盡可能將這個過程自動化。

03

了解 AutoKeras 對於自動化 DL 流程的資料預處理

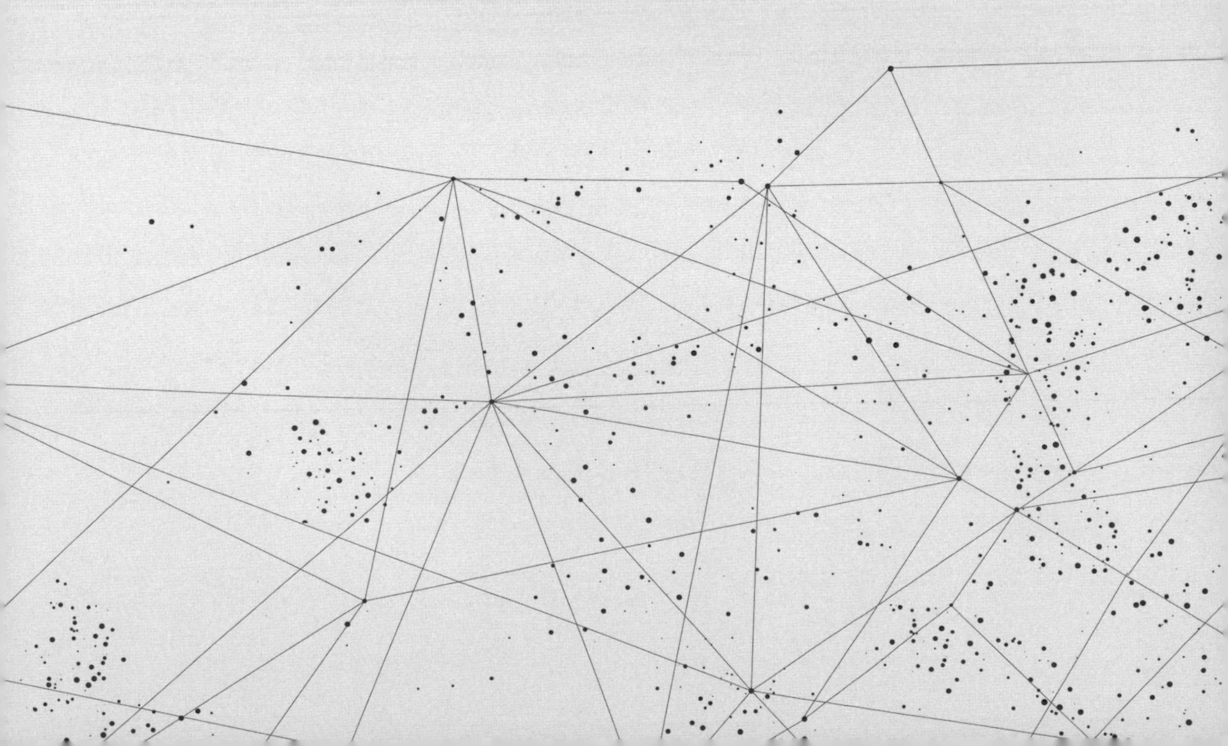

自動化機器學習流程就是將一系列的過程自動化，我們也已經在前面的章節介紹過該過程的內容，比如**資料探索**、**資料預處理**、**特徵工程**、**演算法選擇**、**模型訓練**與**超參數調整**。

如同我們在第一章得知的，AutoKeras 會使用**超參數最佳化**和**高效神經網路架構搜索 (ENAS)** 來將建模的所有步驟自動化，但它其實也會套用一部分的資料預處理手段。在我們正式進入第二篇的實作之前，本章先來簡單介紹一些資料預處理的手段，以及有哪些是 AutoKeras 會自行套用、或者你得手動處理的技術。在本章結束以後，你就會學到如何以合適和理想的方式提供資料給模型。

本章涵蓋的主題如下：

- 了解何謂張量 (tensors)
- 準備資料好傳入深度學習模型
- 了解 AutoKeras 可接受的輸入資料格式
- 切割資料集以用於訓練與評估

在本章中，我們會看到一些基本的預處理技術，並了解如何使用 AutoKeras 的輔助功能來做到這些。不過首先，我們先來探究模型需要的究竟是何種資料結構，它們又是如何呈現的。

3-1 了解張量 (tensors)

在第二章看到的 MNIST 範例中，那些數字圖像其實是儲存在 NumPy 的二維陣列中，這又稱作『張量』。張量是機器學習模型的基本資料結構。現在我們就來進一步了解什麼是張量，以及它們的不同型態。

3-1-1 什麼是張量？

張量基本上就是一個多維度的數字陣列，數字通常是浮點數。這些維度又稱為**軸 (axis)**。

一個張量擁有三個關鍵屬性：軸或階 (rank) 的數量、形狀 (shape, 所有軸的長度), 以及內含的資料型別。我們來進一步了解細節：

★提示 範例程式：chapter03\notebook\tensors.ipynb 及 chapter03\py\tensors.py

軸 (axis)

在 NumPy 套件中，這就是 ndarray 陣列的 ndim (維度) 屬性。後面我們會看到不同維度的張量會是什麼樣子。軸和維度是同義詞，而對於有 2 個軸的陣列，一般習慣會稱為二維或 2D 陣列。

我們下面來看一個實際的例子：請在 Google Colab 或 Jupyter Notebook 打開一個新筆記本，並在一個格子中輸入並執行以下程式碼：

In

```
import numpy as np  # 匯入 NumPy

# 建立一個二維陣列
x = np.array([[1, 2, 3],
              [4, 5, 6],
              [7, 8, 9],
              [10, 11, 12]])
x.ndim  # 查詢 x 的維度
```

小編註：陣列中的逗號不見得一定要換行，上面的寫法純粹是要讓陣列元素排成二維形式。此外 Notebook 會自動印出格子中的最後一個值，但若你不是使用 Notebook 為編輯器，或者要同時印出多個值，就必須使用 print() 函式 (如 **print**(x.ndim))。

Out

```
2    ←── 有 2 軸
```

在以上程式碼片段中，我們建立了一個矩陣，而且證實它的階數是 2。

形狀 (shape)

ndarray 也能傳回各軸的長度，並以一個 tuple (元組) 表示。以前面的二維矩陣為例，tuple 中的第一個值是列 (row) 數，第二個數字則是行 (column) 數。現在請在 Notebook 的下一格輸入以下程式，好檢視上面的 x 陣列的形狀：

In

```
x.shape  # 顯示 x 的形狀
```

Out

```
(4, 3)
```

這回我們得知 x 矩陣的形狀是 4 x 3 (4 列 3 行)。

資料型別 (data type)

張量中的資料通常是浮點數，但也有的時候是整數，因為電腦對於整數資料的運算較快。我們同樣可以透過 NumPy 檢查張量的資料型別：

In

```
x.dtype   # 顯示 x 的元素值型別
```

Out

```
dtype('int32')   ←── 32 位元整數
```

你也可以在建立 ndarray 時就指定其資料型別：

In

```
# 用新的 ndarray 覆蓋掉舊陣列, 指定為 8 位元正整數
x = np.array([[1, 2, 3], [4, 5, 6], [7, 8, 9], [10, 11, 12]], 接下行
dtype='uint8')

x.dtype   # 查詢 x 的元素型別
```

Out

```
dtype('uint8')
```

或者你可以事後修改陣列元素型別：

In

```
x = x.astype('float64')  # 轉為 64 位元浮點數
x.dtype
```

Out

```
dtype('float64')
```

小編註：ndarray 在轉換型別時，如果新型別的儲存範圍比實際數值小，那麼會發生『越界繞回』(wrap-around)，也就是值超過範圍 (溢位) 的部分會從新範圍重新計算。

關於張量的屬性至此介紹完畢，接著我們來看看有哪些張量種類是我們可以使用的。

3-1-2 張量的種類

根據張量的維度，我們可以將它們分類如下：

- **純量 (scalar)** (ndim=0)：只含有一個數字 (因此維度為 0) 的張量叫作純量，例如 np.array(123)。
- **向量 (vector)** (ndim=1)：1D 的張量叫作向量，是多個數字構成的 1 維陣列，例如 np.array([1, 2, 3])。
- **矩陣 (matrix)** (ndim=2)：2D 的張量叫作矩陣，是多個向量構成的 2 維陣列，我們已經在前面看到它的兩軸分別稱作列與行。

- **3D 張量** (ndim=3)：3D 張量是多重 2D 矩陣構成的陣列，你可以把它想像成一個數字方塊。這類張量通常用來表達 RGB 圖像，也就是會有 3 個矩陣，分別代表圖像中的一個顏色 (紅、綠、藍)。

- **4D 張量** (ndim=4)：4D 張量是 3D 張量的陣列，這樣複雜的結構通常用來儲存影片，因為影片會由一系列的 幀 (影格) 構成，而每幀就是一個可以由 3D 張量表達的圖像。

我們可以用以下程式來展示不同階的張量：

In

```
x_0d = np.array(123)
x_1d = np.array([1, 2, 3])
x_2d = np.array([[1, 2, 3],
                 [4, 5, 6],
                 [7, 8, 9],
                 [10, 11, 12]])
x_3d = np.array([[[1, 2, 3],
                  [4, 5, 6],
                  [7, 8, 9]],
                 [[10, 11, 12],
                  [13, 14, 15],
                  [16, 17, 18]],
                 [[19, 20, 21],
                  [22, 23, 24],
                  [25, 26, 27]]])

print('x_0d:', x_0d.ndim)
print('x_1d:', x_1d.ndim)
print('x_2d:', x_2d.ndim)
print('x_3d:', x_3d.ndim)
```

Out

```
x_0d: 0
x_1d: 1
x_2d: 2
x_3d: 3
```

以下是這些張量的視覺化呈現：

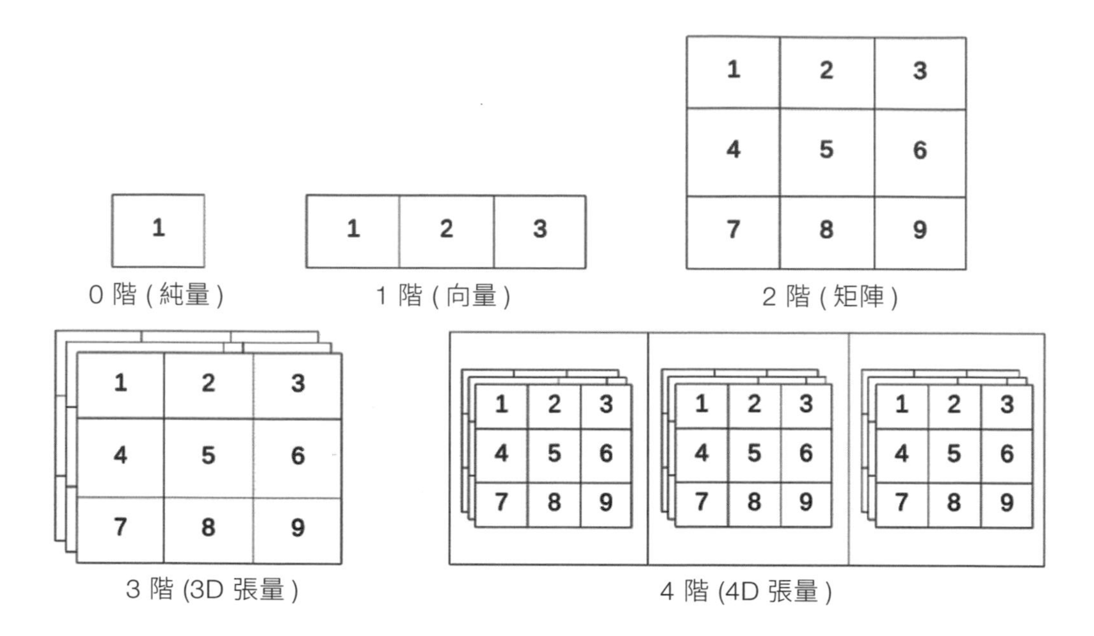

3-2 準備可以傳入深度學習模型的資料

在前一章中，我們解釋了 AutoKeras 是個深度學習框架，使用神經網路做為學習引擎，我們也展示了如何透過手寫數字資料集 MNIST 打造分類器／迴歸器模型。MNIST 資料集已經處理成模型能直接使用的形式，也就是說所有圖像的特徵在數量與值範圍上都相同 (有同樣的大小、一樣的顏色深淺程度等等), 但並不是每個資料集都是如此。

現在我們了解張量為何，便可以開始學習怎麼對神經網路模型提供合適的輸入資料。大部分的資料預處理技術都是針對特定領域的資料而設計，我們會在後面幾章陸續說明。不過首先，我們會示範這些技術的共通基礎部分。

3-2-1 神經網路模型的資料預處理

在這個小節中，我們將一一檢視主要的資料預處理手段：特徵工程、資料正規化、資料向量化以及缺值處理。這讓我們能夠將資料送入神經網路、並提升模型的學習表現。

- **特徵工程**：這是利用人類專家的專業知識，從原始資料中提取適當的特徵，藉此提升模型的表現。這在傳統機器學習中是必要的過程，不過在深度學習中，此步驟並沒有那麼重要，因為神經網路可以自動從原始輸入資料萃取出相關的特徵。

  不過，有些情況下此環節仍然至關重要，例如我們沒有足夠大的資料集、輸入資料為非結構化的、或者我們的運算資源有限，在這些情況下，特徵工程便是達成目標的關鍵。

- **資料正規化 (normalization)**：神經網路在處理較小的輸入數值時表現較好，這類數值通常介於 0 到 1 之間。這是因為模型的學習演算法是依據梯度來更新權重參數，而小的數值可以讓模型更快速更新，因而加速整個訓練過程；反之，較大的數值則會降低訓練速度。

  一般而言，資料集的數值通常都較大，因此我們可以先把數值縮放到 0~1 之間，這個過程稱為**正規化**。AutoKeras 的許多模型其實會自動執行這個步驟；在前面的數字分類範例中，資料集裡的像素值是 0~255 的整數，但我們沒有進行正規化就將它們輸入模型，因為 AutoKeras 會自行替我們處理這部分。

在一般情況下，AutoKeras 的圖像與結構化資料模型會自動對輸入的特徵做正規化處理（見第 4 與 6 章）。除此之外，在進行迴歸器訓練時，我們也能將目標值除以一個值來縮小其比例，好加快模型梯度下降的速度。

- **資料向量化 (vectorization)**：如同我們前面提到的，神經網路使用的資料是張量形式。我們送入模型的各種資料來源，例如文字、圖像或聲音，都必須先轉換為張量，這個過程叫作**向量化**。此處理過程將原始輸入資料轉為浮點數向量，更適合演算法進行學習。

  在前一章的 MNIST 範例中，資料集已經事先向量化了，因此不需要做此步驟。而在第 5 章的文本處理中，我們也可看到 AutoKeras 能夠使用多種方式來將文字轉為向量。

- **資料編碼 (encoding)**：有時資料集中的資料並非連續數值，而是以文字表示的分類資料（例如四季、正或負），而這些資料必須先轉換為對應的數值（如 0, 1, 2, 3...），才能讓模型用於訓練。

  在第 6 章，我們將看到 AutoKeras 在處理結構化資料時，會自動對這些分類資料做編碼，你完全不需動手處理。

- **缺值處理**：資料集中常有資料缺少某些值，此時模型該如何應付不完整的數據呢？在深度學習模型中，常見的做法是以 0 填補缺值（這其實也正是 AutoKeras 處理缺值的標準做法），因為 0 本身就已經是不顯著的值。一旦神經網路模型學習到 0 代表缺值，之後便會忽略它。

  務必注意的是，要是你的資料集會以特殊方式（例如文字）表示缺值，那麼你得事先手動轉換或移除它，因為模型並不曉得這些資料不具意義。

在接下來的章節中，你也會學到如何客製化自己的模型，包括選擇不同的資料預處理區塊——也就是說，你可以指定 AutoKeras 套用用哪些方式來替你預處理資料。

現在我們看過了主要的資料結構與相關的資料轉換操作，接著就來看 AutoKeras 支援那些資料格式，以及它有哪些功能可將原始資料轉換為更合適的格式。

3-2-2 了解 AutoKeras 可接受的輸入資料格式

AutoKeras 模型一般能接受輸入以下四種類型的資料：

- **NumPy 陣列 (ndarray)**：

  這是 NumPy、scikit-Learn、Tensorflow 與其他眾多 Python 資料科學套件都採用的陣列，快速且功能強大。只要電腦記憶體容納得下你的資料，儲存成 ndarray 便是最便利的選擇。

- **Series/DataFrame 物件**：

  AutoKeras 的結構化分類器／迴歸器類別也支援讀取 pandas 套件的 Series 或 DataFrame 物件。這使得我們可以用 pandas 載入 CSV、TSV 或 Excel 資料集，而且不需要額外轉換成 ndarray 就能輸入給模型。

- **Python 生成器 (generators)**：

  生成器能在需要時才從硬碟批次讀取資料到記憶體，因此若你的資料集無法完整放在記憶體中，就可用這種方法。

- **TensorFlow 資料集 (Tensorflow Dataset)**：(https://www.tensorflow.org/api_docs/python/tf/data/Dataset)

  這很類似 Python 生成器，效能也很好，能以串流形式從硬碟檔案或分散式檔案系統傳入資料，因此很適合用在深度學習與大型的資料集。

  (這本書不會示範如何使用 Tensorflow 資料集物件，但你可以在官網找到範例：https://autokeras.com/tutorial/load/#load-data-with-python-generators。)

在將資料傳入 AutoKeras 模型之前，建議先將資料轉換成上面的其中一種。若你會用到大型資料集，而且訓練時會用上 GPU, 使用 TensorFlow 資料集會是個不錯的選擇，因為它在效能與功能上有諸多優點：

- 它能進行非同步預處理與建立資料佇列。
- 提供 GPU 記憶體資料預載入，因此在 GPU 處理完前一批資料後，就可以直接使用下一批。
- 提供基礎的資料轉換功能，你可以針對資料集中的不同元素使用不同的函式進行轉換，並產生新的資料集。
- 將從資料集讀入的最新一批資料存在記憶體快取中。
- 可以從多種不同資料源載入資料 (NumPy 陣列、Python 生成器、CSV 檔案、文字檔案、資料夾等等)。

以下圖表展示了不同資料來源都可以轉換成 TensorFlow 資料集物件來輸入 AutoKeras 模型：

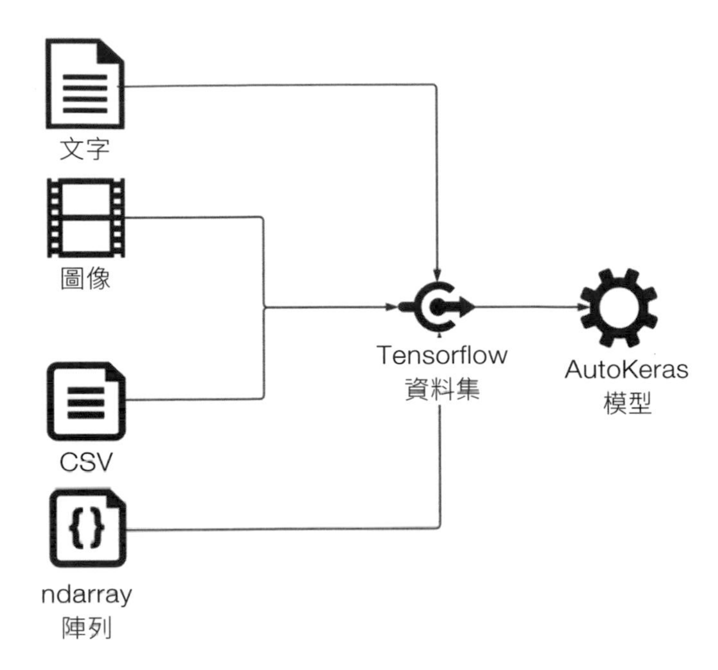

除此以外，AutoKeras 也提供了非常實用的功能，可以幫助你將硬碟中的原始資料轉換為 TensorFlow 資料集：

autokeras.image_dataset_from_directory()

這函式可以將存在某路徑中特定格式的圖像檔案轉換為標註有目標值的圖像張量資料集。我們來看看它是如何處理一個圖像目錄的。

舉個例，下面的路徑 main_directory 已經整理好了，圖像檔案已經分門別類，每個子資料夾各代表一個標籤或分類：

```
.../路徑/main_directory/
    class_a/        ←—— 分類 class_a
        a_image_1.jpg
        a_image_2.jpg
    class_b/        ←—— 分類 class_b
        b_image_1.jpg
        b_image_2.jpg
```

然後我們就能將此資料夾路徑傳入 image_dataset_from_directory() 函式中，讓它從中產生資料集：

```
autokeras.image_dataset_from_directory(
    '.../路徑/main_directory ',
    color_mode='rgb',          ◄── 圖像模式 (預設為 'rgb', 灰階圖片可設為
                                    'grayscale')
    image_size=(256, 256),     ◄── 圖像大小 (必須指定)
)
```

image_dataset_from_directory() 有不少參數可以設定，不過目前只有資料夾路徑和 image_size 是必要的，其他參數按照預設即可。詳細的參數說明可參閱官網文件：https://autokeras.com/utils/。

小編註：本書的路徑都會使用正斜線，這對於 Windows 或 Linux 系統都適用。若你想使用 Windows 習慣的反斜線，就必須寫成 \\, 或者可在 Python 字串前面加上 r 讓它成為原始 (raw) 字串 (例如 r'...\ 路徑 \main_directory '), 如此一來反斜線就不會被視為特殊控制字元。

autokeras.text_dataset_from_directory()

這函式會從路徑中的文字檔案產生 Tensorflow 資料集。就如同前面對圖像的處理方式，文字檔也必須擺在代表各個分類的子資料夾下：

```
.../路徑/main_directory/
    class_a/      ◄── 分類 class_a
        a_text_1.txt
        a_text_2.txt
    class_b/      ◄── 分類 class_b
        b_text_1.txt
        b_text_2.txt
```

接著你就能從這些文字檔產生 Tensorflow 資料集：

```
autokeras.text_dataset_from_directory(
    '.../路徑/main_directory ',
)
```

這個功能只有路徑是必要的，其他參數若沒有特別指定，AutoKeras 會使用預設選項。

現在我們看過哪類資料最適合輸入 AutoKeras 模型，AutoKeras 又提供了那些預處理資料的功能，本章最後我們就來學習如何切割資料集，以便有效地評估和測試模型。

3-3 切割資料集以用於訓練及評估

若要評估一個模型的預測效能，一般習慣上會將資料集切割成三部份：**訓練集 (training set)**、**驗證集 (validation set)** 與**測試集 (test set)**。在訓練階段，AutoKeras 會使用訓練集來訓練模型，並使用驗證集來評估訓練表現。當模型訓練完成，我們就會使用測試集做最後的評估。

3-3-1 為何需要切割資料集？

為了避免發生資訊洩漏 (information leakage)*，你必須確保測試集跟用於訓練的資料是彼此獨立的。

> **小編註**：資訊洩漏是指模型在訓練期間就接觸到測試資料的資訊，導致事後對測試集產生過高的預測表現，就好比學生事先看到洩漏的考題、因此作弊得到高分。

如同前面所提到，驗證集的功能是在訓練階段評估模型的表現，藉此來進行梯度下降、以及微調不同候選模型的超參數，但既然訓練過程正是根據驗證集來做調整，模型對驗證集的預測表現就算很好，也不足以反映模型的普適能力。

所以若要真正評估模型效能，我們必須使用模型完全沒接觸過的資料來做最終評估。為了避免資訊洩漏，你不能讓模型有機會碰到測試集資料，即使是非直接參考也不行。這就是為何讓測試集獨立存在是很重要的。

3-3-2 如何切割資料集

在前一章的 MNIST 範例中，我們並沒有明確分割資料集，因為 Tensorflow 提供的 mnist.load_data() 方法所傳回的訓練集、測試集已經是分開的了。不過，一般的資料集通常是放在一起的，我們必須自行分割。下面我們用視覺化的方式呈現資料集的切割：

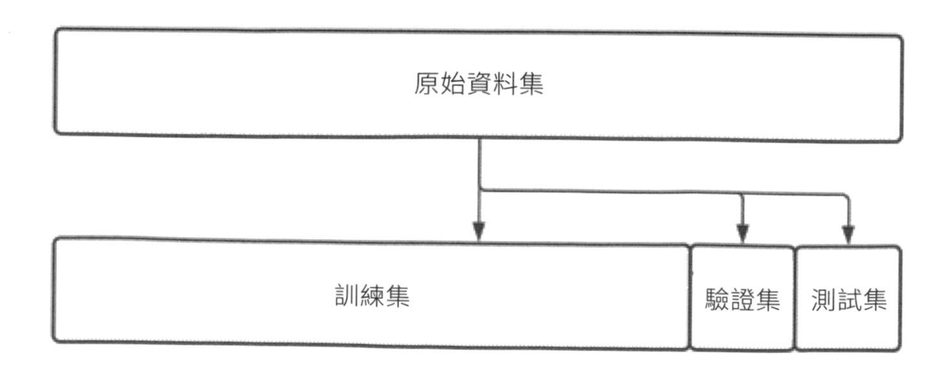

當 AutoKeras 在訓練模型時，它預設會保留訓練集中的 20% 資料為驗證集，但你也可以調整 AutoKeras 模型的 fit() 方法中的 validation_split 參數來更改這個比例。

拿前一章的 MNIST 迴歸器為例，下面的程式會從訓練集中抽出 15% 做為驗證集：

```
reg = ak.ImageRegressor(overwrite=True, max_trials=1)
reg.fit(x_train, y_train, epochs=20, validation_split=0.15)
```

慣例上，我們會用變數 x 代表特徵資料，y 代表分類或標籤 (解答)。因此 x_train 是訓練集特徵，y_train 則是訓練集標籤，以此類推。

我們也可以手動切割驗證集，並把它指定給模型使用：

```
# 指定分割位置：資料陣列中索引 5000 之後的是驗證集,
# 其它則是訓練集
split = 5000

# 用切片 (slice) 來分割訓練集
x_val = x_train[split:]
y_val = y_train[split:]
x_train = x_train[:split]
y_train = y_train[:split]

# 提供驗證集給模型訓練
reg.fit(x_train, y_train, epochs=20,
        validation_data=(x_val, y_val))
```

在許多情況下，原始資料並不會區分訓練集與測試集。除了用切片來切割，你也可使用 scikit-learn 套件的 **train_test_split()** 函式：

```
# 從 scikit-learn 匯入 train_test_split() 函式
from sklearn.model_selection import train_test_split

# 將原始切割成 80% 訓練集, 20% 測試集
# x = 原始特徵資料
# y = 原始分類資料
x_train, x_test, y_train, y_test =
    train_test_split(x, y, test_size=0.20, random_state=0)
```

小編註：train_test_split() 的 random_state 參數是分割時的隨機因子，若有明確指定，每次執行時的分割結果就會完全相同。假如不指定，那麼 scikit-learn 會隨機決定分割位置。

現在，我們來總結本章所學。

3-4 總結

在本章中，我們學習了何謂張量、神經網路使用的主要資料結構、合適的資料預處理方式，以及 AutoKeras 支援的資料格式、它提供的資料預處理功能。最後，我們學到資料集分割的重要性，以及如何快速簡單地分割資料集。

現在，你已經準備好用最適當的方式發揮 AutoKeras 模型的潛力了。從下一章開始，我們將學習 AutoKeras 如何處理圖像，也會介紹從圖像中萃取特定特徵的技術及其應用技巧。

AutoKeras 實踐篇

本篇會針對各種 ML 主題進行介紹，讓你知道如何實務地運用 AutoKeras 來進行自動化深度學習、好解決真實世界的問題。

本篇涵蓋了以下章節：

- 第 4 章、運用 AutoKeras 進行圖像的分類與迴歸（視覺辨識）
- 第 5 章、運用 AutoKeras 進行文本、情感、主題的分類與預測（自然語言處理）
- 第 6 章、運用 AutoKeras 進行結構化數據的分類與迴歸
- 第 7 章、運用 AutoKeras 進行時間序列預測

04

運用 AutoKeras 進行圖像的分類與迴歸

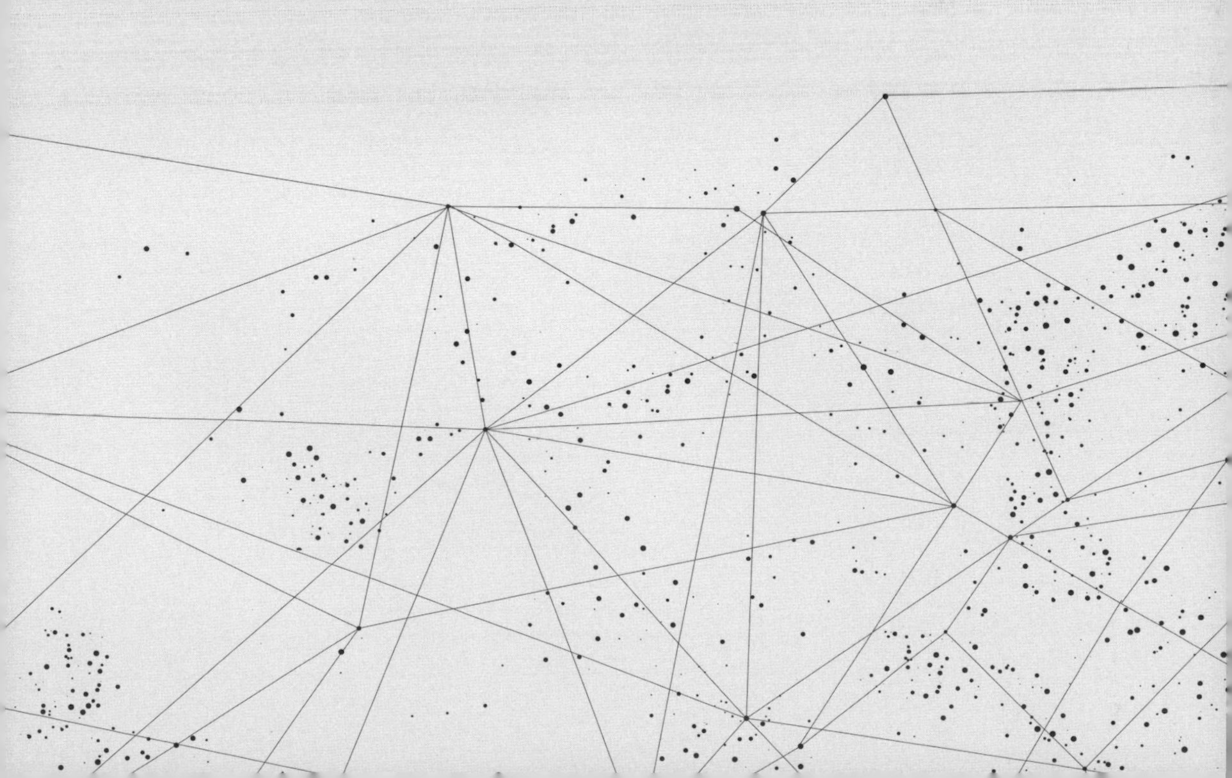

在本章中，我們會將焦點擺在 AutoKeras 在圖像預測上的應用。在第 2 章中，我們首次接觸了深度學習 (DL) 在這方面的應用，建立了兩個模型 (一個分類器與一個迴歸器) 來辨識手寫數字。現在我們要創建更複雜、威力更加強大的圖像辨識器，檢視它們如何運作，並了解如何微調它們來提升其預測表現。

等你看完本章之後，你將會懂得如何創建自己的圖像模型，並將它們應用在真實世界的各式各樣問題。

如同我們在第二章中討論過的，最適合用於圖像辨識的模型使用所謂的**卷積神經網路 (Convolutional Neural Network, CNN)**, AutoKeras 對於這類任務也都會選用 CNN 來建立模型。現在，就讓我們來稍微進一步了解這種神經網路，並探討它們是如何運作的。

本章節包含以下主題：

- 理解 CNN——什麼是卷積神經網路？它們如何運作？
- 替 CIFAR-10 資料集建立圖像分類器
- 圖像分類器的建立與調校，包括自訂模型搜尋空間
- 建立可推斷人物年齡的圖像迴歸器
- 圖像迴歸模型的建立與調校

小編補充

使用 Google Colab 或 Jupyter Notebook 及安裝相關套件的方式請參閱第 2 章。

請注意：由於本章運用的資料集涉及大量影像處理，因此強烈建議使用配有 GPU 且記憶體足夠的設備。小編在本章使用安裝了 NVIDIA GTX 1660 Ti 顯卡的個人電腦來實測。即使如此，這些模型仍都需約 1~2 天訓練。

4-1 理解卷積神經網路 (CNN)

CNN 是一種神經網路，它的概念源自於生物大腦中視覺皮層神經元的運作。這種類型的網路在處理電腦視覺問題方面表現良好，例如圖像分類、物體偵測、圖像分割 (segmentation) 等問題。下一章我們將看到，它甚至可被應用於文本分類任務。

以下的示意圖說明了 CNN 辨識一隻貓的過程：

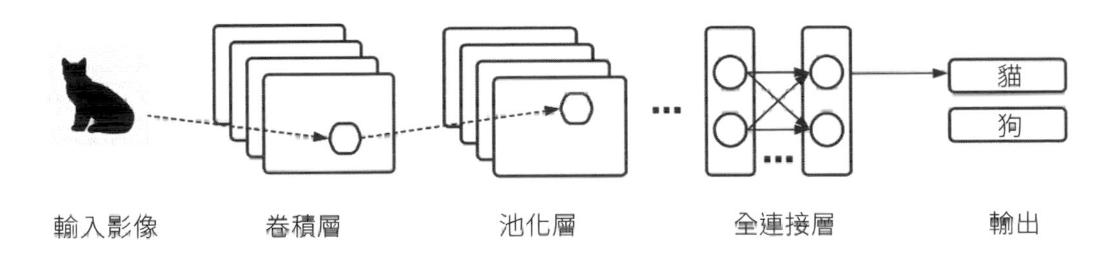

但為什麼跟完全由全連接層 (fully connected layer)* 構成的模型相比，CNN 表現會更好？這時就必須探究卷積層及池化層的作用了。

譯者註：全連接層又叫做 dense (密集層), 顧名思義就是輸入節點與輸出節點會全數相連。這種層通常會接在 CNN 網路的最後幾層，以便對卷積層萃取出的圖像特徵進行學習，並輸出預設結果。

4-1-1 卷積層 (convolutional layer)

卷積層是 CNN 的構成關鍵，它使用一個窗格來滑動掃描一張圖像，並將掃描後的結果用**卷積核 (kernel)** 進行轉換，進而用來識別 pattern (樣式)。

『卷積核』其實是一個矩陣，你將掃描窗格中的像素輸入給它，卷積核會用其內部的權重與偏值將像素矩陣 (特徵矩陣) 轉換為一個特徵值或向量。換言之，我們能將卷積核當成**過濾器 (filter)** 來使用，從圖像中過濾出能用於分類的特徵。

所以我們可以把卷積層想像成擁有許多小的方型過濾器 (大小和數量都可以設定)，它們即為卷積層的神經元，會掃描整張圖像並比對是否有特定的 pattern；若圖像中某窗格的內容符合卷積核的 pattern，它便會傳回一個正值，反之則傳回 0 或負值。所有掃描結果最終會被集合起來，構成所謂的**特徵圖 (feature map)**。

下圖用最簡化的概念說明了卷積層處理圖像的過程：

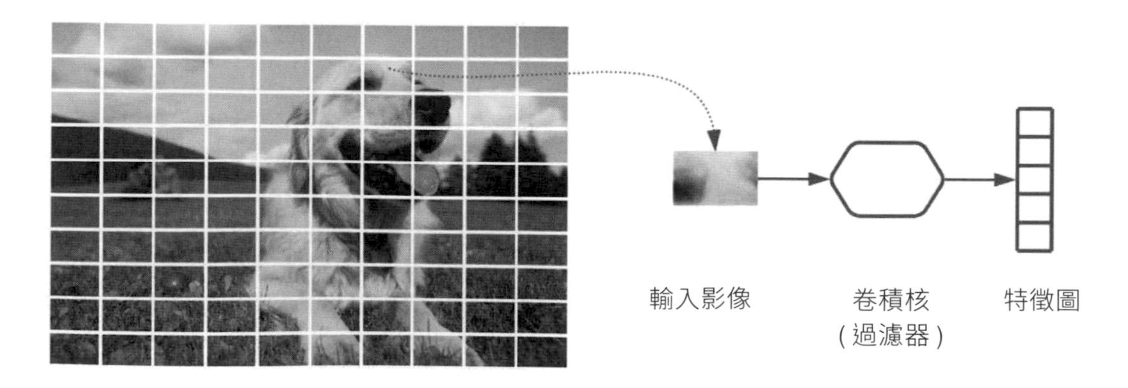

等我們用過濾器轉換過影像後，我們必須用『池化』操作來降低轉換特徵圖層的維度。緊接著我們就來看這部分。

4-1-2 池化層 (pooling layer)

池化層的作用是逐步降低特徵圖層的維度，好降低模型後半段學習這些特徵時所需的參數數量與計算量。最常見的池化方式之一是『最大池化』(max pooling) 法，即針對特徵矩陣各個不重疊的子區塊取最大值，藉此來降低尺度 (downscaling)。

下圖便是一個對 4 x 4 特徵圖層進行最大池化操作的範例，將它縮小為 2 x 2 矩陣：

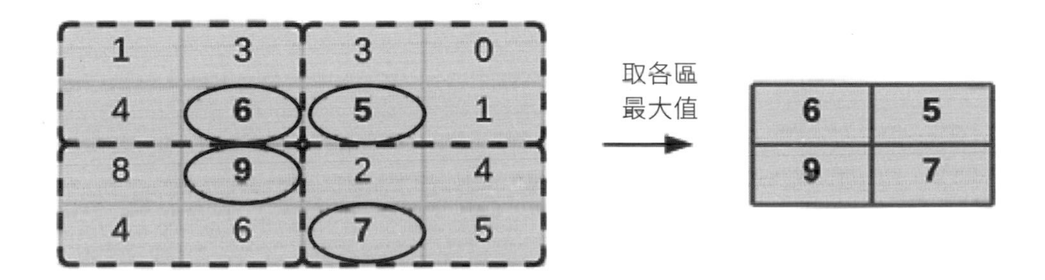

由上可見，最大池化法保留了特徵圖層中最顯著的像素資料，讓後續的全連接層只需處理 1/4 數量的輸入特徵，這樣便可以降低計算成本，同時也能避免過度配適問題。除了最大池化以外，還有另一種常用的池化法是 **average pooling** (平均池化法), 也就是取各區的平均值。

接下來，我們繼續了解卷積層與池化層如何組合成為一個 CNN。

4-1-3 CNN 的架構

一個 CNN 通常由數個卷積層以及一個降尺度用的池化層構成，這個組合也會重複多次，如以下所示：

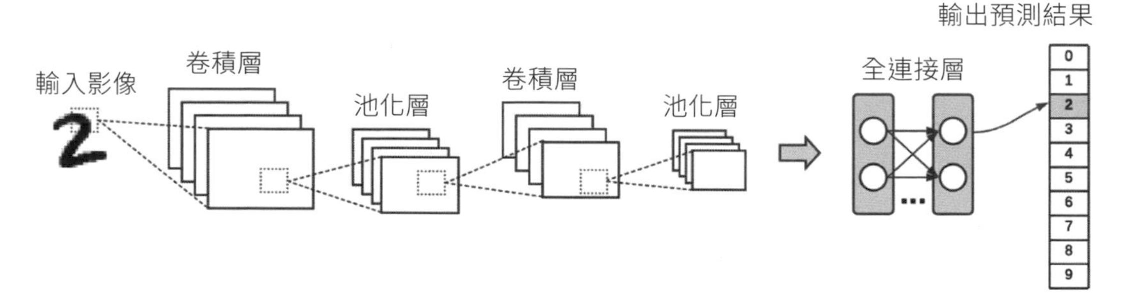

在這個過程中，第一層卷積層會偵測較簡單的特徵，例如人臉的輪廓，第二層則負責萃取出更細微的特徵 (例如五官的差異)。越後面的卷積層能夠辨識更複雜的特徵，使它最終能夠辨識不同人臉的身分。

這樣的架構看似只是在重複堆疊，威力卻很強大，每一層能偵測的特徵都比前一層再更細微一些，最終產生出驚人的預測成效。

4-2 CNN 與傳統神經網路的差異

傳統的神經網路只使用全連接層來轉換特徵，而 CNN 則使用可處理二維資料的 Conv2D 卷積層與池化層。全連接層與卷積層的主要差別如下：

- 全連接層學習的東西是**全域 (global)** pattern, 也就是以輸入資料的整個特徵空間 (feature space) 來尋找模式。以我們在第 2 章使用的

MNIST 手寫數字資料集為例，其特徵空間就是整張圖片的像素。此外全連接層只能處理一維資料，因此 2D 圖像像素必須壓平 (flatten) 成一維才能輸入它。

- 相對的，卷積層學習的是**局部 (local)** pattern；以圖像來說，pattern 是透過掃描圖像的 2D 小窗格來產生。

下圖即以視覺化方式呈現了這些小窗格是如何辨識出手寫數字的線條、邊緣等局部 pattern：

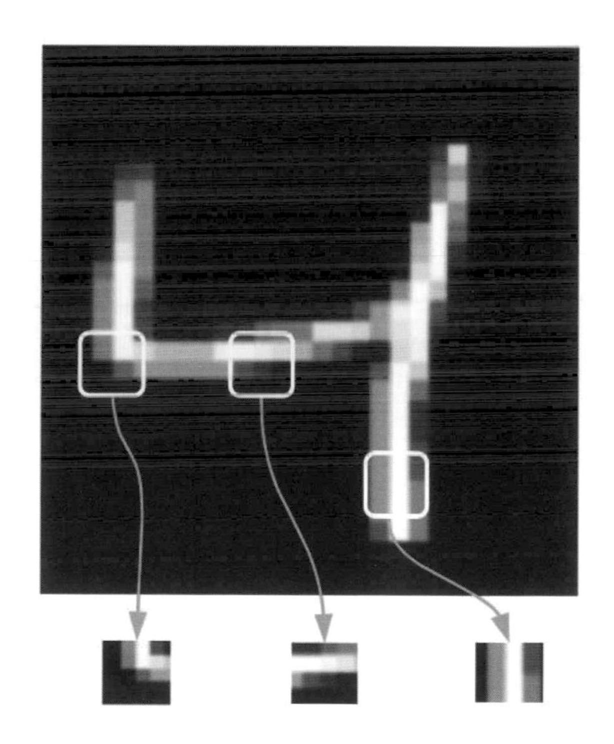

如我們在前面所提的，卷積操作是使用一個二維矩陣窗格 (卷積核或過濾器), 去掃描並轉換輸入的圖片，並產生對應的特徵圖。不同的過濾器能夠從原始圖像中抽取出不同的 pattern (輪廓、軸線、直線等等)。

卷積操作所產生的特徵圖維度會是 **r × c × n**, 其中 r 和 c 是特徵圖資料的列數與行數，n 則是卷積核的數量 (各個過濾器產生的結果會疊在一起)。這些特徵圖就是 CNN 學習出來給神經網路下一層的參數。

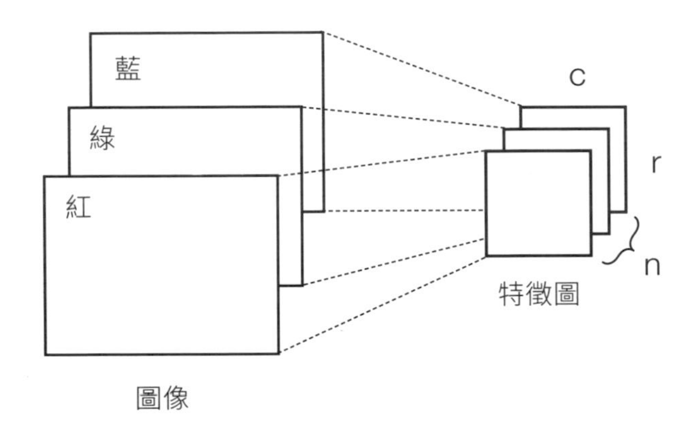

我們在第 2 章建立的 MNIST 分類器，便是由兩層二維卷積層 (Conv2D) 和一個二維池化層 (MaxPooling2D) 堆疊而成。池化層的功能是降低卷積層堆出來的特徵圖的維度，只保留最重要的數值，好減少雜訊並加快全連接層的訓練速度。

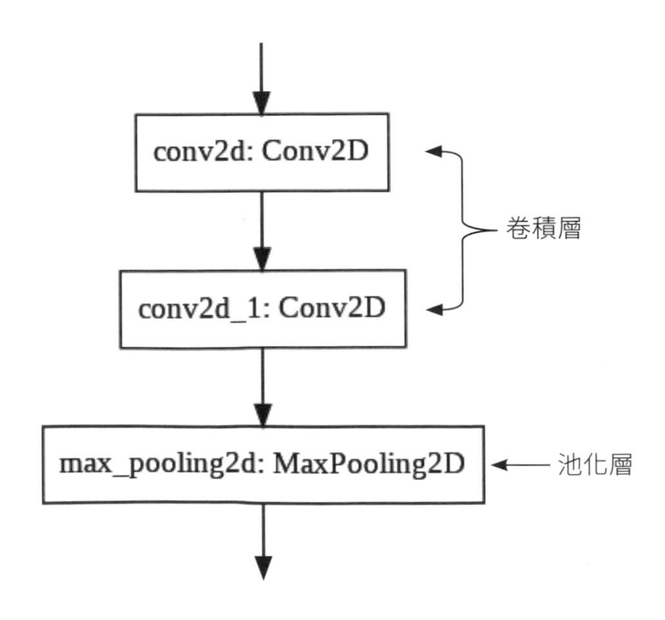

現在，我們就要從另一個知名的資料集下手，應用 CNN 來建立其圖像分類器。

4-3 建立 CIFAR-10 圖像分類器

4-3-1 CIFAR-10 資料集

我們接下來將建立一個神經網路模型，可以針對 CIFAR-10 資料集中的圖像進行分類。CIFAR-10 全名是 **Canadian Institute for Advanced Research, 10 classes（加拿大先進研究所，10 種分類）**，裡面包含 60,000 張 32x32 大小的 RGB 彩色圖片，分成 10 個類別。此資料集很常用於 ML 及電腦視覺演算法的訓練。

以下是 CIFAR-10 資料集中包含的類別名稱：

- 飛機 (airplane)
- 汽車 (automobile)
- 鳥 (bird)
- 貓 (cat)
- 鹿 (deer)
- 狗 (dog)
- 青蛙 (frog)
- 馬 (horse)
- 船 (ship)
- 卡車 (truck)

你在下面可看到一些從 CIFAR-10 資料集選取的圖像樣本：

這個資料集的分類問題現在公認已經解決，一般要達到接近 80% 的分類準確率是相當容易的。而若我們想得到更好的分類表現，就必須使用深度學習 CNN，它能在測試集達到超過 90% 的分類準確率。下面我們就來看如何用 AutoKeras 建立一個 CIFAR-10 分類器。

既然這是個圖像分類任務，所以我們要使用和第 2 章一樣的 ImageClassifier 類別。AutoKeras 會產生使用不同超參數的不同模型，各別加以測試，最終傳回每個圖像分類都能盡可能準確辨識的最佳分類器。

4-3-2 檢視資料集內容

★提示 範例程式：chapter04\notebook\cifar.ipynb 及 chapter04\py\cifar.py

在這個實驗中，請依序輸入並執行以下格子的程式碼。第一步是用 pip3 套件安裝 AutoKeras 與它的相關套件 (在本機已經安裝過的人可省略此步驟)：

In

```
!pip3 install autokeras
```

接著我們要匯入 AutoKeras 與其他會用到的套件，例如 NumPy 及 matplotlib 繪圖套件，以及 Tensorflow 提供的 CIFAR-10 資料集模組：

In

```
import numpy as np
import matplotlib.pyplot as plt
import tensorflow as tf
from tensorflow.keras.datasets import cifar10
import autokeras as ak
```

接著我們要先將 CIFAR-10 資料集載入記憶體，並檢視一下訓練集與測試集的形狀：

In

```
(x_train, y_train), (x_test, y_test) = cifar10.load_data()

print(x_train.shape)
print(x_test.shape)
```

下面是這段程式碼的輸出結果：

Out

```
Downloading data from https://www.cs.toronto.edu/~kriz/cifar-10-python.
tar.gz
170500096/170498071 [==============================] - 2s 0us/step
(50000, 32, 32, 3)    ←— 訓練集有 50,000 個圖像, 32 x 32 像素 x 3 色
(10000, 32, 32, 3)    ←— 測試集有 10,000 個圖像, 32 x 32 像素 x 3 色
```

而雖然 CIFAR-10 已經是個廣為人知的機器學習資料庫，我們還是得確認資料是否平均分布，以避免有意外情況。這裡的做法和第二章完全一樣：

In

```
fig = plt.figure()
bin = np.arange(11)

ax = fig.add_subplot(1, 2, 1)
ax.set_xticks(bin)
plt.hist(y_train, bins=bin-0.5, rwidth=0.9)
ax.set_title('Train dataset histogram')

ax = fig.add_subplot(1, 2, 2)
ax.set_xticks(bin)
plt.hist(y_test, bins=bin-0.5, rwidth=0.9)
ax.set_title('Test dataset histogram')

plt.show()
```

從輸出的圖看來，可以發現樣本非常完美地平均分布：

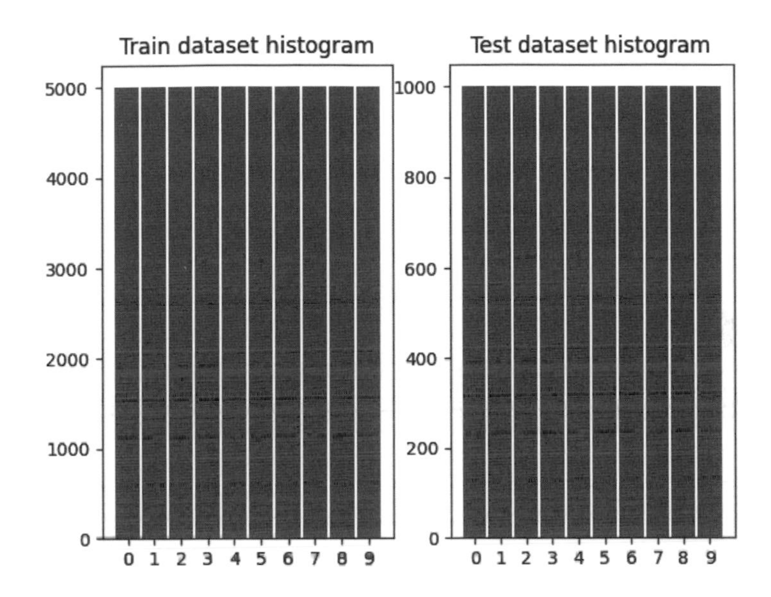

4-3-3 建立圖像分類器

現在，我們將使用 AutoKeras 的 ImageClassifier 類別來產生最佳分類模型。由於需要處理上千張彩色圖像，AutoKeras 將需要更多時間來尋找最佳模型；在此我們將 max_trials (試驗的 Keras 模型數量上限) 設為 3, 而且不指定 epochs (訓練週期), 使它以預設的 1000 次為上限，並在模型達到最佳結果、無法再更進一步時就停止訓練。

在訓練時，AutoKeras 會嘗試使用幾種最常見的圖像分類模型結構。儘管增加 max_trials 參數的值會大幅增加訓練時間，這樣卻能確保你能得到高準確率的模型。

下面我們就建立一個分類器模型，並以 CIFAR-10 的訓練集開始訓練：

In

```
clf = ak.ImageClassifier(max_trials=3)  # 測試 3 種模型
clf.fit(x_train, y_train)
```

以下是訓練的最終輸出結果：

Out

```
 Epoch 1/7
Not enough memory, reduce batch size to 16.
Epoch 1/7
Not enough memory, reduce batch size to 8.
Epoch 1/7
Not enough memory, reduce batch size to 4.
Epoch 1/7
12500/12500 [==============================] - 4791s 383ms/step - loss:
0.5889 - accuracy: 0.8142
Epoch 2/7
12500/12500 [==============================] - 4295s 344ms/step - loss:
0.1861 - accuracy: 0.9423
Epoch 3/7
12500/12500 [==============================] - 4242s 339ms/step - loss:
0.0858 - accuracy: 0.9731
Epoch 4/7
12500/12500 [==============================] - 4092s 327ms/step - loss:
0.0506 - accuracy: 0.9835
Epoch 5/7
12500/12500 [==============================] - 4050s 324ms/step - loss:
0.0398 - accuracy: 0.9875
Epoch 6/7
12500/12500 [==============================] - 4165s 333ms/step - loss:
0.0310 - accuracy: 0.9900
Epoch 7/7
12500/12500 [==============================] - 4192s 335ms/step - loss:
0.0266 - accuracy: 0.9911
```

由於這個模型需要較多記憶體，AutoKeras 在我們的系統自動降低了訓練時每次訓練的樣本數 (batch size，批量)

完成全部三個模型的訓練後，AutoKeras 選出當中表現最好的模型，並用它來訓練最後一次、產生以上看到的輸出結果，並對訓練集達到 99.1% 的預測準確率。

小編補充：AutoKeras 的模型搜尋行為

當你使用 ImageClassifier 分類器進行訓練時，AutoKeras 會在你的程式檔 (.ipynb 或 .py) 的所在目錄建立一個 image_classifier 資料夾，並在當中記錄每個模型的訓練過程。假如你中斷訓練或程式因故當掉、然後再次執行訓練，那麼 AutoKeras 就會依據已經記錄的內容來**接續**訓練。完成所有訓練後，最佳模型會儲存在 image_classifier/best_model 目錄下。

舉個例，若 max_trials 參數設為 10, 而你在訓練到第 6 個模型時中斷訓練，重新執行程式便會使 AutoKeras 從第 6 個模型重新訓練，並在系統中總共記錄 10 個模型的結果後結束。若重新執行程式時， 10 個模型的訓練都已完成，那麼 AutoKeras 會直接拿最佳模型重新訓練。

反過來說，若一開始你把 max_trials 值設得較低，沒有得到令你夠滿意的模型，你可以中斷訓練、調高 max_trials 參數並重新執行，好讓 AutoKeras 繼續試驗更多模型。

至於要是你對整個訓練過程不滿意、想要打掉重練，可在停止訓練後刪除系統中的訓練記錄 (以此例來說就是 image_classifier 資料夾), 或者在執行訓練時將 overwrite 參數設為 True, 好覆蓋掉舊記錄：

```
clf = ak.ImageClassifier(max_trials=3, overwrite=True)
```

若你要在同一個資料夾訓練不同的模型，可以用 project_name 參數指定專案名稱，以免記錄模型時相互影響：

In

```
# 將訓練記錄寫在資料夾 /my_image_model 內
clf = ak.ImageClassifier(
    project_name='my_image_model', max_trials=3)
```

4-3-4 使用測試集評估模型

建立並訓練好了圖像分類模型之後，就可以來檢視模型對測試集的預測準確率：

In

```
clf.evaluate(x_test, y_test)
```

得到結果如下：

Out

```
313/313 [==============================] - 118s 360ms/step - loss: 0.1572
- accuracy: 0.9609    ←— 測試集的預測準確率為 96.09%
[0.1571848839521408, 0.9609000086784363]
```

接著我們也以視覺化的方式觀看模型對測試集部分圖像的實際預測效果：

In

```
# 取得測試集前 10 筆預測結果
predicted = clf.predict(x_test[:10])

# 要顯示的預測分類 (標籤)
labels = ('airplane', 'automobile', 'bird',
    'cat', 'deer', 'dog', 'frog',
    'horse', 'ship', 'truck')

# 繪出測試集前 10 張圖, 並印出預測／實際分類
fig = plt.figure(figsize=(16, 6))
for i in range(10):
    ax = fig.add_subplot(2, 5, i + 1)
    ax.set_axis_off()
    plt.imshow(x_test[i])
```

→ 接下頁

```
    ax.set_title(f'Predicted: {labels[int(predicted[i])]},\nReal: 接下行
{labels[int(y_test[i])]}')
plt.tight_layout()
plt.show()
```

> **小編註**：predicted 和 y_test 的元素值其實都是字串型別，所以在用它們當成索引查詢 labels 對應的分類名稱時，要先用 int() 轉成整數。查詢出來的分類名稱則會透過 Python 的 f-string 格式化字串來設定圖像標題。

以下是輸出結果，可見預測分類都符合圖像的真實分類：

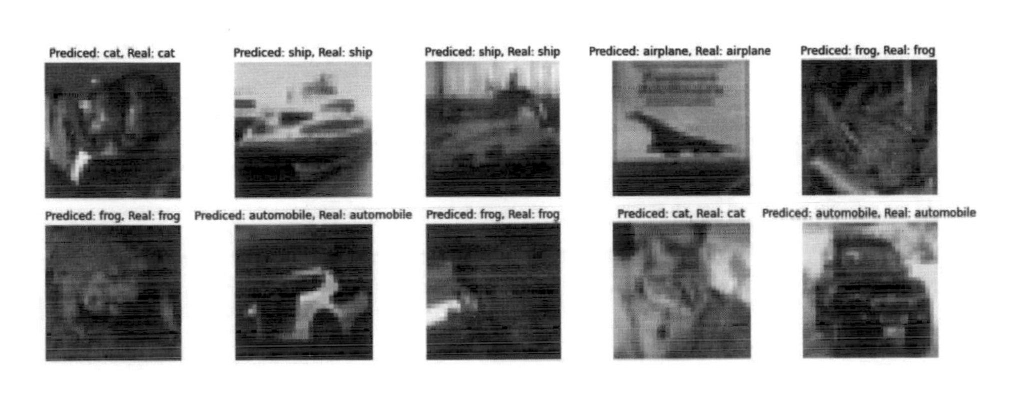

4-3-5 將模型視覺化

現在，我們來檢視這個最佳模型的架構概要，並且來解釋它的表現何以能如此傑出的原因。執行以下的程式碼：

In

```
model = clf.export_model()
model.summary()
```

輸出結果如下：

Out

```
Model: "model"
_________________________________________________________________
Layer (type)                 Output Shape              Param #
=================================================================
input_1 (InputLayer)         [(None, 32, 32, 3)]       0
_________________________________________________________________
cast_to_float32 (CastToFloat (None, 32, 32, 3)         0
_________________________________________________________________
normalization (Normalization (None, 32, 32, 3)         7
_________________________________________________________________
random_translation (RandomTr (None, 32, 32, 3)         0
_________________________________________________________________
random_flip (RandomFlip)     (None, 32, 32, 3)         0
_________________________________________________________________
resizing (Resizing)          (None, 224, 224, 3)       0
_________________________________________________________________
efficientnetb7 (Functional)  (None, None, None, 2560)  64097687
_________________________________________________________________
global_average_pooling2d (Gl (None, 2560)              0
_________________________________________________________________
dense (Dense)                (None, 10)                25610
_________________________________________________________________
classification_head_1 (Softm (None, 10)                0
=================================================================
Total params: 64,123,304
Trainable params: 63,812,570
Non-trainable params: 310,734
```

我們也可用 plot_model() 來產生模型各層的圖形化結果：

In

```
from tensorflow.keras.utils import plot_model
plot_model(model)
```

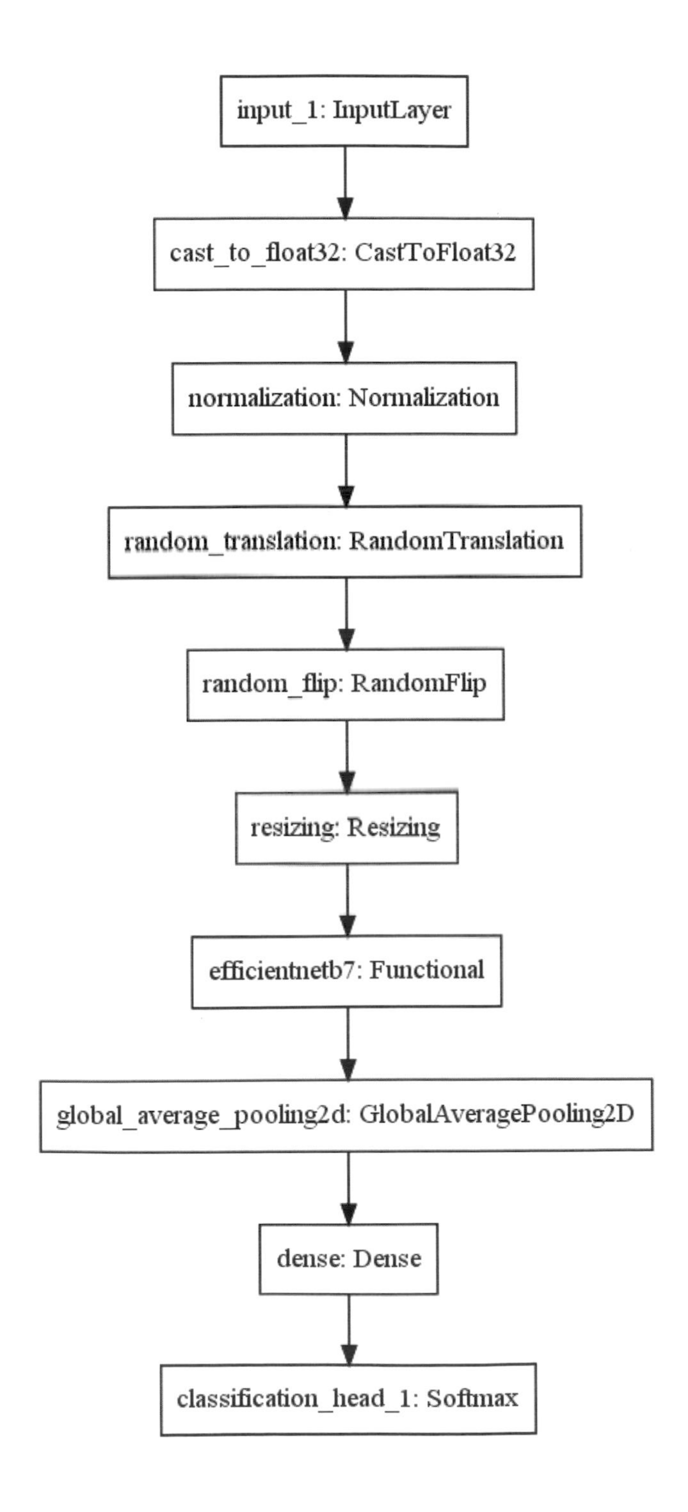
input_1: InputLayer
cast_to_float32: CastToFloat32
normalization: Normalization
random_translation: RandomTranslation
random_flip: RandomFlip
resizing: Resizing
efficientnetb7: Functional
global_average_pooling2d: GlobalAveragePooling2D
dense: Dense
classification_head_1: Softmax

在這個模型中，最關鍵的層是 efficientnetb7 (EfficientNet-B7)。**EfficientNet** 是由 Google 於 2019 年提出的深度殘差學習 (deep residual learning)* 架構，這是一種先進的神經網路模型，在近幾年許多場合都是應用在圖像分類的首選；它不僅可以提升預測準確率、也很注重模型的訓練效率，其參數量和所需的每秒浮點運算次數 (floating-point operations per second, FLOPS)* 都比其他模型少一個量級。不過，我們在此不需要完全了解它的細節。

> **小編註**：上面將 EfficientNet 顯示為一個層，其實它是一個子模型，只是其內部層沒有展開而已。你可以將 plot_model() 的 expand_nested 參數設為 True 來展開所有子層，但輸出結果會變得很難閱讀就是。

EfficientNet 又包括一系列模型 B0~B7, 其中 B7 的複雜度最高、但預測能力也最強。下圖為 EfficientNet 與其他神經網路架構的參數數量及預測力比較：

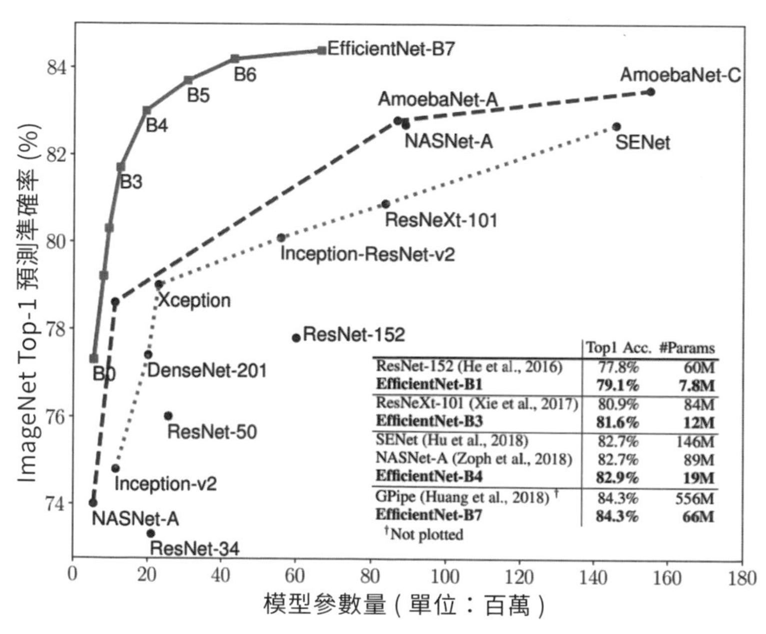

	Top1 Acc.	#Params
ResNet-152 (He et al., 2016)	77.8%	60M
EfficientNet-B1	**79.1%**	**7.8M**
ResNeXt-101 (Xie et al., 2017)	80.9%	84M
EfficientNet-B3	**81.6%**	**12M**
SENet (Hu et al., 2018)	82.7%	146M
NASNet-A (Zoph et al., 2018)	82.7%	89M
EfficientNet-B4	**82.9%**	**19M**
GPipe (Huang et al., 2018) †	84.3%	556M
EfficientNet-B7	**84.3%**	**66M**

†Not plotted

出處： EfficientNet: Rethinking Model Scaling for Convolutional Neural Networks, https://arxiv.org/abs/1905.11946

除此以外，AutoKeras 對圖像做了一系列處理，包括正規化 (normalization)、隨機轉化 (random translation)、隨機翻轉 (random flip) 和調整大小 (resizing)。這種透過隨機處理來產生額外圖像的過程稱為**資料擴增 (data augmentation)***，能夠進一步提高模型的訓練成效。而在分類層之前，模型使用 global average pooling 來降低分類層需要接收的資料量。

譯者註

1. 殘差學習網路架構是將前面網路層的殘差值 (residual, 原始特徵和它加權後的差距) 輸入到後面的層中，讓模型可以避免網路深度 (層數) 增加時造成資訊傳遞的減弱或遺失 (也就是資訊退化 (degradation))、導致模型在網路深度增加後反而無法有效提升表現。
2. FLOPS 為計算電腦效能的衡量指標，在深度學習範疇被拿來衡量訓練模型所需要的計算量單位，或者表示硬體的計算能力。
3. 資料擴增是微調原本的資料 (例如翻轉、旋轉、縮放圖片)，好產生新資料來增加訓練集內容，藉此讓訓練資料更多元、以提高準確率並降低過度適配情形。

4-4 自訂模型架構

4-4-1 使用 AutoModel 自訂圖像模型的搜尋空間

若你具備一些 DL 的相關知識、並曾應付過類似的問題，心裡對於你想要的網路架構已經有個底，你就可以進一步縮小 AutoKeras 要搜尋的超參數範圍、甚至指定網路層的組成方式等等。例如，我們看到前面得出的最佳模型是以 EfficientNet B7 為基礎，那麼我們也可以要求 AutoKeras 只使用 EfficientNet 進行訓練，好跳過使用普通 CNN 或 ResNet 之類的模型。

為了自訂模型架構，我們要用 AutoKeras 的 **AutoModel** 類別來取代 ImageClassifier。AutoModel 能讓我們自訂模型的輸出入形式，以及中間想加入的各種資料預處理層及網路層 (以『區塊』類別表示), 寫法上十分類似 Keras 的函數式 API (Functional API)。AutoKeras 會從你給予的架構來試驗不同的超參數，嘗試從中找出最佳結果。

進一步細節請看以下範例，我們要修改原本直接使用 ImageClassifier 的版本：

In

```
# 建立一個回呼函式, 訓練時若指標 val_loss 連續 2 次
# 沒有進步就換下一個模型
cbs = [
    tf.keras.callbacks.EarlyStopping(patience=2)
]

# 建立模型的輸出入節點 (node):

# 圖像輸入節點
input_node = ak.ImageInput()

# 輸出節點 (串連輸入節點)
# 圖像處理區塊, 指定使用 EfficientNet, 啟用正規化但關閉圖像資料擴增
output_node = ak.ImageBlock(
    block_type='efficient',
    normalize=True, augment=False)(input_node)
# 分類區塊
output_node = ak.ClassificationHead()(output_node)
```

→ 接下頁

```
# 用 AutoModel 建立模型並測試 10 個模型
clf = ak.AutoModel(
    # 指定輸出入節點
    inputs=input_node, outputs=output_node, max_trials=10)

# 訓練模型
clf.fit(x_train, y_train, callbacks=cbs)
```

我們可將上面的節點與區塊的關係畫成如下圖表：

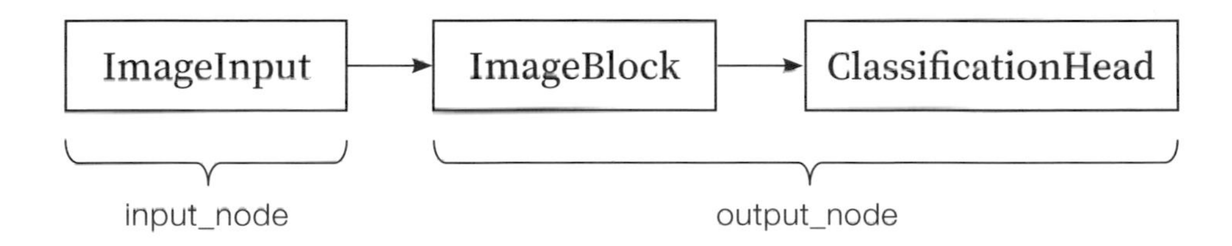

現在我們來更深入解釋各個節點與區塊的意義。

- **input_node** 代表輸入節點，我們使用 AutoKeras 的 **ImageInput** 類別來建立，代表輸入資料是圖像。

- **output_node** 代表輸出節點，當中使用 **ImageBlock** 類別來建立影像區塊 (block)。此區塊的 **block_type** 參數用來指定要搜尋的網路架構，字串 'efficient' 表示只搜尋 EfficientNet 架構 (包含 B0~B7)。該參數能設置的值包括如下：

block_type 參數	神經網路架構
'vanilla'	普通 CNN (預設為 2 層)
'resnet'	ResNet (v1 或 v2)
'xception'	Xception
'efficient'	EfficientNet (B0~B7)

小編補充

ResNet 是微軟於 2015 年提出的深度殘差網路架構，其原理前面已經提過。

至於 Google 於 2016 年提出的 **Xception** 結構上以 ResNet 為基礎，但將卷積層換為 Depthwise separable convolution (深度可分離卷積) 來減少卷積層的計算參數數量。舉例來說，在對 RGB 圖像做卷積操作時，所有過濾器產生的特徵圖會疊在一起，而對此特徵圖做池化處理時的計算量就會很大。可分離卷積便是對每個過濾器的特徵圖 (比如 R, G, B 各層) 個別做池化，再將結果疊起來做第二次池化，好在幾乎不影響效能的前提下大幅減少運算資源。

此外 ImageBlock 的 normalize 參數設為 True, 代表對圖像資料做正規化，但 augment 參數在此設為 False, 代表不做圖像擴增。假如這些參數沒有明確指定，那麼 AutoKeras 會自己決定是否在試驗模型時啟用它們。

- 接著我們對輸出節點套用 **ClassificationHead** 類別，這能使它輸出我們要的分類預測結果，讓模型變成分類器。

- 最後，我們以 AutoModel 建立模型，提供它的輸出入節點，並指定 max_trials 為 10 (搜尋 10 種網路架構)。

- 在呼叫模型的 fit() 方法時，我們用 callbacks 參數指定了一個 Keras 回呼函式 **EarlyStopping**。在訓練的每一個週期 (epoch) 之後，這個函式都會被呼叫；此處的 patience 參數設為 2, 表示若目標指標 val_loss 連續 2 個週期都未能降低，AutoKeras 就會停止訓練這個模型、並試驗下一個。(預設情況下，AutoKeras 會在指標連續 10 次未降低時才跳過模型。)

小編補充：手動提前中止訓練

若你將 max_trials 設了一個較大的數字，結果發現 AutoKeras 在中途已經訓練出表現相當不錯的模型，該怎麼提早停止呢？這時你就可以用個小技巧，強迫剩餘的模型通通直接跳過。

先中斷訓練，將 fit() 的 epochs 參數設為 0 或 1，然後重新執行：

```
clf.fit(x_train, y_train, callbacks=cbs, epochs=0)
```

如此一來便能強迫模型直接跳過不訓練（有些模型可能至少需要訓練 1 週期）。等到畫面上顯示以下字樣時：

```
INFO:tensorflow:Oracle triggered exit
```

這代表所有模型都已經檢視完畢，AutoKeras 將會拿最佳模型再訓練一次。不過，既然 epochs 參數設為 0，這會導致最終訓練同樣被直接跳過。

因此請再度中斷訓練，移除 epochs 參數，並執行最後一次。這就應該能讓 AutoKeras 正常訓練並輸出最佳模型了。

4-4-2 進一步微調 AutoModel

在本書接下來各章中，我們會看到 AutoModel 在不同情境下的各種範例，這裡我們先來看一個更進階的寫法。例如，前面程式中的 ImageBlock 雖然被指定使用 EfficientNet 模型，但它會試驗 B0~B7 在內的所有模型。

以下我們直接在自訂模型中加入 EfficientNetBlock 區塊，要求 AutoModel 使用 B7 版本並沿用預先訓練好的權重：

In

```
import tensorflow as tf

cbs = [
    tf.keras.callbacks.EarlyStopping(patience=2)
]

# 圖像輸入節點
input_node = ak.ImageInput()

# 輸出節點：
# 正規化層
output_node = ak.Normalization()(input_node)
# EfficientNet B7 區塊, 沿用預訓練權重
output_node = ak.EfficientNetBlock(
    version='b7', pretrained=True)(output_node)
# 分類區塊
output_node = ak.ClassificationHead()(output_node)

# 設定 AutoModel
clf = ak.AutoModel(inputs=input_node, outputs=output_node,
    tuner='bayesian', max_trials=10)

# 訓練模型
clf.fit(x_train, y_train, callbacks=cbs)
```

注意到 EfficientNetBlock 的 **pretrained** 參數被設為 True, 這麼一來 AutoKeras 就會沿用 EfficientNet 針對 ImageNet 圖像分類資料庫 (包含 1400 萬張圖像、有 2 萬多個分類) 事先訓練好的模型權重，以減少從頭自行訓練的時間。這種方式即稱為**遷移學習 (transfer learning)**。

小編補充：AutoModel 的超參數搜尋行為

各位務必注意的是，上面的行為看起來很像在用 Keras Functional API 明確指定模型架構，但這只是在定義 AutoKeras 能搜尋的超參數範圍而已。理論上試驗的超參數越少，訓練時間應該會更快，但實際上並無法保證能如此，甚至也不見得會訓練出更佳結果。

→ 接下頁

在使用 ImageClassifier 類別時，它會從三個預先決定好的模型架構來試驗（本章結尾列出了這些模型的架構，而它們就足以應付絕大多數任務）。然而在使用 AutoModel 時，它**只能**從使用者給予的選項中加以排列組合，搜尋起點也是隨機的。因此，除非是像下一章的文本分析一樣，預設模型有可能花太多時間訓練、需要用 AutoModel 避開它，不然使用 ImageClassifier 之類的類別仍是較簡單的選擇。

此外，當你執行訓練時，會看到 AutoKeras 輸出類似如下的超參數清單：

```
Hyperparameter     |Value
efficient_net_b...|False
efficient_net_b...|False
classification_...|flatten
classification_...|0
optimizer          |adam
learning_rate      |0.001
```

若想了解這些超參數的完整名稱以及 AutoKeras 會試驗的選項，可以在記錄模型的資料夾（例如 image_classifier 或 auto-model）底下檢視檔案 oracle.json 的內容。該檔案內有個 JSON 字串，包含以下的鍵：

超參數	意義	選項
efficient_net_block_1/trainable	EfficientNet 權重是否可訓練	true/false
efficient_net_block_1/imagenet_size	是否將輸入圖像放大到 ImageNet 大小	true/false
classification_head_1/spatial_reduction_1/reduction_type	全域池化層類型	flatten/global_max/global_avg
classification_head_1/dropout	分類層的 dropout 率	0/0.25/0.5
optimizer	優化器	adam/sgd/adam_weight_decay
learning_rate	學習率	0.1/0.01/0.001/0.0001/2e-05/1e-05

→ 接下頁

一般情況下，以上參數都會由 AutoKeras 自動調校。例如，imagenet_size 被設為 true 時，就會將輸入圖像放大到 EfficientNet 模型預訓練時使用的 ImageNet 圖像大小，這會降低訓練速度，但反過來說通常也能提高訓練效果。

而在呼叫 clf.fit() 時，你也可以指定該方法的 tuner 參數，好決定 AutoModel 會如何搜尋超參數：

tuner 參數	意義	行為
'greedy'	貪婪搜尋 (預設)	每次調整一個超參數，測試所有可能性。(AutoKeras 會以目前表現最好的模型為出發點去微調，也有可能會重複測試同樣的模型。)
'bayesian'	貝氏搜尋	根據貝式定理來測試成功機率最高的超參數組合 (每個模型都會更改多個超參數)。
'hyperband'	Hyperband 搜尋	對不同超參數組合的模型各訓練 2 次，再拿表現最好者來進一步訓練。
'random'	隨機搜尋	在每個模型隨機調整超參數。

一般來說，貪婪搜尋執行時間較長，會花更多時間在單一模型的訓練，但也比較有機會取得更加的訓練成果。因此在本書的所有範例都是沿用預設的貪婪搜尋。

AutoModel 的另一個使用場合，是模型有多重輸入和輸出、或者要進行多重任務，使得 ImageClassifier 這類內建分類器無法適用的時候。本書將在第 8 章進一步探討這部分。

為了進一步減少自訂模型要搜尋的超參數數量，我們進一步參考前面的模型結果，加入 SpatialReduction 區塊 (池化層), 並指定池化方式為 global_avg (global average pooling), 同時限制分類區塊的 dropout 超參數為 0 (也就是不做 dropout)：

In

```
cbs = [
    tf.keras.callbacks.EarlyStopping(patience=2)
]

input_node = ak.ImageInput()
output_node = ak.Normalization()(input_node)
output_node = ak.EfficientNetBlock(
    version='b7', pretrained=True)(output_node)
# 指定池化區塊使用 global average pooling
output_node = ak.SpatialReduction(
    reduction_type='global_avg')(output_node)
# 指定分類區塊將 dropout 率設為 0
output_node = ak.ClassificationHead(dropout=0)(output_node)

clf = ak.AutoModel(inputs=input_node, outputs=output_node, max_trials=10)
clf.fit(x_train, y_train, callbacks=cbs)
```

現在重新執行這個格子的程式碼，等待它訓練完成。你會發現要搜尋的超參數變少了，這使得 AutoModel 有機會更快找到表現較好的模型：

Out

```
Hyperparameter     |Value             |Best Value So Far
efficient_net_b...|False             |?
efficient_net_b...|False             |?
optimizer          |adam              |?
learning_rate      |0.001             |?
```

以下是最終訓練結果：

Out

```
Epoch 1/3
Not enough memory, reduce batch size to 16.
Epoch 1/3
Not enough memory, reduce batch size to 8.
Epoch 1/3
```

→接下頁

```
Not enough memory, reduce batch size to 4.
Epoch 1/3
12500/12500 [==============================] - 4303s 344ms/step - loss:
0.5157 - accuracy: 0.8419
Epoch 2/3
12500/12500 [==============================] - 4301s 344ms/step - loss:
0.0922 - accuracy: 0.9734
Epoch 3/3
12500/12500 [==============================] - 4314s 345ms/step - loss:
0.0311 - accuracy: 0.9915 ◄── 對訓練集的準確率 99.15%
```

4-4-2 使用測試集評估模型

訓練完成後，我們就能用先前保存的測試集來衡量模型的真實預測能力：

In

```
clf.evaluate(x_test, y_test)
```

以下是輸出的結果：

Out

```
Not enough memory, reduce batch size to 16.
625/625 [==============================] - 121s 192ms/step - loss: 0.1472
- accuracy: 0.9576
[0.14716355502605438, 0.9575999975204468]
```

對測試集的預測準確率達到 95.76%。考慮到這回我們沒有啟用圖像擴增，這樣的結果已經十分接近之前用 ImageClassifier 訓練出的結果。

4-4-3 匯出 Keras 模型並儲存／載入

取得最佳的分類器並匯出為 Keras 模型後，我們可以將它儲存在磁碟中，以便日後重複使用：

In

```
model = clf.export_model()  # 轉為 Keras 模型
model.save('cifar_best_model')  # 儲存 Keras 模型
```

模型會儲存在程式檔所在目錄的 /cifar_best_model 下。之後只要如下重新讀取它，就能再次拿來預測資料：

In

```
from tensorflow.keras.models import load_model

# 載入模型
keras_model = load_model(
    'cifar_ best _model', custom_objects=ak.CUSTOM_OBJECTS)

# 用載入的模型重新評估測試集
loaded_model.evaluate(x_test, y_test)
```

load_model() 使用 custom_objects 參數來表明模型會是一個 AutoKeras 模型（畢竟它並不是純粹的 Keras 模型）。模型載入以後，我們可呼叫其 summary() 方法來檢視模型摘要：

[In

```
keras_model.summary()
```

Out

```
Model: "model"
_________________________________________________________________
Layer (type)                 Output Shape              Param #
=================================================================
input_1 (InputLayer)         [(None, 32, 32, 3)]       0
_________________________________________________________________
cast_to_float32 (CastToFloat (None, 32, 32, 3)         0
_________________________________________________________________
normalization (Normalization (None, 32, 32, 3)         7
_________________________________________________________________
resizing (Resizing)          (None, 224, 224, 3)       0
_________________________________________________________________
efficientnetb7 (Functional)  (None, None, None, 2560)  64097687
_________________________________________________________________
global_average_pooling2d (Gl (None, 2560)              0
_________________________________________________________________
dense (Dense)                (None, 10)                25610
_________________________________________________________________
classification_head_1 (Softm (None, 10)                0
=================================================================
Total params: 64,123,304
Trainable params: 63,812,570
Non-trainable params: 310,734
_________________________________________________________________
```

4-4-4 用載入的模型進行預測

載入後的模型也可以呼叫 predict() 方法來做預測：

In

```
predicted = keras_model.predict(x_test)
predicted
```

Out

```
array([[6.87873353e-07, 1.75417981e-07, 2.63548009e-06, ...,
        1.49154769e-08, 2.59332683e-06, 4.71764480e-07],
       [6.06414687e-07, 2.65215731e-05, 6.23582181e-08, ...,
        1.57534305e-06, 9.99971151e-01, 5.48047563e-09],
       [1.91827098e-06, 1.48676481e-04, 6.13287341e-08, ...,
        1.79204126e-05, 9.99816954e-01, 1.87069884e-06],
       ...,
       [4.07918764e-04, 1.20171411e-04, 1.25854393e-03, ...,
        6.50411966e-05, 5.08068013e-04, 4.03025682e-04],
       [7.48939965e-06, 9.99976277e-01, 6.61474542e-06, ...,
        4.88775129e-07, 1.13500755e-08, 1.70875026e-07],
       [1.63279719e-08, 1.07976248e-05, 5.36023526e-06, ...,
        9.99837399e-01, 3.68215319e-06, 2.05251027e-07]], dtype=float32)
```

要注意 Keras 模型物件的 predict() 方法傳回的是每個標籤的預測機率，所以我們得用 ndarray 的 argmax() 取出機率最高的索引，對應到最終的預測標籤 0~9：

In

```
predicted_classes = predicted.argmax(axis=1)
predicted_classes
```

Out

```
array([3, 8, 8, ..., 5, 1, 7], dtype=int64)
```

深入了解模型對各標籤的預測效果

前面的 evaluate() 方法只能測量模型對測試集的預測準確率 (accuracy)，也就是在預測出來的標籤中，預測正確的比率有多少。

假如你想知道模型對於測試集個別標籤 (不同的分類) 的預測效果，我們可使用 scikit-learn 的 classification_report 函式：

→ 接下頁

In

```
from sklearn.metrics import classification_report

# 分類標籤
labels = ('airplane', 'automobile', 'bird',
    'cat', 'deer', 'dog', 'frog',
    'horse', 'ship', 'truck')

# 用測試集、預測結果和分類標籤產生報告
print(classification_report(
    y_test, predicted_classes, target_names=labels))
```

這會產生如下的報表：

Out

```
              precision    recall  f1-score   support

    airplane       0.97      0.98      0.97      1000
  automobile       0.98      0.97      0.98      1000
        bird       0.95      0.97      0.96      1000
         cat       0.94      0.89      0.91      1000
        deer       0.98      0.93      0.95      1000
         dog       0.87      0.96      0.91      1000
        frog       0.99      0.97      0.98      1000
       horse       0.97      0.96      0.97      1000
        ship       0.97      0.98      0.98      1000
       truck       0.97      0.96      0.97      1000

    accuracy                           0.96     10000
   macro avg       0.96      0.96      0.96     10000
weighted avg       0.96      0.96      0.96     10000
```

由上可見，classification_report 列出了每個分類的預測精準率 (precision)、召回率 (recall) 和 f1-score (見第 1 章 1-1-5), 使我們能更了解模型的實際預測表現。

接下來我們要來處理非分類的問題。在以下範例中，我們將建立一個有意思的實驗——用網路名人的照片來建立人臉年齡預測器。

4-5 建立可推斷人物年齡的圖像迴歸模型

在這個小節中，我們會使用 IMDB-WIKI 圖像資料集 (https://data.vision.ee.ethz.ch/cvl/rrothe/imdb-wiki/)。這個資料集又分成 IMDb (Internet Movie Database) 及 Wiki (維基百科) 兩部分，我們要使用的是後者，包含約五萬張已裁切好的名人人臉圖片，其檔名則會包含該人物的生日以及照片的拍攝年份，使我們能計算出照片中人物的年紀。

以下是這個人臉資料集的部份樣本：

23300_1962-06-19_2011.jpg 37500_1944-01-23_2010.jpg 51800_1942-02-01_2007.jpg 67000_1947-05-13_2007.jpg 69300_1950-05-11_2009.jpg 81800_1986-06-13_2011.jpg

208200_1921-11-03_1966.jpg 262800_1943-04-06_2011.jpg 305500_1940-09-18_1963.jpg 311200_1943-09-21_2013.jpg 311900_1959-03-29_2010.jpg 324100_1939-04-01_1982.jpg

467400_1984-06-30_2009.jpg 487200_1890-12-11_1964.jpg 489500_1970-05-05_2006.jpg 493900_1952-08-18_2006.jpg 518700_1981-09-12_2012.jpg 537800_1931-02-09_1974.jpg

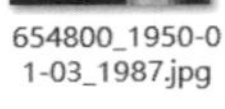

644300_1973-02-04_2006.jpg 654200_1978-10-13_2014.jpg 654800_1950-01-03_1987.jpg 663500_1936-11-25_2013.jpg 674500_1945-05-14_1964.jpg 681100_1959-10-10_2010.jpg

每張圖的檔名會類似如下：

```
23300_1962-06-19_2011.jpg
```

其中 1962-06-19 為該名人的生日，2011 是照片的拍攝年代，因此可知圖中人物的年紀為 2011 - 1962 - 1 = 48 歲。

★提示 範例程式：chapter04\notebook\age.ipynb 及 chapter04\py\age.py

4-5-1 安裝與匯入套件

首先，Notebook 的第一個區塊是安裝 AutoKeras 以及 OpenCV, 後者是常用於電腦視覺處理的套件，可協助我們將圖片讀取為 ndarray 並做初步處理：

In

```
!pip3 install autokeras opencv-python
```

接著如下匯入本實驗要使用的套件：

In

```
import os, cv2
from datetime import datetime
import numpy as np
import matplotlib.pyplot as plt
import autokeras as ak
```

4-5-2 下載 Wiki 人臉資料集

如果你使用 Google Colab 或在 Linux 機器上操作，可用以下指令下載並解壓縮圖像資料集 (**wget** 與 **tar** 皆為 Linux 環境指令)：

In

```
!wget https://data.vision.ee.ethz.ch/cvl/rrothe/imdb-wiki/static/ 接下行
wiki_crop.tar
!tar --no-overwrite-dir -xf wiki_crop.tar
```

若是 Windows 使用者，請自行下載以下檔案，並將檔案內的 /wiki_crop 資料夾解壓縮到你的 .ipnyb 或 .py 檔所在的資料夾：

https://data.vision.ee.ethz.ch/cvl/rrothe/imdb-wiki/static/wiki_crop.tar。

4-5-3 預處理並分割資料集

在將資料集傳入神經網路模型之前，我們得先對圖像做一些預處理：

- 將大小不一的圖檔統一成相同的尺寸 (128 x 128 像素)。若圖檔邊長僅為 1 像素，代表它們是破圖，必須略過。
- 將彩色與灰階圖片一律轉換為灰階，順便降低模型需處理的資料量。
- 從圖檔檔名讀取生日及照片年分，計算出圖中人物的年紀，並儲存為資料集的目標值。(年齡未落在正常範圍就是無效資料，同樣略過。)

為了完成這個處理，我們撰寫一個函式，它會用 os 模組走訪 wiki_crop 資料夾的所有的子目錄、讀取副檔名為 .jpg 的圖片，將之轉為 128 x 128 像素灰階圖像陣列，並從檔名的日期推算圖中人物年齡：

In

```
dataset_dir = './wiki_crop'  # 前面解壓縮得到的目錄名稱

def load_age_dataset():  # 讀取資料集的函式
    x = []
    y = []

    # 走訪所有子目錄
    for root, _, files in os.walk(dataset_dir):
        for file in files:
            try:
                # 若附檔名不是 .jpg 就跳過
                if not file.endswith('.jpg'):
                    continue
                # 取得檔名
                fname = os.path.join(root, file)
                # 以底線分割檔名 (傳回的串列中, 第 2 個是人物生日,
                # 第 3 個是照片年分)
                fname_data = file.replace('.jpg', '').split('_')
                birth_year = datetime.strptime(
                    fname_data[1], '%Y-%m-%d').year
                # 人物的年齡為照片年分減生日再減 1
                now_year = int(fname_data[2])
                age = now_year - birth_year - 1
                # 如果年齡範圍不正確, 是無效圖片, 跳過
                if age <= 0 or age >= 116:
                    continue
                # 讀取圖檔為 ndarray 並從 BGR 轉灰階
                # (OpenCV 預設的色彩格式為 BGR 而非 RGB)
                img = cv2.cvtColor(cv2.imread(fname), cv2.COLOR_BGR2GRAY)
                # 若圖像邊長是 1, 表示是破圖, 跳過
                if img.shape[0] <= 1:
                    continue
```

→ 接下頁

```
                # 調整圖像大小為 128 x 128
                img = cv2.resize(img, (128, 128))
                # 將圖像 (資料) 和年齡 (目標) 放入 x, y 串列
                x.append(img)
                y.append(age)
            except:
                pass

    # 將 x, y 串列本身轉為 ndarray 後傳回
    x = np.array(x, dtype='uint8')
    y = np.array(y, dtype='float32')
    return x, y

# 透過以上函式讀取資料集
x, y = load_age_dataset()
```

執行以上程式，它會花上幾分鐘時間，直到 wiki_crop 內所有的有效圖檔都被讀取和處理過：

Out

```
processing ./wiki_crop\00\10049200_1891-09-16_1958.jpg ...
processing ./wiki_crop\00\10110600_1985-09-17_2012.jpg ...
processing ./wiki_crop\00\10126400_1964-07-07_2010.jpg ...
processing ./wiki_crop\00\1013900_1917-10-15_1960.jpg ...
processing ./wiki_crop\00\10166400_1960-03-12_2008.jpg ...
processing ./wiki_crop\00\102100_1970-10-09_2008.jpg ...
processing ./wiki_crop\00\1024100_1982-06-07_2011.jpg ...
processing ./wiki_crop\00\10292500_1984-03-26_2009.jpg ...
...(以下略)
processing ./wiki_crop\99\981199_1954-12-30_2006.jpg ...
processing ./wiki_crop\99\9863599_1948-08-13_1963.jpg ...
processing ./wiki_crop\99\995799_1978-01-27_2011.jpg ...
```

接著我們便能把資料分割為訓練集和測試集。以下我們就用 scikit-learn 套件提供的 train_test_split() 函式來做到這點：

In

```
from sklearn.model_selection import train_test_split

# 分割資料集
x_train, x_test, y_train, y_test = train_test_split(
    x, y, test_size=0.2, random_state=10)

# 檢視圖像測試集與訓練集的形狀
print(x_train.shape)
print(x_test.shape)
```

這會印出以下結果：

Out

```
(42392, 128, 128)
(10599, 128, 128)
```

可見有效圖像總計有 42392 + 10599 = 52991 個。

小編註：上面 random_state 參數設為 10 其實也沒有特別的意義，只是這能剛好讓我們在下面印出測試集的圖像時，能有一些比較適合展示的圖像 (有些圖像的人像太小，印出來其實很難看清楚)。注意在 Google Colab 執行時，檔案走訪的順序會有些不同，連帶讓你印出的測試集圖像與本書有出入。

為了了解此資料集中的年齡分布狀況，我們來用以下程式碼繪製訓練集與測試集的直方圖：

In

```
fig = plt.figure()
# x 軸刻度為 0, 20, 40, 60... 直到 120
bin = np.arange(0, 140, 20)
```

→ 接下頁

```
ax = fig.add_subplot(1, 2, 1)
ax.set_xticks(bin)
plt.hist(y_train, bins=bin.size*5)
ax.set_title('Train dataset histogram')

ax = fig.add_subplot(1, 2, 2)
ax.set_xticks(bin)
plt.hist(y_test, bins=bin.size*5)
ax.set_title('Test dataset histogram')

plt.tight_layout()
plt.show()
```

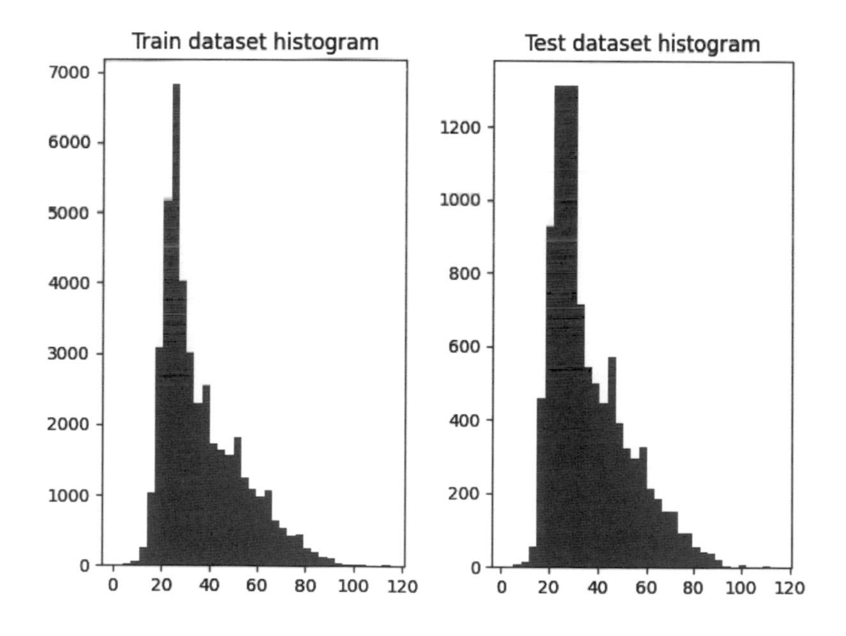

可見圖庫中的人物年齡以 20、30 歲左右為大宗，分割後兩個資料集的分佈仍大致相同。

下面我們來印出測試集的一些樣本，觀察經過 Open CV 預處理之後的效果：

In

```
fig = plt.figure(figsize=(16, 6))

for i in range(10):
    ax = fig.add_subplot(2, 5, i + 1)
    ax.set_axis_off()
    plt.imshow(x_test[i], cmap='gray')
    ax.set_title(f'Age: {round(y_test[i])}')

plt.tight_layout()
plt.show()
```

這會產生以下圖像：

現在我們有了大小全部相同 (128 x 128) 並分割成兩個資料集的灰階圖像，每張圖也都有對應的年齡目標值，就可以準備拿來傳入模型了。

4-5-4 迴歸模型的建立與訓練

由於我們現在想要預測的是年齡，這是一個純量而非分類，所以正常情況下我們可和第 2 章一樣使用 AutoKeras 的 ImageRegressor 來建立迴歸器。不過，下面我們要和前面的 CIFAR-10 資料集一樣使用 AutoModel, 並指定它採用 EfficientNet 來訓練模型：

In

```
cbs = [
    tf.keras.EarlyStopping(patience=3)
]

# 圖像輸入節點
input_node = ak.ImageInput()

# 輸出節點：
# 圖像區塊
output_node = ak.ImageBlock(
    block_type='efficient',
    normalize=True, augment=True)(input_node)
# 迴歸區塊
output_node = ak.RegressionHead()(output_node)

# 用 AutoModel 建立迴歸器
reg = ak.AutoModel(
    inputs=input_node, outputs=output_node, max_trials=20)

# 訓練迴歸器
reg.fit(x_train, y_train, callbacks=cbs)
```

這回我們使用 ImageBlock, 讓 AutoKeras 在 EfficientNet B0~B7 之間自行試驗，並且將 **normalize**（正規化）及 **augment**（圖像擴增）參數設為 True, 好增加訓練樣本。既然沒有指定 tuner 參數，它預設會使用貪婪搜尋，而 max_trials 則設為 20, 以便增加找到最佳模型的機會。

我們也同樣加入回呼函式 EarlyStopping, 讓每個模型在連續 3 週期的訓練沒有進步時就換到下一個模型。最後，輸出節點 output 的結尾串連到 **RegressionHead()**, 好讓模型輸出迴歸預測值。

然後我們就能呼叫模型的 fit() 來訓練它，搜尋最佳化的迴歸器。在訓練完 20 個模型後，AutoKeras 會針對最佳模型進行最終訓練，並輸出結果如下：

Out

```
Epoch 1/2
Not enough memory, reduce batch size to 16.
Epoch 1/2
2650/2650 [==============================] - 843s 317ms/step - loss:
178.7387 - mean_squared_error: 178.7387
Epoch 2/2
2650/2650 [==============================] - 854s 322ms/step - loss:
110.3547 - mean_squared_error: 110.3547
```

結果顯示訓練集目標值的 MSE 損失值為 110.35, 這表示其平方根就是模型預測年齡的平均誤差 (約為 10.5 歲)。

4-5-5 使用測試集評估模型

訓練完成後，我們就能使用測試集來衡量模型真正的預測能力了，好釐清訓練集的預測結果是否有過度配適現象。我們可執行以下程式碼：

In

```
reg.evaluate(x_test, y_test)
```

得到的輸出結果如下：

```
332/332 [==============================] - 37s 101ms/step - loss:
104.3564 - mean_squared_error: 104.3564
[104.3564224243164, 104.3564224243164]
```

這表示測試集年齡的平均預測誤差為 104.3564 的平方根 10.22, 也就是模型對測試集人物的平均年齡預測會落在正負 10.22 歲之間 , 與前面的訓練結果相近。要是我們讓 AutoModel 試驗更多模型 , 就有機會進一步縮小這個差距。

總之 , 我們可以先來看看此模型對於測試樣本的預測表現：

In

```
# 預測測試集前 10 筆圖像, 並轉成浮點數
predicted = reg.predict(x_test[:10]).flatten().astype('float32')

fig = plt.figure(figsize=(16, 6))
for i in range(10):
    ax = fig.add_subplot(2, 5, i + 1)
    ax.set_axis_off()
    plt.imshow(x_test[i], cmap='gray')
    # 在標題顯示四捨五入過的預測/實際年齡
    ax.set_title(f'Predicted: {round(predicted[i])},\nReal: {round(y_
test[i])}')

plt.tight_layout()
plt.show()
```

以下是上面程式碼的輸出結果：

現在，我們來進一步查看這個分類器的架構，好了解它是如何運作的。

4-5-6 將模型視覺化

現在我們可以利用以下程式碼來檢視找到的最佳化模型的架構概要：

In

```
model = reg.export_model()
model.summary()
```

以下是輸出結果：

```
Model: "model"
__________________________________________________________________________________________________
Layer (type)                    Output Shape         Param #     Connected to
==================================================================================================
input_1 (InputLayer)            [(None, 128, 128)]   0
__________________________________________________________________________________________________
cast_to_float32 (CastToFloat32) (None, 128, 128)     0           input_1[0][0]
__________________________________________________________________________________________________
expand_last_dim (ExpandLastDim) (None, 128, 128, 1)  0           cast_to_float32[0][0]
__________________________________________________________________________________________________
normalization (Normalization)   (None, 128, 128, 1)  3           expand_last_dim[0][0]
__________________________________________________________________________________________________
random_flip (RandomFlip)        (None, 128, 128, 1)  0           normalization[0][0]
__________________________________________________________________________________________________
concatenate (Concatenate)       (None, 128, 128, 3)  0           random_flip[0][0]
                                                                 random_flip[0][0]
                                                                 random_flip[0][0]
__________________________________________________________________________________________________
efficientnetb6 (Functional)     (None, None, None, 2 40960143    concatenate[0][0]
__________________________________________________________________________________________________
dropout (Dropout)               (None, 4, 4, 2304)   0           efficientnetb6[0][0]
__________________________________________________________________________________________________
flatten (Flatten)               (None, 36864)        0           dropout[0][0]
__________________________________________________________________________________________________
regression_head_1 (Dense)       (None, 1)            36865       flatten[0][0]
==================================================================================================
Total params: 40,997,011
Trainable params: 40,772,569
Non-trainable params: 224,442
__________________________________________________________________________________________________
```

其中的關鍵部分為 EfficientNet B6 卷積層，負責從圖像中學習 patterns, 好幫助模型進行預測。在 EfficientNet 前面有正規化和負責隨機翻轉圖像的層，後面也有 dropout 層來隨機丟棄一些神經元輸出值，好降低訓練時的過度配適現象。

至於在模型結尾，則可以看到 flatten 層，意思是 EfficientNet 層輸出的結果會被壓平 (flatten) 成一維陣列，好輸入給迴歸區塊 (包含 dropout 層和全連接層), 以便將預測結果輸出轉為純量 (年齡)。

以下則是這個模型的另一個視覺化結果：

In

```
from tensorflow.keras.utils import plot_model
plot_model(model)
```

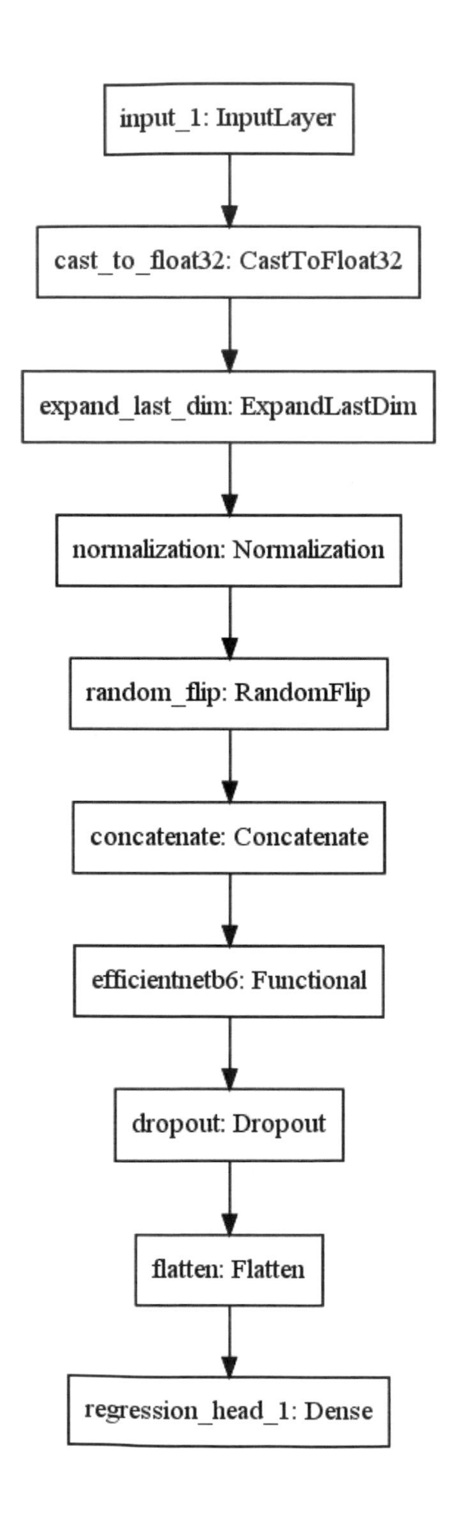
input_1: InputLayer
cast_to_float32: CastToFloat32
expand_last_dim: ExpandLastDim
normalization: Normalization
random_flip: RandomFlip
concatenate: Concatenate
efficientnetb6: Functional
dropout: Dropout
flatten: Flatten
regression_head_1: Dense

更進一步的 AutoModel 自訂模型寫法

現在我們得到以上的模型架構，你就可以在定義 AutoModel 模型的搜尋空間時更進一步指定超參數：

In

```
cbs = [
    tf.keras.callbacks.EarlyStopping(patience=3)
]

# 輸入節點
input_node = ak.ImageInput()

# 輸出節點：
# 正規化區塊
output_node = ak.Normalization()(input_node)
# 圖像擴增區塊
output_node = ak.ImageAugmentation()(output_node)
# EfficientNet 區塊, 指定用 B6 模型
output_node = ak.EfficientNetBlock(version='b6')(output_node)
# 池化區塊, 使用 flatten 法 (攤平陣列, 不池化)
output_node = ak.SpatialReduction(
    reduction_type='flatten')(output_node)
# 迴歸區塊
output_node = ak.RegressionHead(dropout=0.25)(output_node)

reg = ak.AutoModel(inputs=input_node, outputs=output_node, 接下行
max_trials=20)
reg.fit(x_train, y_train, callbacks=cbs)
```

ImageAugmentation 區塊本身也有許多參數，可以指定圖像擴增的方式 (未指定時則由 AutoKeras 自動搜尋)。這部分的細節可參考官方文件：https://autokeras.com/block/。

當然，假如我們在前面的範例中測試更多模型，所得到的最佳模型的架構或許仍會和上面的搜尋空間所有出入。

4-5-7 重新載入最佳模型

使用 AutoModel 進行訓練時，它會在程式檔的執行資料夾建立 auto_model 目錄來記錄模型訓練過程，以及目前為止找到的最佳模型。

前面我們看過你可用 model.save() 來儲存 Keras 模型，但其實 AutoKeras 找到的最佳模型已經儲存在 **auto_model/best_model** 底下。因此，你可直接從此處匯入這個模型並使用之：

In

```
from tensorflow.keras.models import load_model

# 從同目錄的 auto_model/best_model 載入最佳模型
loaded_model = load_model('./auto_model/best_model',
    custom_objects=ak.CUSTOM_OBJECTS)

# 用載入的模型評估預測效果
loaded_model.evaluate(x_test, y_test)
```

4-6 總結

在本章節中，我們了解了卷積網路是如何運作的、如何實作圖像分類器、以及如何自訂 AutoKeras 的模型。我們也學會如何用類似的方式實作圖像迴歸器，以及在訓練完成後怎麼重新載入模型。

在下一章，我們將學習如何處理文本 (文字)、情感及主題的分類／迴歸任務，並同樣以 AutoKeras 來實作分類與迴歸模型。

延伸閱讀

- Convolutional Neural Networks : Understand the Basics：https://www.analyticsvidhya.com/blog/2021/05/convolutional-neural-networks-understand-the-basics
- Gradient-based learning applied to document recognition (CNN 始祖論文)：https://ieeexplore.ieee.org/document/726791
- Network In Network (global pooling 論文)：https://arxiv.org/abs/1406.4729
- Deep Residual Learning for Image Recognition (ResNet 論文)：https://arxiv.org/abs/1512.03385
- Xception: Deep Learning with Depthwise Separable Convolutions：https://arxiv.org/abs/1610.02357
- EfficientNet: Rethinking Model Scaling for Convolutional Neural Networks：https://arxiv.org/abs/1905.11946
- 在 Keras 使用 EfficientNet (含各模型的輸入影像大小)：https://keras.io/examples/vision/image_classification_efficientnet_fine_tuning/

小編補充：ImageClassifier 的前三個預設模型

當 ImageClassifier 在訓練時，你能在 image_classifier 目錄 (或者你自訂的專案名稱) 下的 oracle.json 找到預設模型的結構。以下我們將它們完整列出，好供各位快速參考：

- 第 1 個預設模型 (兩層卷積層構成的 CNN)：

In

```
"image_block_1/block_type":"vanilla",
"image_block_1/normalize":true,
"image_block_1/augment":false,
"image_block_1/conv_block_1/kernel_size":3,
"image_block_1/conv_block_1/num_blocks":1,
"image_block_1/conv_block_1/num_layers":2,
"image_block_1/conv_block_1/max_pooling":true,
"image_block_1/conv_block_1/separable":false,
"image_block_1/conv_block_1/dropout":0.25,
"image_block_1/conv_block_1/filters_0_0":32,
"image_block_1/conv_block_1/filters_0_1":64,
"classification_head_1/spatial_reduction_1/reduction_
type":"flatten",
"classification_head_1/dropout":0.5,
"optimizer":"adam",
"learning_rate":0.001
```

- 第 2 個預設模型 (沿用預訓練權重的 ResNet50)：

In

```
"image_block_1/block_type":"resnet",
"image_block_1/normalize":true,
"image_block_1/augment":true,
"image_block_1/image_augmentation_1/horizontal_flip":true,
"image_block_1/image_augmentation_1/vertical_flip":true,
"image_block_1/image_augmentation_1/contrast_factor":0.0,
"image_block_1/image_augmentation_1/rotation_factor":0.0,
```

→ 接下頁

```
"image_block_1/image_augmentation_1/translation_factor":0.1,
"image_block_1/image_augmentation_1/zoom_factor":0.0,
"image_block_1/res_net_block_1/pretrained":false,
"image_block_1/res_net_block_1/version":"resnet50",
"image_block_1/res_net_block_1/imagenet_size":true,
"classification_head_1/spatial_reduction_1/reduction_type":"global_
avg",
"classification_head_1/dropout":0,
"optimizer":"adam",
"learning_rate":0.001
```

- 第 3 個預設模型 (沿用預訓練權重的 EfficientNet B7) ：

In

```
"image_block_1/block_type":"efficient",
"image_block_1/normalize":true,
"image_block_1/augment":true,
"image_block_1/image_augmentation_1/horizontal_flip":true,
"image_block_1/image_augmentation_1/vertical_flip":false,
"image_block_1/image_augmentation_1/contrast_factor":0.0,
"image_block_1/image_augmentation_1/rotation_factor":0.0,
"image_block_1/image_augmentation_1/translation_factor":0.1,
"image_block_1/image_augmentation_1/zoom_factor":0.0,
"image_block_1/efficient_net_block_1/pretrained":true,
"image_block_1/efficient_net_block_1/version":"b7",
"image_block_1/efficient_net_block_1/trainable":true,
"image_block_1/efficient_net_block_1/imagenet_size":true,
"classification_head_1/spatial_reduction_1/reduction_type":"global_
avg",
"classification_head_1/dropout":0,
"optimizer":"adam",
"learning_rate":2e-05
```

MEMO

05

運用 AutoKeras 進行文本、情感、主題的分類與迴歸

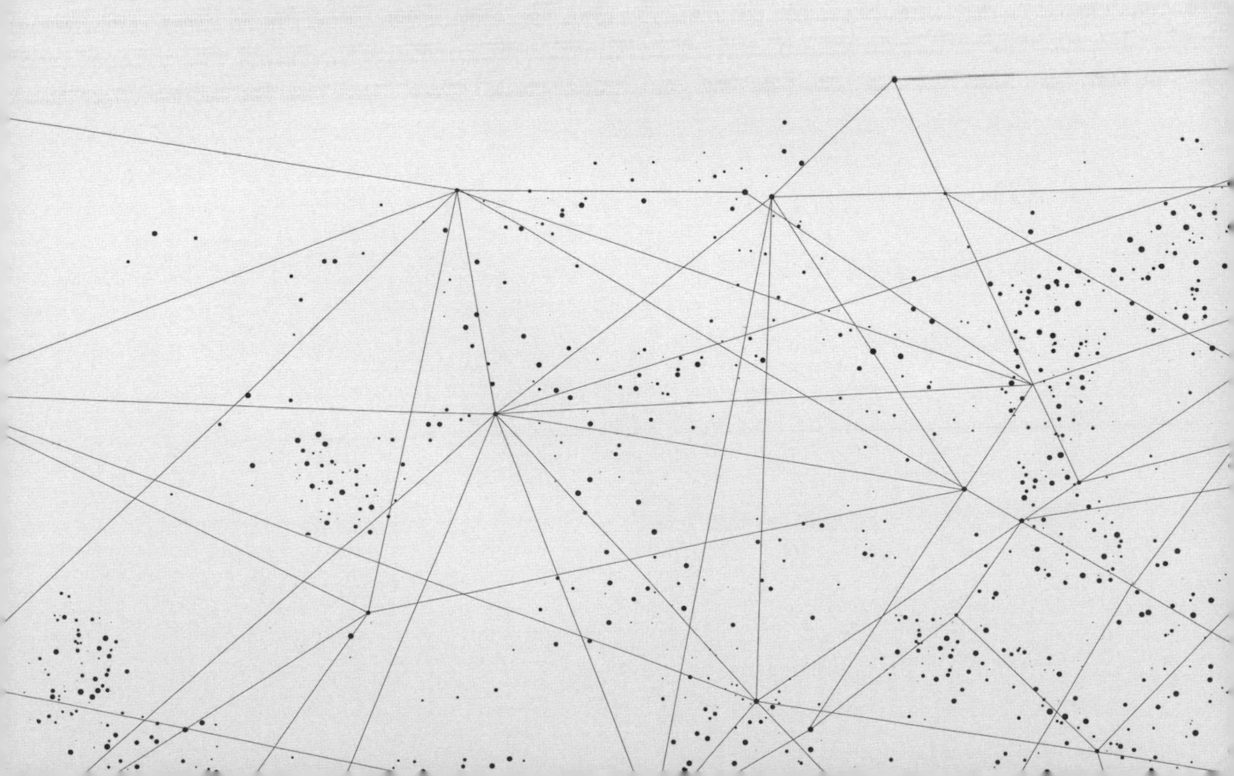

在本章中，我們會聚焦於 AutoKeras 在文本（一連串文字）上的處理。在本章介紹的數種文本處理任務，也很常被歸類於**自然語言處理 (Natural Language Processing, NLP)**。

在過去，文本處理任務是**循環神經網路 (recurrent neural networks, RNN)** 的天下，但如今人們發現處理圖像用的卷積神經網路 (CNN) 在文本處理方面也有很好的效果。本章我們會看一下什麼是 RNN, 它是怎麼運作的，和 CNN 在處理文本任務時又有何差異。

等本章結束後，各位就會知道如何運用 AutoKeras 來解決各種基於文本的問題，例如從推特推文中判斷發文情緒、或是過濾電子郵件中的垃圾郵件等等。

本章節涵蓋了以下主題：

- 文本資料處理
- 理解不同網路層用於文本資料處理的差異，包括 RNN 與 CNN
- 打造垃圾郵件偵測器
- 根據電影評論文字預測評分
- 理解情感分析
- 根據電影評論判斷文字情緒
- 理解主題分類
- 根據網路文章判定討論群組類型

★技術準備 使用 Google Colab 或 Jupyter Notebook 及安裝相關套件的方式請參閱第 2 章。

5-1 文本資料處理

AutoKeras 讓我們可以簡單快速地打造高效模型，處理基於文本的任務。有很多資料是文字，像是社交媒體貼文、聊天訊息、電子郵件、文章、書籍內文 ... 等等，這些對於 DL 模型其實是很棒的資料來源。因此這自然衍生出眾多基於文本的自動化分析，例如：

- **翻譯**：將來源文字從某種語言轉換為另一種語言。
- **聊天機器人**：使用 ML 模型模擬人類的對話。
- **情感分析**：分析文本資料來判別內文情緒。
- **垃圾郵件分類器**：使用 ML 模型分類電子郵件。
- **文本摘要**：自動產生文件摘要。
- **文本產生器**：從零自動產生一整份文件。

就如同在處理其他類型的資料一樣，AutoKeras 會包辦文本資料的所有預處理，讓我們可以直接把文本資料傳入模型中。不過在開始實作範例之前，我們先來了解 AutoKeras 到底做了哪些處理。

5-1-1 斷詞 (tokenization)

如同我們在之前學到的，神經網路接收的輸入資料是數值向量 (張量), 因此文字資料必須先經過**向量化 (vectorization)** ——將文本轉換為張量。然而在這麼做之前，我們必須先將文本切割為一個個單元 (units), 而切割方式又可分成如下：

- 以**單字**為單位：將文本切割為單字或詞。
- 以**字元**為單位：將文本切割為字元。
- 以 **N 元詞袋 (N-gram)** 為單位：N 元詞袋是依據重複出現的 N 個連續單字或字元來切割，產生的各個單位之間可能會有部分單字或字元重疊。

> **小編註**：在統計上，N-gram 的用途是計算字詞以特定順序排列的機率，這可用來判斷怎樣的句子最有可能出現。

以上切割出來的單元即稱作 token, 而將文本切分為 token 的過程便叫作**斷詞 (tokenization)**, 是將文本向量化的必要步驟。我們下面接著就介紹向量化這部分。

5-1-2 向量化 (vectorization)

一旦文本做完斷詞處理，就可以進行向量化。這個過程會將每個單字／字元／N 元詞袋轉換為向量。

所有的文本向量化過程都包含下列步驟：

1. 套用特定的斷詞規則。
2. 將產生的 token 對應至數值向量。

這些向量被打包成張量序列後，就會被拿來傳入深度神經網路中。

把 token 對應到向量的方法有很多種，我們來看看下面兩種主要的方式：

One-hot 編碼 (one-hot token encoding)

這是將 token 對應到向量最簡單的方式。如果我們用單字做為斷詞，one-hot 編碼會將每個單字對應到一個獨特的整數索引，然後將這些索引轉換為一個大小為 N (字彙庫大小) 的二進位向量 (binary vector)：除了向量中位置 i 的值為 1 之外，其他位置 (代表其他詞) 的值都是 0。

小編註：舉個例，若一個文本中有 4 個詞，那麼第一個詞的向量就是 1000, 第二個詞是 0100, 第三個詞為 0010... 以此類推。

嵌入向量 (token embedding)

這是另一種廣泛採用的編碼方式，也比 one-hot 編碼有更好的效果。one-hot 編碼獲得的向量是二進位的 (只有一個位數為 1, 其餘都是 0), 而且非常巨大 (每個向量長度都跟字彙庫裡面的詞語量一樣多)。相反的，嵌入向量則是低維度的浮點數數值。

從值本身來看，由 one-hot 編碼產生的詞語向量是靜態的 (它代表哪一個詞語，是由向量中 1 的位置來決定，這在一開始就決定好且無法改變)；詞語嵌入向量則是動態的 (從資料中學習), 因此其值在學習過程中會改變，就像神經網路中的權重會變動一樣。

正是這種動態的特性，讓嵌入向量可以用比較小的空間儲存更多的資訊，如以下所示：

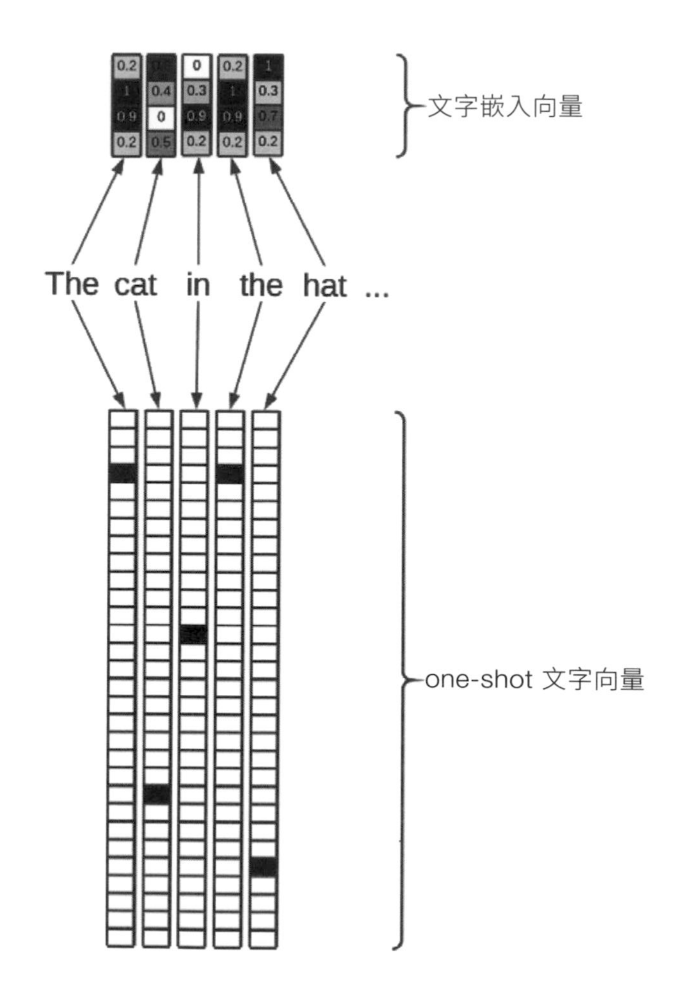

5-2 不同網路層用於文本資料處理的差異

在處理圖像任務的時候，最適合使用的是卷積網路，而在處理文字時，RNN 與 CNN 都有它們適用的場合。在本章中，我們首先會來了解 RNN 究竟是什麼（儘管我們在本章建立的模型裡不會有它）。

5-2-1 理解 RNN 循環網路層

目前我們看到的神經網路都沒有『記憶』, 也就是它們不會記得前一次輸出了什麼結果。不管是全連接層或卷積網路層, 它們每次處理資料時, 跟它之前或之後處理的資料是獨立無關的。

然而在 RNN 中, 它會將『過去輸出的資料』納入考慮, 也就是將前一次的輸出結果併入下一次的輸入資料；因此, RNN 層會有兩個輸入, 一個是標準輸入資料, 另一個則是來自 RNN 前一次的輸出資料, 如下所示：

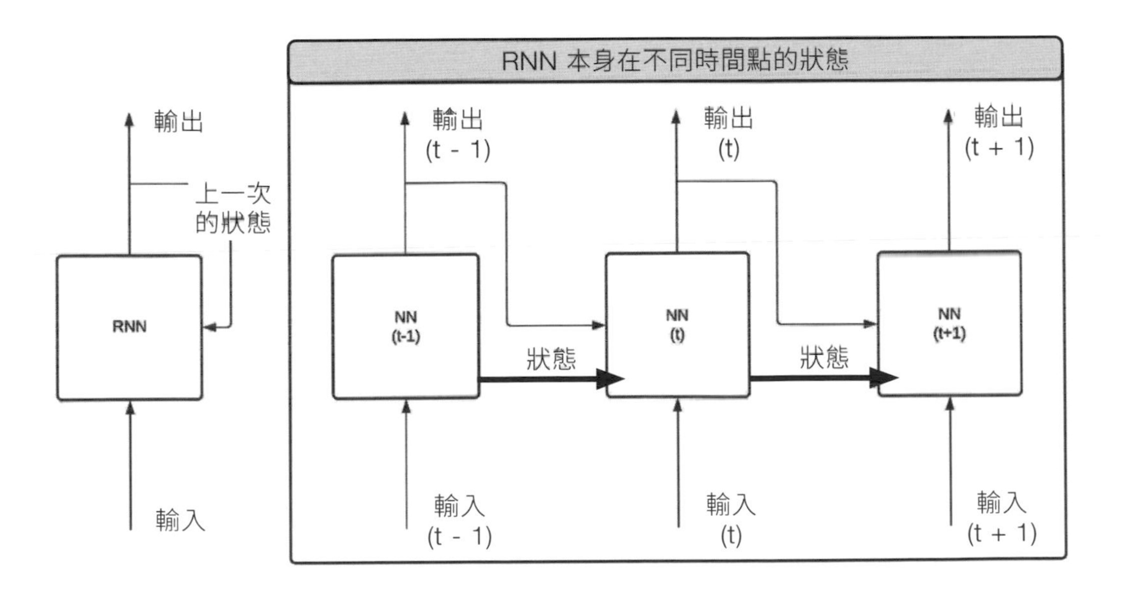

RNN 在處理整個元素序列時, 會在其內部循環實作這種『記憶』功能。考慮到語言中的字詞具有一定順序性, RNN 就很常被用於自然語言處理。

其實 RNN 還有好幾種架構, 比上面呈現的還複雜, 第 7 章的時間預測會再來簡單介紹, 我們現在只要了解其基本概念就好。更何況, 本章的 AutoKeras 文本處理類別其實也不會用到 RNN。

5-2-2　一維 CNN

儘管 RNN 曾在文本處理任務十分流行，後來人們發現設計來處理圖像的 CNN 也有不錯的效果，而且運算速度更快。相較於 RNN 著重的是字詞順序，CNN 能夠透過卷積核 (過濾器) 判斷文本中是否含有特定字詞。

CNN 用來處理文字時，常用的架構是一維 CNN (Conv1D)。它的概念跟我們在第 4 章學到的 2D 版本差不多，它從過濾器中學習文本 pattern 的方式就跟在前一章學習圖像 pattern 的方法一樣。以下是一個一維 CNN 的圖形化範例：

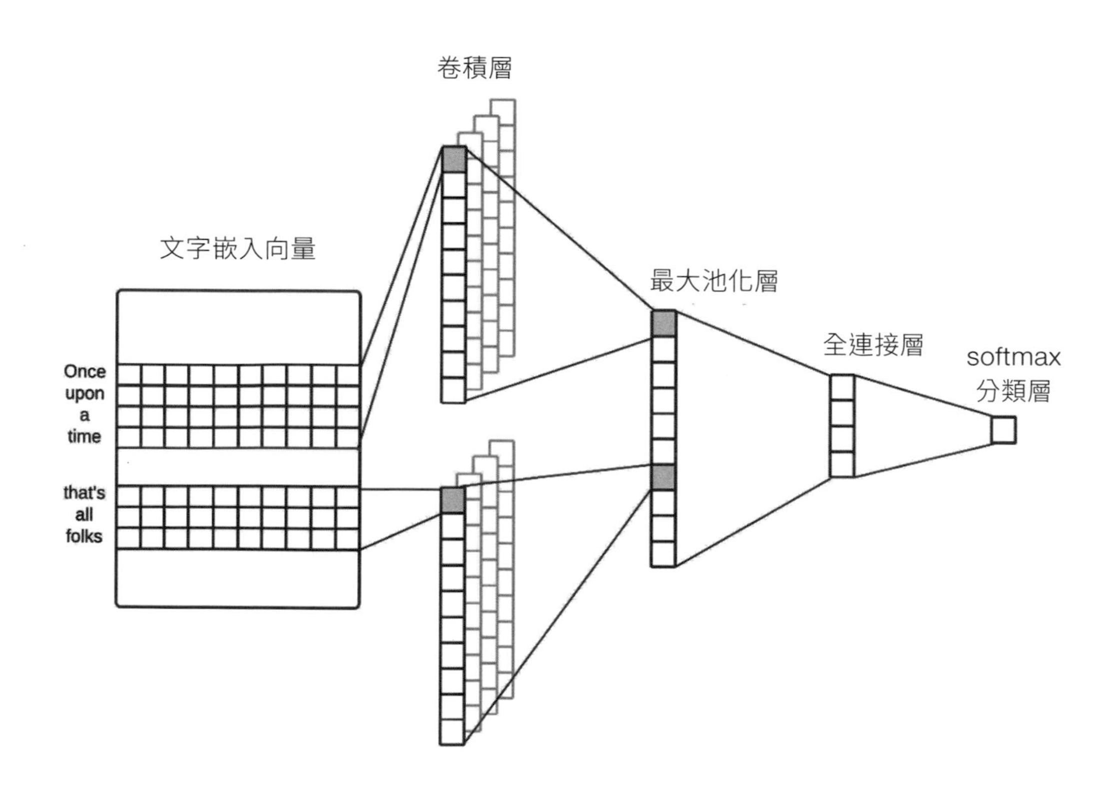

小編註：softmax 函數能將全連接層對各分類的預測值轉換成機率，使得所有分類預測機率的總和為 1 (當中機率最高者便是最有可能的分類), 因此它很常被放在分類器的最末層。

當然，如果字詞的前後順序對於預測很重要，那麼 RNN 仍然十分有用，因此人們也經常拿 CNN 來跟 RNN 組合，以便建立更高效能的模型。

現在，我們就來運用以上所學的觀念進行實作。

5-3 打造垃圾信件偵測器

以下我們要打造一個能夠偵測垃圾信件的模型。我們使用的資料集來自 2000 年代中期，含有 5,572 則電子郵件的訊息，每則訊息會標示為 spam (垃圾／詐騙信件) 或 ham (無害的正常信件)。

★提示 範例程式：chapter05\notebook\spam.ipynb 及 chapter05\py\spam.py

5-3-1 安裝 AutoKeras 並匯入套件

如同其他範例，若你使用 Google Colab 或尚未在本機安裝 AutoKeras, 執行以下指令：

In

```
!pip3 install autokeras
```

接著匯入實驗所需的相關套件：

In

```
import numpy as np
import pandas as pd
import tensorflow as tf
import autokeras as ak
```

5-3-2 取得並預處理資料集

接著，我們要從存放於 Github 的一個 CSV 檔取得此資料集的內容，並透過 **Pandas** 套件將它存入 DataFrame 資料表物件：

小編註：Pandas 是著名的資料處理套件，比 NumPy 更適合處理表格式的資料，並已內建在 Anaconda 及 Google Colab 環境中。若你的電腦上從未安裝過 Pandas 也不必擔心，它會在你安裝 AutoKeras 時一併自動安裝。

In

```
# 用 Pandas 讀取 CSV (編碼設為 latin-1) 並轉成 DataFrame 物件
emails_dataset = pd.read_csv('https://raw.githubusercontent.com/ 接下行
PacktPublishing/Automated-Machine-Learning-with-AutoKeras/main/ 接下行
spam.csv', encoding='latin-1')

# 檢視 DataFrame 內容
emails_dataset
```

上面的程式會輸出如下結果：

	v1	v2	Unnamed: 2	Unnamed: 3	Unnamed: 4
0	ham	Go until jurong point, crazy.. Available only ...	NaN	NaN	NaN
1	ham	Ok lar... Joking wif u oni...	NaN	NaN	NaN
2	spam	Free entry in 2 a wkly comp to win FA Cup fina...	NaN	NaN	NaN
3	ham	U dun say so early hor... U c already then say...	NaN	NaN	NaN
4	ham	Nah I don't think he goes to usf, he lives aro...	NaN	NaN	NaN
...	...	...	...	...	...
5567	spam	This is the 2nd time we have tried 2 contact u...	NaN	NaN	NaN
5568	ham	Will Ì_ b going to esplanade fr home?	NaN	NaN	NaN
5569	ham	Pity, * was in mood for that. So...any other s...	NaN	NaN	NaN
5570	ham	The guy did some bitching but I acted like i'd...	NaN	NaN	NaN
5571	ham	Rofl. Its true to its name	NaN	NaN	NaN

5572 rows × 5 columns

小編補充：從磁碟讀取資料集

有許多資料集會以 CSV (Comma-Separated Values, 逗號分隔值) 的形式儲存。比如，以上的垃圾信件資料集也可在下面的網址下載：

```
https://archive.ics.uci.edu/ml/datasets/SMS+Spam+Collection
```

點選 Data Folder, 下載 smsspamcollection.zip, 其內容 SMSSpamCollection (沒有附檔名) 便是完全一樣的 CSV 檔案。接著你可把該檔放在 .ipynb 或 .py 檔的同目錄下，並從硬碟匯入它：

In

```
pd.read_csv('./SMSSpamCollection')
```

→ 接下頁

至於在 Google Colab，使用者若要使用本地檔案，須先將它上傳至 Colab 工作階段的儲存空間 (點左方側欄的檔案 → 上傳⋯)：

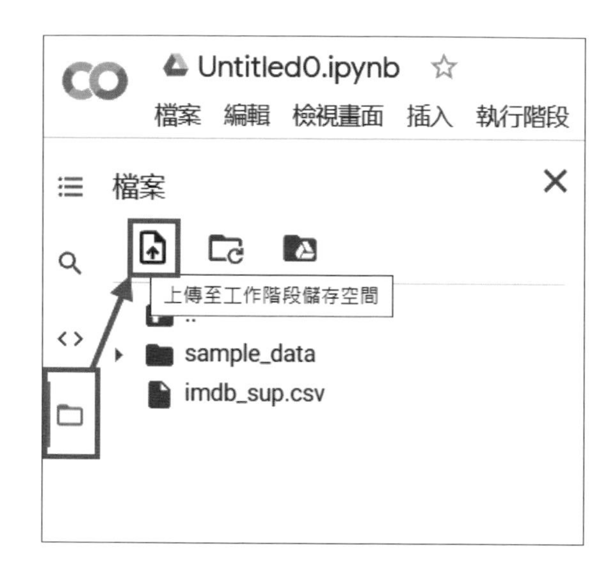

該檔案會保留在工作階段中，直到工作階段被關閉或手動重設為止。

在這個表格中，可見欄 v1 代表訊息的類型 (『無害』(ham) 或『垃圾郵件』(spam))，欄 v2 則是訊息本文。然而後面有些額外的空欄位，裡頭僅有無效資料 (NaN 為 not a number 之意)，在丟進模型訓練之前必須先去掉。此外，為了讓模型能夠預測訊息分類，我們也得將 "ham" 和 "spam" 換成數字標籤 0 與 1：

In

```
# 丟掉無效資料的欄位
emails_dataset.drop(
    ['Unnamed: 2', 'Unnamed: 3', 'Unnamed: 4'],
    axis=1, inplace=True)
```

→ 接下頁

```
# 將 v1 和 v2 欄位更名為 spam 及 message
emails_dataset.rename(
    columns={'v1': 'spam', 'v2': 'message'},
    inplace=True)
# 將 spam 欄位內的 'ham', 'spam' 字串值轉成數字 0, 1
emails_dataset['spam'] = \
    emails_dataset['spam'].map({'ham': 0, 'spam': 1})

# 印出預處理後的 DataFrame 前 10 列
emails_dataset.head(10)
```

	spam	message
0	0	Go until jurong point, crazy.. Available only ...
1	0	Ok lar... Joking wif u oni...
2	1	Free entry in 2 a wkly comp to win FA Cup fina...
3	0	U dun say so early hor... U c already then say...
4	0	Nah I don't think he goes to usf, he lives aro...
5	1	FreeMsg Hey there darling it's been 3 week's n...
6	0	Even my brother is not like to speak with me. ...
7	0	As per your request 'Melle Melle (Oru Minnamin...
8	1	WINNER!! As a valued network customer you have...
9	1	Had your mobile 11 months or more? U R entitle...

分類為 1 的就是垃圾信件訊息

最後我們即可拿這個 DataFrame 的資料來分割成訓練集與測試集：

In

```
# 從 DataFrame 抽出欄並轉成 ndarray
x = emails_dataset['message'].to_numpy()
y = emails_dataset['spam'].to_numpy()
```

→ 接下頁

```
from sklearn.model_selection import train_test_split

# 分割資料集
x_train, x_test, y_train, y_test = train_test_split(
    x, y, test_size=0.2, random_state=42)
```

小編註：emails_dataset['message'] 會單獨取出表格中的 message 欄，並以 pandas 的 Series 陣列格式傳回。但由於 AutoKeras 的文字處理類別無法直接存取 pandas 物件，我們就得呼叫這些 Series 物件的 to_numpy() 方法，把它轉為 ndarray (原始資料類型會被保留)。

現在資料集準備完成，我們可以來打造垃圾信件分類器了。

5-3-3 建立與訓練垃圾信件預測器

這次我們要使用 AutoKeras 的 **TextClassifier** 類別來尋找最佳文本分類模型。我們來進行小範圍實驗，將 max_trials (嘗試的 Keras 模型數量) 設為 2, 並且不設定 epochs 參數。同時，我們使用第 4 章用過的 EarlyStopping 回呼函式，要求它在驗證集的損失值連續 3 週期沒有進步時就停止該模型的訓練。這段程式碼如下面所示：

In

```
cbs = [
    tf.keras.callbacks.EarlyStopping(patience=3)
]

clf = ak.TextClassifier(max_trials=2)
clf.fit(x_train, y_train, callbacks=cbs)
```

執行這個格子，模型就會開始以訓練集來學習，並找到它所能找到最好的模型：

Out

```
Epoch 1/2
140/140 [==============================] - 21s 143ms/step - loss: 0.3345
- accuracy: 0.8804
Epoch 2/2
140/140 [==============================] - 20s 139ms/step - loss: 0.0567
- accuracy: 0.9838
```

我們可以觀察到，模型在短短的訓練時間內就能對訓練集達到很高的預測準確率。

小編註：作者在此有點取巧，因為 TextClassifier 的第 3 個預設模型比前兩個複雜許多，訓練起來會更加耗時。本章結尾會再展示這 3 個模型的架構。

5-3-4 模型評估

訓練完成後，就可以用測試集來評估我們的最佳模型表現如何：

In

```
clf.evaluate(x_test, y_test)
```

這行程式會輸出以下結果：

Out

```
35/35 [==============================] - 2s 36ms/step - loss: 0.0542 -
accuracy: 0.9857
[0.05417058244347572, 0.9856502413749695]  ←— 預測準確率 98.57%
```

考慮到我們只花了很少的時間進行模型訓練，此測試集仍已達到 98.57% 的準確率，確實是很不錯。

為了示範模型的實際預測能力，下面我們也從測試集取出前 10 條訊息，並驗證它們的實際分類和預測分類是否相符：

In

```
predicted = clf.predict(x_test[:10])

for i in range(10):
    # 顯示測試集文字訊息的前 50 字
    print('Test:', x_test[i][:50], '...')
    # 把分類 0 和 1 轉回字串顯示
    print('Predict:', 'spam' if predicted[i] == 1 else 'message')
    print('Real:', 'spam' if y_test[i] == 1 else 'message')
    print('')
```

輸出結果如下：

Out

```
1/1 [==============================] - 0s 25ms/step
Test: Funny fact Nobody teaches volcanoes 2 erupt, tsuna ...
Predict: message
Real: message

Test: I sent my scores to sophas and i had to do seconda ...
Predict: message
Real: message

Test: We know someone who you know that fancies you. Cal ...
Predict: spam
Real: spam

Test: Only if you promise your getting out as SOON as yo ...
Predict: message
Real: message
```

→接下頁

```
Test: Congratulations ur awarded either ??500 of CD gift ...
Predict: spam
Real: spam

Test: I'll text carlos and let you know, hang on ...
Predict: message
Real: message

Test: K.i did't see you.:)k:)where are you now? ...
Predict: message
Real: message

Test: No message..no responce..what happend? ...
Predict: message
Real: message

Test: Get down in gandhipuram and walk to cross cut road ...
Predict: message
Real: message

Test: You flippin your shit yet? ...
Predict: message
Real: message
```

5-3-5 模型視覺化

完成模型評估後，我們則可以來檢視最佳模型的架構概要：

In

```
model = clf.export_model()
model.summary()
```

這段程式碼會輸出如下的結果：

Out

```
Model: "model"
_________________________________________________________________
Layer (type)                 Output Shape              Param #
=================================================================
input_1 (InputLayer)         [(None,)]                 0
_________________________________________________________________
expand_last_dim (ExpandLastD (None, 1)                 0
_________________________________________________________________
text_vectorization (TextVect (None, 512)               0
_________________________________________________________________
embedding (Embedding)        (None, 512, 64)           320064
_________________________________________________________________
dropout (Dropout)            (None, 512, 64)           0
_________________________________________________________________
conv1d (Conv1D)              (None, 508, 256)          82176
_________________________________________________________________
global_max_pooling1d (Global (None, 256)               0
_________________________________________________________________
dense (Dense)                (None, 256)               65792
_________________________________________________________________
re_lu (ReLU)                 (None, 256)               0
_________________________________________________________________
dropout_1 (Dropout)          (None, 256)               0
_________________________________________________________________
dense_1 (Dense)              (None, 1)                 257
_________________________________________________________________
classification_head_1 (Activ (None, 1)                 0
=================================================================
Total params: 468,289
Trainable params: 468,289
Non-trainable params: 0
```

我們可以發現，AutoKeras 對於這個分類任務自動選擇了 Conv1D 一維卷積層，這對於這個分類任務也有良好的表現。而 Conv1D 層的前面有資料預處理區塊，用來將文本轉為嵌入向量再傳入卷積層，卷積層後面則使用最大池化層來降低特徵圖的維度。值得注意的是 AutoKeras 也加入了一些 dropout 層，以降低擬合過度的情形。

以下則是此架構的另一種視覺化呈現：

In

```
from tensorflow.keras.utils import plot_model
plot_model(model)
```

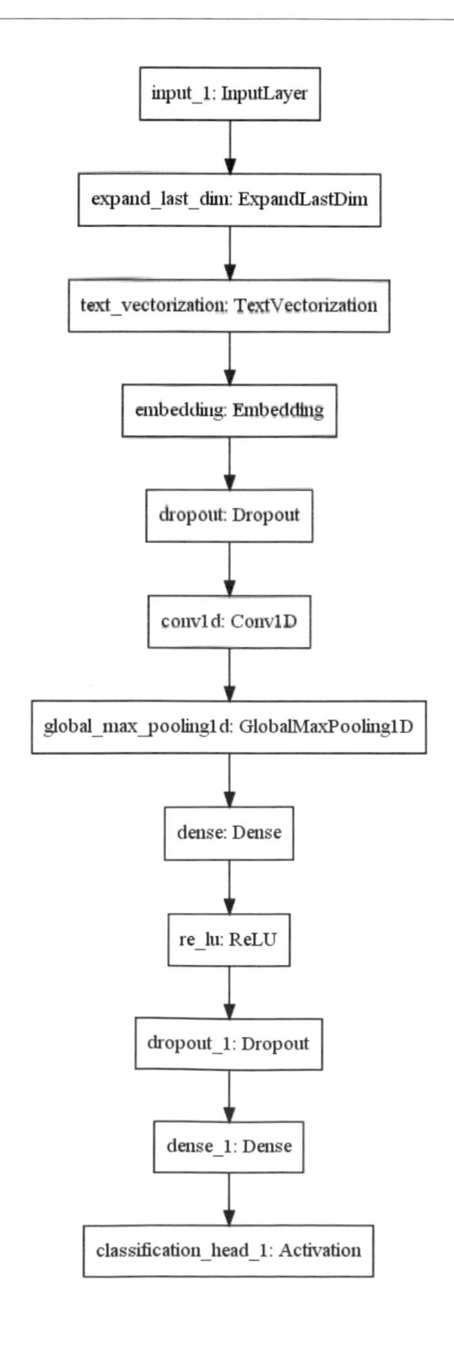

除了文本分類以外，神經網路也可用於文本迴歸。在下一小節中，我們要來解決另一個真實的文本迴歸問題——預測使用者對電影的評分。

5-4 用電影評論來預測評分

在本節中，我們要打造一個能根據使用者在 IMDB 網站的電影評論內容來預測其電影評分的迴歸器。這份資料集收集了 50,000 份電影評論，每則評論都有介於 1~10 的評分。

★提示 範例程式：chapter05\notebook\review.ipynb 及 chapter05\py\review.py

5-4-1 匯入套件並準備資料集

首先，匯入此實驗要使用的套件：

In

```
import numpy as np
import matplotlib.pyplot as plt
import pandas as pd
import tensorflow as tf
import autokeras as ak
```

然後我們同樣使用 pandas 來匯入 CSV 檔，並檢視其部分內容：

In

```
df = pd.read_csv(' https://github.com/alankrantas/IMDB-movie-reviews-接下行
with-ratings_dataset/raw/main/imdb_sup.csv')
df
```

	Review	Rating	Sentiment
0	Kurt Russell's chameleon-like performance, cou...	10	1
1	It was extremely low budget(it some scenes it ...	8	1
2	James Cagney is best known for his tough chara...	8	1
3	Following the brilliant "Goyôkiba" (aka. "Hanz...	8	1
4	One of the last classics of the French New Wav...	10	1
...	...	...	...
49995	(spoiler) it could be the one the worst movie ...	4	0
49996	So, you've seen the Romero movies, yes? And yo...	1	0
49997	Just listen to the Broadway cast album and to ...	3	0
49998	I have been a fan of the Carpenters for a long...	3	0
49999	Set in 1945, Skenbart follows a failed Swedish...	1	0

50000 rows × 3 columns

可以看到除了電影評論本文 (Review 欄) 之外 , 資料集有評分 (Rating) 以及情感 (Sentiment) 兩個目標值。在下一節中 , 我們就會看到 AutoKeras 能如何用於情感分析。

5-4-2 準備資料集

為了準備訓練與測試資料集，我們首先從 DataFrame 取出對應欄位，接著加以分割：

In

```
x = df['Review'].to_numpy()
y = df['Rating'].to_numpy()

from sklearn.model_selection import train_test_split

x_train, x_test, y_train, y_test = train_test_split(
    x, y, test_size=0.2, random_state=42)
```

分割好資料集後，我們來檢視訓練集與測試集的評分分布情況：

In

```
fig = plt.figure()
bin = np.arange(11) + 1

ax = fig.add_subplot(1, 2, 1)
ax.set_xticks(bin)
plt.hist(y_train, bins=bin-0.5, rwidth=0.9)
ax.set_title('Train dataset histogram')

ax = fig.add_subplot(1, 2, 2)
ax.set_xticks(bin)
plt.hist(y_test, bins=bin-0.5, rwidth=0.9)
ax.set_title('Test dataset histogram')

plt.tight_layout()
plt.show()
```

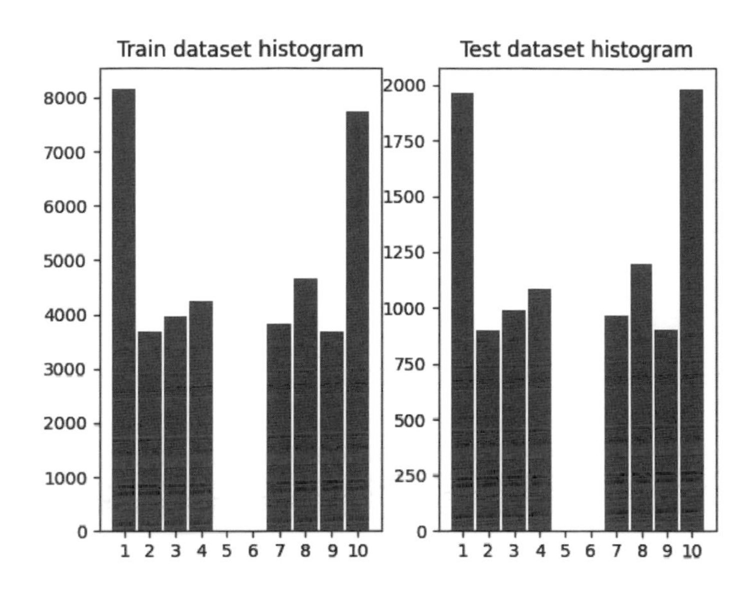

可見資料集中的電影評分落在 1~4 以及 7~10 的區間 (資料集在收集時過濾掉了評分為 5 或 6 的評論 , 好用來分類成『正面』或『負面』), 當中以 1 與 10 分最多 , 但其它分數數量也不少。

5-4-3 建立並訓練電影評分迴歸器

由於我們要根據電影評論內容來預測電影評分 , 而後者屬於純量 , 因此我們可使用 AutoKeras 的 TextRegressor 來進行：

In

```
cbs = [
    tf.keras.callbacks.EarlyStopping(patience=3)
]

reg = ak.TextRegressor(max_trials=10)  # 建立文本迴歸器
reg.fit(x_train, y_train, callbacks=cbs)  # 訓練模型
```

以上我們透過 max_trials 參數指定試驗 10 個模型，並建立一個回呼函式 EarlyStopping, 以便在連續 3 週期的訓練都未能進步時換到下一個模型。

但下面我們來看另外一種寫法，如第 4 章那樣使用 AutoModel 來自訂模型搜尋空間：

In

```
cbs = [
    tf.keras.callbacks.EarlyStopping(patience=3)
]

# 文字輸入節點
input_node = ak.TextInput()

# 輸出節點：
# 文本區塊, 類型為 N-gram, 最大 token 數為 30,000
output_node = ak.TextBlock(
    block_type='ngram', max_tokens=30000)(input_node)
# 迴歸區塊
output_node = ak.RegressionHead()(output_node)

reg = ak.AutoModel(inputs=input_node, outputs=output_node, max_trials=15)
reg.fit(x_train, y_train, callbacks=cbs)
```

以上程式碼使用了 **TextBlock**, 其 block_type 參數指定使用 N-gram 斷詞處理，max_tokens 參數則指定 token 的最大數量，在此設為 3 萬個 (不指定時會搜尋 500、5000 或 20000 個)。

在建立好 AutoModel 的輸出入節點後，便可呼叫其 fit() 方法來開始訓練，試驗的模型數量設為 15 個。

TextBlock 的參數

TextBlock 的 block_type 參數可設為以下值，而它們會產生不同結構的模型：

block_type

值	模型
'vanilla'	嵌入向量層 + 一維 CNN 層 + 池化層 + 全連接層
'transformer'	Transformer 層 (嵌入向量層 + 池化層 + 全連接層)
'ngram'	N-gram 層 + 全連接層
'bert'	BERT 模型層 (Bidirectional Encoder Representation from Transformers, 基於變換器的雙向編碼器處理技術)

BERT 為 Google 預先訓練好的 Transformer 文本辨識模型，結合多層嵌入向量層來達到極佳的預測效果、更能掌握上下文語意，但模型因而也大得多、需要更多時間與資源訓練。前面使用 TextClassifier 時之所以只試驗 2 個模型，正是因為第 3 個模型將會使用 BERT 層。你會無法在 Google Colab 內使用 BERT 模型，因為模型本身會超出執行階段的儲存空間上限。

另外，假如模型選擇 'vanilla' 或 'transformer', 那麼你還可以透過 TextBlock 的 block_type 參數來使用預先訓練好的嵌入向量庫：

block_type

值	意義
'none'	不做嵌入向量處理
'random'	使用隨機向量權重
'glove'	使用 GloVe 嵌入向量模型 (Global Vectors for Word Representation, 全域向量文字表示法)
'fasttext'	使用 FastText 嵌入向量模型
'word2vec'	使用 Word2vec 嵌入向量模型

→ 接下頁

小編註：Word2vec 於 2013 年由 Google 提出，GloVe 於 2014 年由史丹福大學提出，FastText 則是在 2016 年由 Facebook 開源釋出。這些都是非監督式的演算法模型，用來從文本中產生向量。

若沒有指定 pretraining 參數，AutoKeras 會在搜尋模型的過程中自動選擇之。

執行 reg.fit() 後，模型就會開始訓練，嘗試根據訓練集文本來找到最佳迴歸器。其輸出的最終結果如下：

Out

```
Epoch 1/15
1250/1250 [==============================] - 44s 35ms/step - loss: 
10.9464 - mean_squared_error: 10.9464
Epoch 2/15
1250/1250 [==============================] - 43s 35ms/step - loss: 4.8553 
- mean_squared_error: 4.8553
Epoch 3/15
1250/1250 [==============================] - 44s 35ms/step - loss: 3.6450 
- mean_squared_error: 3.6450
Epoch 4/15
1250/1250 [==============================] - 43s 35ms/step - loss: 3.0385 
- mean_squared_error: 3.0385
Epoch 5/15
1250/1250 [==============================] - 44s 35ms/step - loss: 2.6324 
- mean_squared_error: 2.6324
Epoch 6/15
1250/1250 [==============================] - 43s 35ms/step - loss: 2.3784 
- mean_squared_error: 2.3784
```

→ 接下頁

```
Epoch 7/15
1250/1250 [==============================] - 43s 35ms/step - loss: 2.2158
- mean_squared_error: 2.2158
Epoch 8/15
1250/1250 [==============================] - 44s 35ms/step - loss: 2.0543
- mean_squared_error: 2.0543
Epoch 9/15
1250/1250 [==============================] - 44s 35ms/step - loss: 1.9358
- mean_squared_error: 1.9358
Epoch 10/15
1250/1250 [==============================] - 44s 35ms/step - loss: 1.8195
- mean_squared_error: 1.8195
Epoch 11/15
1250/1250 [==============================] - 44s 35ms/step - loss: 1.7412
- mean_squared_error: 1.7412
Epoch 12/15
1250/1250 [==============================] - 43s 35ms/step - loss: 1.6803
- mean_squared_error: 1.6803
Epoch 13/15
1250/1250 [==============================] - 43s 34ms/step - loss: 1.5951
- mean_squared_error: 1.5951
Epoch 14/15
1250/1250 [==============================] - 43s 35ms/step - loss: 1.5187
- mean_squared_error: 1.5187
Epoch 15/15
1250/1250 [==============================] - 44s 35ms/step - loss: 1.4779
- mean_squared_error: 1.4779
```

可以看到經過訓練後，訓練的 MSE 損失值為 1.478, 其平方根就是迴歸的平均預測誤差 1.216, 看來不錯。不過，我們仍得看它對測試集的預測表現。

5-4-4 模型評估

我們可用以下程式來評估模型對測試集的預測效果：

In

```
reg.evaluate(x_test, y_test)
```

Out

```
313/313 [==============================] - 5s 16ms/step - loss: 3.4767 -
mean_squared_error: 3.4767
[3.476659059524536, 3.476659059524536]
```

以上顯示對測試集的 MSE 為 3.477, 平方根約為 1.865。

下面我們來印出測試集的前 10 筆評論，並觀察它們的預測／真實電影評分：

In

```
predicted = reg.predict(x_test[:10]).flatten()

for i in range(10):
    # 印出測試集評論文字的前 100 字
    print('Review:', x_test[i][:100], '...')
    print('Predict:', predicted[i].round(3))
    print('Real:', y_test[i])
    print('')
```

這會輸出以下的結果：

Out

```
1/1 [==============================] - 0s 20ms/step
Review: Having read all of the comments on this film I am still amazed at
Fox's reluctance to release a full ...
Predict: 9.703
Real: 9

Review: I like this film a lot. It has a wonderful chemistry between the
actors and tells a story that is pr ...
Predict: 7.995
Real: 8

Review: I am a huge fan of Simon Pegg and have watched plenty of his
movies until now and none of them have  ...
Predict: 6.295
Real: 7

Review: This was what black society was like before the crack epidemics,
gangsta rap, and AIDS that beset th ...
Predict: 9.119
Real: 10

Review: pretty disappointing. i was expecting more of a horror/thriller --
but this seemed to be more of an  ...
Predict: 4.269
Real: 3

Review: As a flagship show, Attack of the Show (AOTS) is endemic of the
larger fall of G4 TV; it is a show ( ...
Predict: 3.418
Real: 2

Review: Thomas Capano was not Anne Marie's boss Tom Carper, the Governor
was. That is the reason the Feds be ...
Predict: 7.238
Real: 8
```

→接下頁

```
Review: Two escaped convicts step out of the woods and shoot two campers
in the head. That's the first scene ...
Predict: 3.008
Real: 3

Review: I actually found this movie 'interesting'; finally one worth my
time to watch and rent. It is true.. ...
Predict: 7.686
Real: 7

Review: In my opinion this is the best Oliver Stone flick -- probably
more because of Bogosian's influence t ...
Predict: 8.388
Real: 10
```

可見預測評分都落在誤差 1~2 之內。

5-4-5 模型視覺化

最後，我們來檢視訓練好的模型結構長得什麼樣子：

In

```
model = reg.export_model()
model.summary()
```

Out

```
Model: "model"
_________________________________________________________________
Layer (type)                 Output Shape              Param #
=================================================================
input_1 (InputLayer)         [(None,)]                 0
_________________________________________________________________
expand_last_dim (ExpandLastD (None, 1)                 0
```

→接下頁

```
_________________________________________________________________
text_vectorization (TextVect (None, 30000)           0
_________________________________________________________________
dense (Dense)                (None, 128)             3840128
_________________________________________________________________
re_lu (ReLU)                 (None, 128)             0
_________________________________________________________________
dropout (Dropout)            (None, 128)             0
_________________________________________________________________
dense_1 (Dense)              (None, 32)              4128
_________________________________________________________________
re_lu_1 (ReLU)               (None, 32)              0
_________________________________________________________________
dropout_1 (Dropout)          (None, 32)              0
_________________________________________________________________
dense_2 (Dense)              (None, 32)              1056
_________________________________________________________________
re_lu_2 (ReLU)               (None, 32)              0
_________________________________________________________________
dropout_2 (Dropout)          (None, 32)              0
_________________________________________________________________
regression_head_1 (Dense)    (None, 1)               33
=================================================================
Total params: 3,875,345
Trainable params: 3,845,345
Non-trainable params: 30,000
_________________________________________________________________
```

由於我們透過 AutoModel 選擇使用了 N-gram 模型，因此在文字轉向量層底下接著的是三道全連接層 (Dense)，與前面垃圾信件分類器所使用的 CNN 模型有所不同。

以下是此模型的另一個圖形化形式：

In

```
from tensorflow.keras.utils import plot_model
plot_model(model)
```

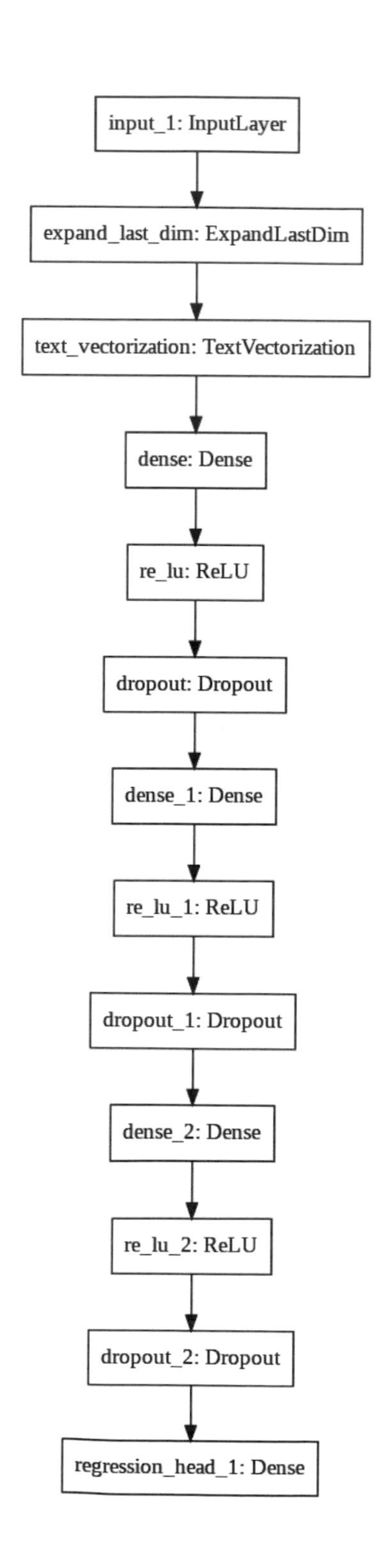
input_1: InputLayer
expand_last_dim: ExpandLastDim
text_vectorization: TextVectorization
dense: Dense
re_lu: ReLU
dropout: Dropout
dense_1: Dense
re_lu_1: ReLU
dropout_1: Dropout
dense_2: Dense
re_lu_2: ReLU
dropout_2: Dropout
regression_head_1: Dense

5-5 理解情感分析 (sentiment analysis)

現在我們要來看一種特殊的文本分類任務，稱為**情感分析**，也就是解讀文字中的情緒或情感。

為了更好地理解，我們可以想像現在的任務是要判斷電影的評論是正面或是負面的；如果讓人來做，讀過評論就曉得了對吧？但若現在老闆丟給你五十萬條電影評論，並要你在明早之前分類完畢，事情就沒這麼簡單了。這也是為何情感分析會是一個引人注目的 DL 領域。

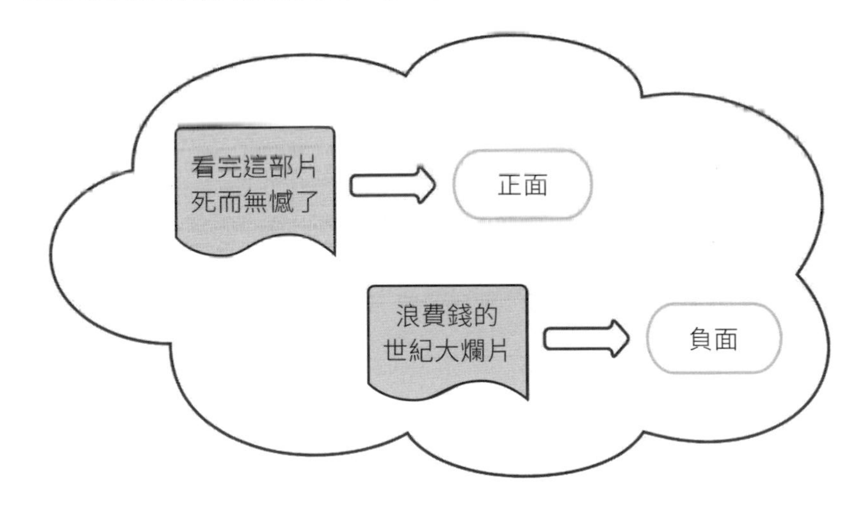

在前面的五萬筆電影評分資料集中，記得它其實還有一個情感欄位嗎？該欄位將使用者的評價分類成負面的 (分類 0, 即評分 1~4) 及正面的 (分類 1, 即評分 7~10)。下面我們就來使用 AutoKeras 建立一個情感分類器，根據文字來判定使用者對電影的觀感究竟是好是壞。

★提示 範例程式：chapter05\notebook\review_sentiment.ipynb 及 chapter05\py\review_sentiment.py

5-5-1 匯入套件並準備資料集

首先匯入我們在這個任務將使用的套件：

In

```
import numpy as np
import matplotlib.pyplot as plt
import pandas as pd
import tensorflow as tf
import autokeras as ak
```

接著將 CSV 載入為 pandas DataFrame 資料表，跟前面一模一樣：

In

```
df = pd.read_csv(' https://github.com/alankrantas/IMDB-movie-reviews-接下行
with-ratings_dataset/raw/main/imdb_sup.csv')
df
```

在準備和分割資料集時，這回的目標值會是 DataFrame 中的 Sentiment 欄位：

In

```
x = df['Review'].to_numpy()
y = df['Sentiment'].to_numpy()

from sklearn.model_selection import train_test_split

x_train, x_test, y_train, y_test = train_test_split(
    x, y, test_size=0.2, random_state=42)
```

最後我們來以圖表檢視資料集中兩個分類所占的比重：

In

```
fig = plt.figure()
bin = np.arange(3)

# 要顯示在直方圖 X 軸的文字
labels = ('negative', 'positive', '')

ax = fig.add_subplot(1, 2, 1)
ax.set_xticks(bin)
# 顯示 X 軸文字, 旋轉 90 度
ax.set_xticklabels(labels, rotation=90)
plt.hist(y_train, bins=bin-0.5, rwidth=0.9)
ax.set_title('Train dataset histogram')

ax = fig.add_subplot(1, 2, 2)
ax.set_xticks(bin)
# 顯示 X 軸文字, 旋轉 90 度
ax.set_xticklabels(labels, rotation=90)
plt.hist(y_test, bins=bin-0.5, rwidth=0.9)
ax.set_title('Test dataset histogram')

plt.tight_layout()
plt.show()
```

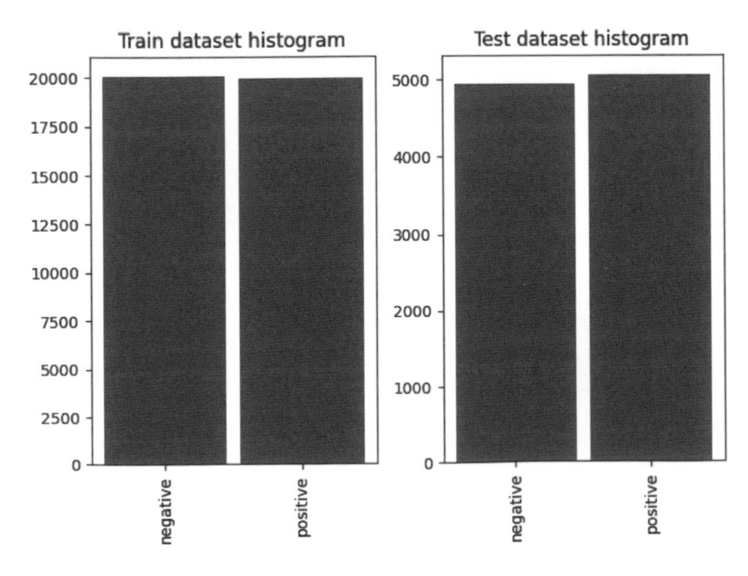

可見資料集中正面／負面評論的數量大致相等。

小編註：上面在設定圖表 X 軸顯示的標籤時，我們多提供了一個空字串 (放在 label 中)。這是因為直方圖的 X 軸值 (bin 變數) 必須比分類數多 1, 才能達到置中效果。若我們沒有替這多出來的刻度提供一個名稱，在某些平台上繪圖時可能就會產生錯誤。

5-5-2 檢視訓練集的文字雲

為了更清楚了解我們準備處理的文字的內容，你其實還可以使用一種有趣的視覺化手段，就是以 **Wordcloud** 套件來產生**文字雲** (word cloud)。這種技術能讓詞語依據它們在文本出現的頻率產生對應的大小。

為了使用 Wordcloud 套件，你得先安裝它：

In

```
!pip3 install wordcloud
```

小編註：和其他套件一樣，在一般命令列中是用 pip3 install (Windows 環境) 或 sudo pip3 install (Linux 環境) 來安裝 (參閱第 2 章)。

安裝好套件後，即可如下產生訓練集的文字雲：

In

```
from wordcloud import WordCloud

# 將 x_train 的所有字串連成單一字串, 並將 <br /> 換行標籤替換成空字串
text = ''.join(x_train).replace('<br />', '')
```

→ 接下頁

```
# 產生一個 800x400 大小, 有 200 個詞的文字雲
ws = WordCloud(width=800, height=400, max_words=200,
               background_color='white').generate(text)

# 用 matplotlib 顯示文字雲
plt.figure(figsize=(12, 6))
plt.imshow(ws)
plt.axis('off')
plt.show()
```

雖然比重最多的詞是『movie』、『film』這類中立字眼，但我們也可以看到有『love』、『good』、『bad』等詞彙，可以讓模型拿來判定評論的情感是好是壞。

小編註：Wordcloud 類別的呼叫參數請參閱以下文件：https://amueller.github.io/word_cloud/generated/wordcloud.WordCloud.html。

5-5-3 建立並訓練模型

現在，我們一樣要用 AutoModel 類別來替我們找到最佳分類模型，而且同樣要使用 N-gram 模型。但這回我們將更明確地定義模型中的一些結構：

In

```
cbs = [
    tf.keras.callbacks.EarlyStopping(patience=3)
]

# 文字輸入節點
input_node = ak.TextInput()

# 輸出節點：
# 文字轉 N-gram 向量區塊
output_node = ak.TextToNgramVector(max_tokens=30000)(input_node)
# 全連接層區塊
output_node = ak.DenseBlock()(output_node)
# 分類區塊
output_node = ak.ClassificationHead()(output_node)

clf = ak.AutoModel(
    inputs=input_node, outputs=output_node, max_trials=15)
clf.fit(x_train, y_train, callbacks=cbs)
```

小編註：如果你之前在同一個資料夾執行過 AutoModel 模型，請記得先刪除磁碟中舊的模型記錄，或者在 AutoModel 加入參數 overwrite=True 來覆蓋它。

前面我們建立文本迴歸器時，將 TextBlock 區塊的類型指定為 N-gram, 而它其實就會在幕後使用 TextToNgramVector 及 Dense 區塊來建立模型。也就是說，此處的寫法效果上是相同的，但容許你有更多的調整空間罷了。

AutoModel 針對訓練集執行訓練、並得到最佳模型後，會輸出類似如下結果：

Out

```
Epoch 1/3
1250/1250 [==============================] - 20s 15ms/step - loss: 0.5343
- accuracy: 0.8205
Epoch 2/3
1250/1250 [==============================] - 21s 17ms/step - loss: 0.1831
- accuracy: 0.9395
Epoch 3/3
1250/1250 [==============================] - 20s 16ms/step - loss: 0.1134
- accuracy: 0.9687        ← 對訓練集預測準確率 96.87%
```

5-5-4 模型評估

來看看這模型對於測試集的預測表現：

In

```
clf.evaluate(x_test, y_test)
```

這會得到以下結果：

Out

```
313/313 [==============================] - 4s 12ms/step - loss: 0.2398 -
accuracy: 0.9122
[0.2398279756307602, 0.9121999740600586]  ← 對測試集預測準確率 91.22%
```

下面預測了測試集前 10 筆資料的情感，並和真實情感分類比較：

In

```
predicted = clf.predict(x_test[:10]).flatten().astype('uint8')

for i in range(10):
    print('Review:', x_test[i][:100], '...')
    # 沿用前面繪製直方圖時的 labels
    # 來印出 'positive' 或 'negative'
    print('Predict:', labels[predicted[i]])
    print('Real:', labels[y_test[i]])
    print('')
```

這會得到以下結果：

Out

```
1/1 [==============================] - 0s 19ms/step
Review: Having read all of the comments on this film I am still amazed at
Fox's reluctance to release a full ...
Predict: positive
Real: positive

Review: I like this film a lot. It has a wonderful chemistry between the
actors and tells a story that is pr ...
Predict: positive
Real: positive

Review: I am a huge fan of Simon Pegg and have watched plenty of his
movies until now and none of them have  ...
Predict: positive
Real: positive

Review: This was what black society was like before the crack epidemics,
gangsta rap, and AIDS that beset th ...
Predict: positive
Real: positive
```

→ 接下頁

```
Review: pretty disappointing. i was expecting more of a horror/thriller --
but this seemed to be more of an  ...
Predict: negative
Real: negative

Review: As a flagship show, Attack of the Show (AOTS) is endemic of the
larger fall of G4 TV; it is a show ( ...
Predict: negative
Real: negative

Review: Thomas Capano was not Anne Marie's boss Tom Carper, the Governor
was. That is the reason the Feds be ...
Predict: positive
Real: positive

Review: Two escaped convicts step out of the woods and shoot two campers
in the head. That's the first scene ...
Predict: negative
Real: negative

Review: I actually found this movie 'interesting'; finally one worth my
time to watch and rent. It is true.. ...
Predict: positive
Real: positive

Review: In my opinion this is the best Oliver Stone flick -- probably
more because of Bogosian's influence t ...
Predict: positive
Real: positive
```

從以上結果可見 Predict 和 Real 的結果都一致，我們的情感分類器能夠相當準確地判斷電影評論的情緒。

5-5-4 模型視覺化

最後，我們則可檢視此模型的視覺化內容：

In

```
model = reg.export_model()
model.summary()
```

Out

```
Model: "model"
_________________________________________________________________
Layer (type)                 Output Shape              Param #
=================================================================
input_1 (InputLayer)         [(None,)]                 0
_________________________________________________________________
expand_last_dim (ExpandLastD (None, 1)                 0
_________________________________________________________________
text_vectorization (TextVect (None, 30000)             0
_________________________________________________________________
dense (Dense)                (None, 16)                480016
_________________________________________________________________
re_lu (ReLU)                 (None, 16)                0
_________________________________________________________________
dense_1 (Dense)              (None, 1)                 17
_________________________________________________________________
classification_head_1 (Activ (None, 1)                 0
=================================================================
Total params: 510,033
Trainable params: 480,033
Non-trainable params: 30,000
```

可見這模型和前面的文本迴歸器一樣，是以文字轉向量層和全連接層組成，只不過結尾換成了分類層。

使用 plot_model() 視覺化產生的圖表則如下：

In

```
from tensorflow.keras.utils import plot_model
plot_model(model)
```

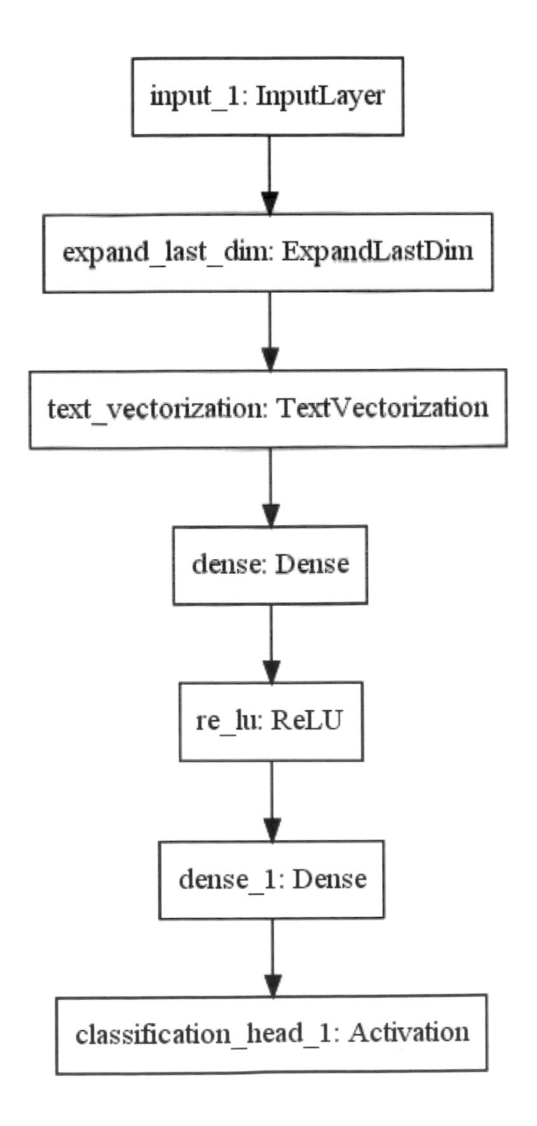

5-6 理解主題分類

有時候我們會需要將文字分類，例如把關於產品或電影的評論以標籤 (tags) 或主題歸類。就和前面的分類或迴歸任務一樣，主題分類也是一種監督式學習——神經網路模型會根據訓練集中已知的主題，來學習文本中跟主題有關的 pattern。

舉例來說，如果一篇文章的標題或內文開頭是像下面這樣：

```
"The match could not be played due to the eruption of a tornado"
(因龍捲風肆虐, 運動比賽無法舉行)
```

一個訓練過的模型，便能根據文本中的詞判定該文可能屬於『運動』及『天氣』分類：

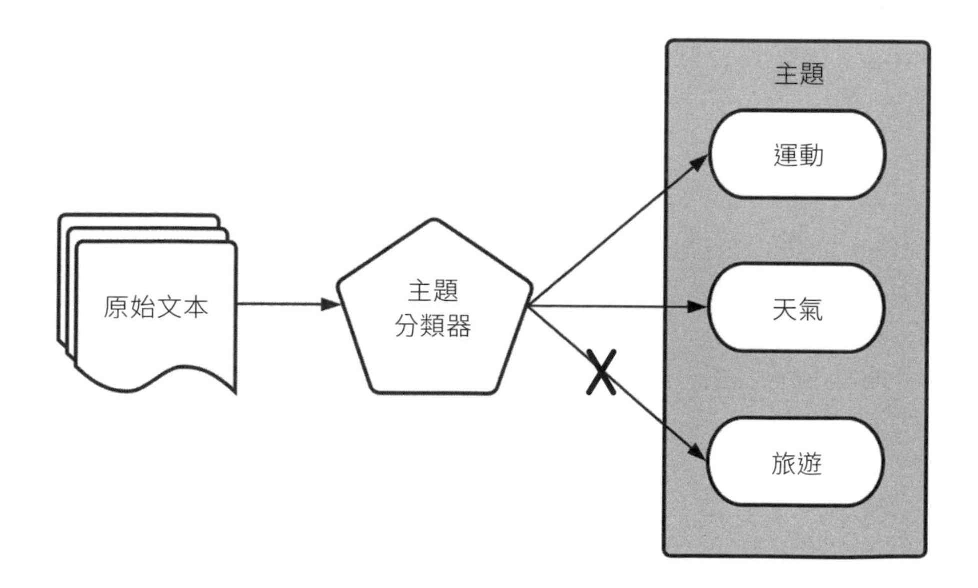

5-7 根據網路文章判定討論群組類型

下面我們要使用的資料集是 20 Newsgroups, 它匯集了 90 年代 20 個網路討論區共 18,846 篇文章。由於這個資料集的文章相當多 (在 Colab 全部匯入容易造成執行階段記憶體不足), 且有許多討論區的主題十分相似 , 我們下面會從中選出 6 個有區別的主題來建立分類器。

★提示 範例程式：chapter05\notebook\newsgroup.ipynb 及 chapter05\py\newsgroup.py

5-7-1 匯入套件並準備資料集

首先是匯入此實驗所需的套件：

In
```
import numpy as np
import matplotlib.pyplot as plt
import tensorflow as tf
import autokeras as ak
```

接著是載入 20 Newsgroups 資料集 , 我們可透過 scikit-learn 提供的 fetch_20newsgroups() 函式來取得之：

In

```
from sklearn.datasets import fetch_20newsgroups

# 取得資料集中的訓練集
train = fetch_20newsgroups(subset='train')
# 檢視訓練集的標籤 (討論區名稱)
train.target_names
```

這會輸出以下結果：

Out

```
Downloading 20news dataset. This may take a few minutes.
Downloading dataset from https://ndownloader.figshare.com/files/5975967
(14 MB)
['alt.atheism',
 'comp.graphics',
 'comp.os.ms-windows.misc',
 'comp.sys.ibm.pc.hardware',
 'comp.sys.mac.hardware',
 'comp.windows.x',
 'misc.forsale',
 'rec.autos',
 'rec.motorcycles',
 'rec.sport.baseball',
 'rec.sport.hockey',
 'sci.crypt',
 'sci.electronics',
 'sci.med',
 'sci.space',
 'soc.religion.christian',
 'talk.politics.guns',
 'talk.politics.mideast',
 'talk.politics.misc',
 'talk.religion.misc']
```

可以看到這 20 個主題中，有許多主題又被歸類在特定大主題底下 (電腦、休閒娛樂、科學、討論等)。我們要從這裡面抽出 6 個主題以及其對應的資料，辦法是透過 fetch_20newsgroups() 的 categories 參數來篩選傳回結果：

In

```
# 選擇標籤
categories = ['comp.sys.ibm.pc.hardware',  # 電腦/PC 電腦硬體
              'rec.autos',  # 休閒娛樂/汽車
              'rec.sport.baseball',  # 休閒娛樂/棒球
              'sci.med',  # 科學/醫藥
              'sci.space',  # 科學/太空
              'talk.politics.mideast,]  # 討論/中東政治

# 取得含有指定標籤之資料的訓練集
# 並移除原資料集中的標頭、註腳跟引言
train = fetch_20newsgroups(subset='train',
                           categories=categories,
                           remove=('headers', 'footers', 'quotes'))
# 取得含有指定標籤之資料的測試集
test = fetch_20newsgroups(subset='test',
                          categories=categories,
                          remove=('headers', 'footers', 'quotes'))

# 將傳回的 Python 串列轉為 ndarray
x_train = np.array(train.data)
y_train = np.array(train.target)
x_test = np.array(test.data)
y_test = np.array(test.target)

# 檢視訓練集與測試集大小
print(x_train.shape)
print(x_test.shape)
```

資料集準備完畢後，我們就會看到訓練集與測試集的大小：

Out

```
(3532,)
(2351,)
```

為了更清楚這 6 個主題的文章的數量分佈情形，我們也繪製了兩個資料集的直方圖：

In

```
fig = plt.figure()
bin = np.arange(len(categories) + 1)

# 標籤名稱 (最後的空字串為確保直方圖正確顯示之用)
labels = ('PC hardware', 'Automobile', 'Baseball',
          'Medicine', 'Space', 'Politics', '')

ax = fig.add_subplot(1, 2, 1)
ax.set_xticks(bin)
ax.set_xticklabels(labels, rotation=90)
plt.hist(y_train, bins=bin-0.5, rwidth=0.9)
ax.set_title('Train dataset histogram')

ax = fig.add_subplot(1, 2, 2)
ax.set_xticks(bin)
ax.set_xticklabels(labels, rotation=90)
plt.hist(y_test, bins=bin-0.5, rwidth=0.9)
ax.set_title('Test dataset histogram')

plt.tight_layout()
plt.show()
```

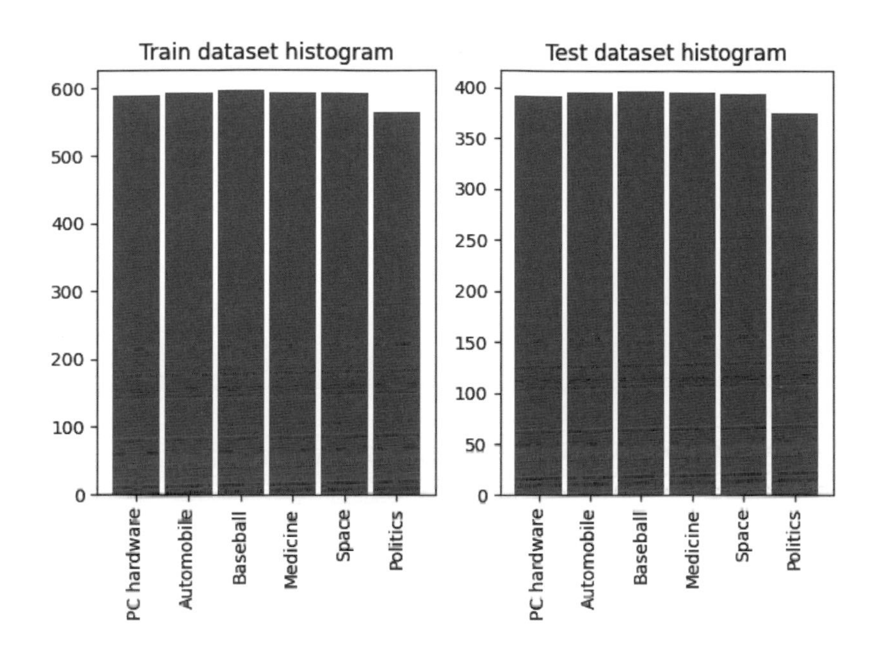

5-7-2 建立並訓練模型

在前面的文本迴歸預測及情感分類任務中，我們都使用 N-gram 嵌入向量搭配全連接層的模型，而其表現也都不錯。不過在本章的最後一個實驗，我們會回頭展示使用 CNN 的自訂模型寫法：

In

```
# 從 Keras Tuner 匯入 Choice 類別，用來設定某些超參數
from keras_tuner.engine.hyperparameters import Choice

# 嵌入向量模型超參數 (word2vec)
pretraining = Choice(name='pretraining', values=['word2vec'])

# 卷積層區塊只設 1 個
num_blocks = Choice(name='num_blocks', values=[1])
```

→ 接下頁

```
cbs = [tf.keras.callbacks.EarlyStopping(patience=3)]

# 文字輸入節點
input_node = ak.TextInput()

# 輸出節點：
# 文字轉數列區塊
output_node = ak.TextToIntSequence(max_tokens=50000)(input_node)
# 嵌入向量區塊
output_node = ak.Embedding(
    max_features=50000, pretraining=pretraining)(output_node)
# CNN 區塊
output_node = ak.ConvBlock(
    num_blocks=num_blocks,  # 卷積層區塊數量
    separable=True,   # 可分離卷積 ◄── (見第 4 章 Xception 介紹)
    max_pooling=True  # 卷積層啟用 local max pooling
    )(output_node)
# 池化區塊 (global max pooling)
output_node = ak.SpatialReduction(
    reduction_type='global_max')(output_node)
# 分類區塊
output_node = ak.ClassificationHead()(output_node)

clf = ak.AutoModel(inputs=input_node, outputs=output_node,
                   max_trials=20, overwrite=True)
clf.fit(x_train, y_train, callbacks=cbs)
```

可以看到，為了讓文字資料能夠輸入 CNN 層，得先用 TextToIntSequence 區塊將文字轉為數列，再用 Embedding 嵌入向量區塊轉換它 (兩個區塊都指定 tokens 為 5 萬個)。此外，為了加速訓練成效，我們選擇在 Embedding 區塊套用 word2vec 模型，而且在指定這個超參數時使用了 Keras Tuner 提供的 Choice 類別)。

小編補充：自訂模型與 hyperparameters.Choice 類別

其實在我們的試驗中，N-gram 模型經常能比 CNN 模型更快降低訓練損失值 (更快收斂), 所以上面使用 CNN 區塊，主要還是在展示 AutoModel 的自訂模型寫法。我們在此設定的超參數，也是根據多次試驗後得到的較佳結果。

值得注意的是，當你對 AutoKeras 區塊類別指定它支援的超參數 (比如數字或字串值) 時，有時仍會產生錯誤。這時的解法便是使用超參數支援的另一個格式，也就是 Keras Tuner 的 Choice 類別。上面我們便透過了 Choice 類別來對嵌入向量區塊套用 'word2vec' 超參數。

Choice 類別的另一個好處是能讓你指定多個超參數，例如：

In

```
# 讓嵌入向量層使用 word2vec 或 fasttext,
# 但不要使用 None, random 或 glove
pretraining = Choice(
    name='pretraining', values=['word2vec', 'fasttext'])

...
output_node = ak.Embedding(
    pretraining=pretraining, max_features=50000)(output_node)
...
```

最後，我們也在 CNN 層 (本身設定為可分離卷積層，並啟用 local max pooling) 之後加上全域最大池化區塊 (global max pooling), 以及一個分類區塊。

此模型的最終訓練成果如下：

Out

```
Epoch 1/15
111/111 [==============================] - 53s 467ms/step - loss: 1.7789
- accuracy: 0.2257
Epoch 2/15
111/111 [==============================] - 52s 469ms/step - loss: 1.4638
- accuracy: 0.5331
Epoch 3/15
111/111 [==============================] - 52s 467ms/step - loss: 0.7441
- accuracy: 0.7789
Epoch 4/15
111/111 [==============================] - 52s 467ms/step - loss: 0.4293
- accuracy: 0.8740
Epoch 5/15
111/111 [==============================] - 52s 470ms/step - loss: 0.2691
- accuracy: 0.9221
Epoch 6/15
111/111 [==============================] - 52s 468ms/step - loss: 0.1924
- accuracy: 0.9374
Epoch 7/15
111/111 [==============================] - 57s 514ms/step - loss: 0.1468
- accuracy: 0.9522
Epoch 8/15
111/111 [==============================] - 52s 465ms/step - loss: 0.1269
- accuracy: 0.9564
Epoch 9/15
111/111 [==============================] - 52s 467ms/step - loss: 0.1089
- accuracy: 0.9635
Epoch 10/15
111/111 [==============================] - 52s 466ms/step - loss: 0.1094
- accuracy: 0.9638
Epoch 11/15
111/111 [==============================] - 52s 467ms/step - loss: 0.0941
- accuracy: 0.9663
Epoch 12/15
111/111 [==============================] - 52s 466ms/step - loss: 0.0941
- accuracy: 0.9666
Epoch 13/15
111/111 [==============================] - 52s 467ms/step - loss: 0.0907
- accuracy: 0.9686
```

→ 接下頁

```
Epoch 14/15
111/111 [==============================] - 52s 469ms/step - loss: 0.0844
- accuracy: 0.9700
Epoch 15/15
111/111 [==============================] - 52s 469ms/step - loss: 0.0825
- accuracy: 0.9689
```

5-7-3 模型評估

以下就來評估這個最佳模型的預測效果：

In

```
clf.evaluate(x_test, y_test)
```

Out

```
74/74 [==============================] - 3s 38ms/step - loss: 0.4798 -
accuracy: 0.8430
[0.4798002541065216, 0.8430455327033997]
```

這顯示模型對測試集達到 84% 的預測準確率。

以下我們印出測試集的前 10 筆文章，觀察預測的主題與實際主題是否一致：

In

```
# 這裡產生測試集的完整預測，以便用於後續分析
predicted = clf.predict(x_test).flatten().astype('uint8')
```

→ 接下頁

```
for i in range(10):
    print('TEXT [')
    # 去掉文章頭尾空白, 並取前 400 字
    print(x_test[i].strip()[:400])
    print(f'] PREDICTED: {labels[predicted[i]]}, REAL: {labels[y_ 接下行
test[i]]}')
    print('')
```

輸出結果如下：

Out

```
74/74 [==============================] - 3s 38ms/step
TEXT [          ← 文章內容
. . . David gives good explaination of the deductions from the isotropic,
'edged' distribution, to whit, they are either part of the Universe or
part of the Oort cloud.

Why couldn't they be Earth centred, with the edge occuring at the edge
of the gravisphere? I know there isn't any mechanism for them, but there
isn't a mechanism for the others either.
] PREDICTED: Space, REAL: Space    ← 預測主題與實際主題

TEXT [
Article #61083 (61123 is last):
From: scholten@epg.nist.gov (Robert Scholten)
Subject: Re: How hot should the cpu be?
Date: Wed Apr 21 19:01:49 1993

The temp on my 486DX2/66 is over 96C (measured with a K-type thermocouple
and Fluke 55 dig thermometer).  This is an "idle" temp - not doing lots
of
bus i/o, not doing floating point, not doing 32-bit protected mode etc.
This
is in a Micron compute
] PREDICTED: PC hardware, REAL: PC hardware

TEXT [
Hi all netters,
```

→ 接下頁

```
  If I upgrade my XT with a 286+ motherboard, will I be able to use the
old
bits and pieces like HD, FD, graphics card and I/O card etc. Thanks for
you
info.

P.S. I am sorry if my question is on some kind of FAQ.

                          regards,
] PREDICTED: PC hardware, REAL: PC hardware

TEXT [
------------- cut here -----------------

        ONCE A YEAR...FOR A LIFETIME VIDEO KIT.  This kit
        includes a 25-minute VHS videotape that presents common
        misconceptions about mammography.  It tells of the
        benefits gains by the early detection of breast cancer.
        Jane Pauley and Phylicia Rashad are the narrators.  Kit
        includes a guide, poster, flyer, and pam
] PREDICTED: Medicine, REAL: Medicine

TEXT [
Last year my nine year old son fell in love with baseball and now
likes to play and to follow the professionals.  I would like to buy
him a board game so he can catch a glimpse of and practise a little of
the managerial stragegy.  I am not looking for a computer game or any
type of game where manual dexterity determines the winner.  I am after
something that he and his friends can spread out over
] PREDICTED: Baseball, REAL: Baseball

TEXT [
I recently installed dos 5.0 on a few machines, and the users
claim that when they use the mouse often, the screen will blank, and
the machine will lock up.

There are no viruses, they are not running any TSR's.
(the mouse is a logitec 2 button)
```

→ 接下頁

```
Anybody got any ideas?

thanks
] PREDICTED: PC hardware, REAL: PC hardware

TEXT [
Having in mind the size of the images, my opinion is to go with VLB.
It has _much_ more bandwith that EISA, which in fact can be utilized
by the craphics card. (I have not made measures, so someone else may
share experience on that.)

Also, the DX2/66 is faster in the operations, that run off internal
cache, slightly slower off the external and about the same off memory.
So my advice is the 66/VLB
] PREDICTED: PC hardware, REAL: PC hardware

TEXT [
Jonathan, interesting questions.  Some wonder whether or not the moon
could
have ever supported an atmosphere.  I'd be interested in knowing what
our geology/environmental sciences friends think.

As for human tolerances, the best example of human endurance in terms
of altitude (i.e. low atmospheric pressure and lower oxygen partial
pressure)
is in my opinion to the scaling of Mt. Everest without
] PREDICTED: Space, REAL: Space

TEXT [
1B Career:  DON MATTINGLY!!!!!!!!
] PREDICTED: Baseball, REAL: Baseball

TEXT [
This must vary from state to state, because our old company Kemper wanted
to drop me (keeping my wife) or tripple our premium because i had 1
ticket.
Only 2 points for 10 mph over speed limit.  Well i called Geico, and they
insured both my wife and i for less then we were previously paying
Kemper.
```

→ 接下頁

```
Generally i hate the whole insurance game. I realize that it is necessary
but the way that a person
] PREDICTED: Automobile, REAL: Automobile
```

為了更清楚了解模型對 6 個主題的各別預測能力，以下也使用 scikit-learn 的 classification_report 印出報告：

In

```
labels = ('PC hardware', 'Automobile', 'Baseball',
          'Medicine', 'Space', 'Politics')

from sklearn.metrics import classification_report
print(classification_report(y_test, predicted, target_names=labels))
```

這會產生下面的結果：

Out

```
              precision    recall  f1-score   support

 PC hardware       0.92      0.90      0.91       392
  Automobile       0.75      0.85      0.80       396
    Baseball       0.85      0.87      0.86       397
    Medicine       0.88      0.76      0.82       396
       Space       0.78      0.81      0.80       394
    Politics       0.91      0.86      0.88       376

    accuracy                           0.84      2351
   macro avg       0.85      0.84      0.84      2351
weighted avg       0.85      0.84      0.84      2351
```

5-7-4 模型視覺化

評估完模型的預測能力，接著我們就可以來將模型的架構視覺化：

In

```
model = clf.export_model()
model.summary()
```

Out

```
Model: "model"
_________________________________________________________________
Layer (type)                 Output Shape              Param #
=================================================================
input_1 (InputLayer)         [(None,)]                 0
_________________________________________________________________
expand_last_dim (ExpandLastD (None, 1)                 0
_________________________________________________________________
text_vectorization (TextVect (None, 512)               0
_________________________________________________________________
embedding (Embedding)        (None, 512, 512)          25600000
_________________________________________________________________
dropout (Dropout)            (None, 512, 512)          0
_________________________________________________________________
separable_conv1d (SeparableC (None, 510, 32)           17952
_________________________________________________________________
max_pooling1d (MaxPooling1D) (None, 255, 32)           0
_________________________________________________________________
dropout_1 (Dropout)          (None, 255, 32)           0
_________________________________________________________________
global_max_pooling1d (Global (None, 32)                0
_________________________________________________________________
dropout_2 (Dropout)          (None, 32)                0
_________________________________________________________________
dense (Dense)                (None, 6)                 198
_________________________________________________________________
classification_head_1 (Softm (None, 6)                 0
=================================================================
```

→ 接下頁

```
Total params: 25,618,150
Trainable params: 25,618,150
Non-trainable params: 0
_________________________________________________________________
```

可以看到這回模型中使用了 Separate Conv1D 可分離卷積層，後面接著它自己的 max pooling 層來降低特徵圖維度、以及用來降低過度配適的 dropout 層。在模型的最後幾層則是分類區塊的內容—— global max pooling 層、另一個 dropout 層，以及能產生分類結果的分類層。

至於用 plot_model() 產生的架構圖則如下：

In

```
from tensorflow.keras.utils import plot_model
plot_model(model)
```

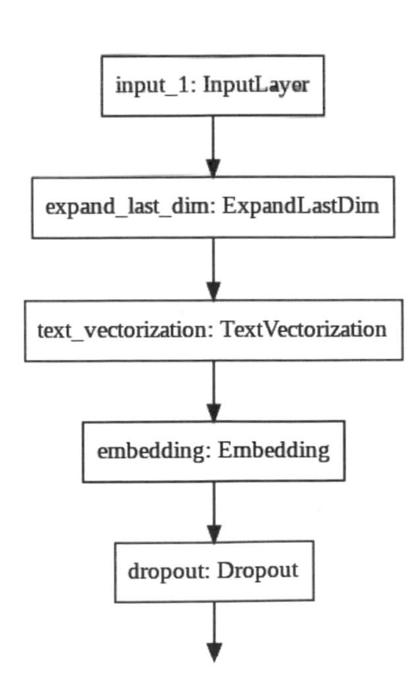

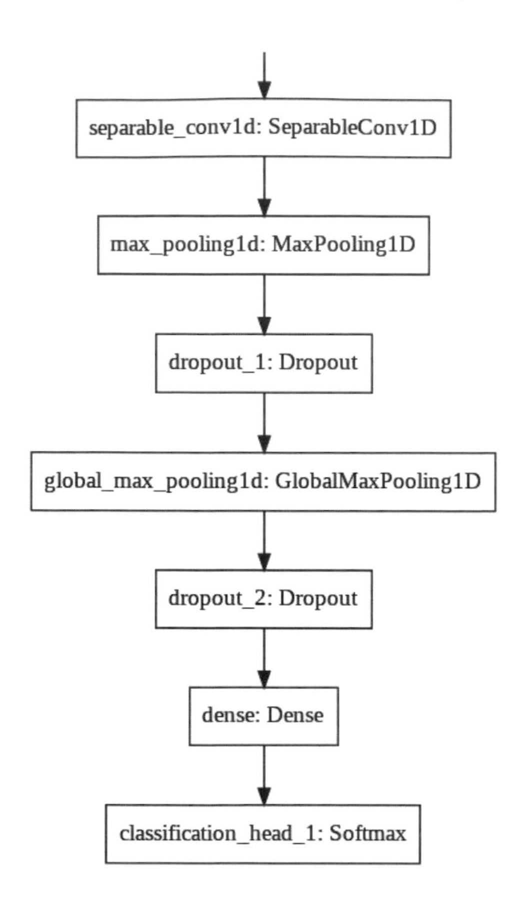

5-8 總結

在本章中，我們學到了神經網路如何處理文本資料，以及 RNN (循環神經網路) 與 CNN 在文本任務中能夠扮演的角色。我們也運用 AutoKeras, 用短短幾行程式實作了垃圾信件預測器，以及能根據電影評論內容來預測電影評分的迴歸器。

我們理解了情緒分析在現實生活中的重要性，並學到如何藉由短短幾行程式從文本資料中判斷情緒分類。最後，我們建立了高準確率的文本主題分類器，能夠根據文章內容判斷它屬於哪種類型。

現在我們已經學會了如何處理文本資料，藉著就可進入下一章——如何使用 AutoKeras 對結構性資料實作分類及迴歸模型。

延伸閱讀

- Attention Is All You Need (Transformer 論文)：https://arxiv.org/abs/1706.03762
- BERT: Pre-training of Deep Bidirectional Transformers for Language Understanding：https://arxiv.org/abs/1810.04805
- Efficient Estimation of Word Representations in Vector Space (Word2Vec 論文)：https://arxlv.org/abs/1706.03762
- Depth-wise Convolution and Depth-wise Separable Convolution：https://medium.com/@zurister/depth-wise-convolution-and-depth-wise-separable-convolution-37346565d4ec

小編補充：TextClassifier 的前三個預設模型

和前章的 ImageClassifier 一樣，你能在 TextClassifier 類別訓練時於建立的 text_classifier 資料夾底下的 oracle.json 找到它會使用的前 3 個預設模型架構：

- 第 1 個預設模型 (嵌入向量層 + CNN, 沒有預訓練)：

```
"text_block_1/block_type":"vanilla",
"classification_head_1/dropout":0,
"text_block_1/max_tokens":5000,
"text_block_1/conv_block_1/separable":false,
"text_block_1/text_to_int_sequence_1/output_sequence_length":512,
"text_block_1/embedding_1/pretraining":"none",
"text_block_1/embedding_1/embedding_dim":64,
"text_block_1/embedding_1/dropout":0.25,
"text_block_1/conv_block_1/kernel_size":5,
"text_block_1/conv_block_1/num_blocks":1,
"text_block_1/conv_block_1/num_layers":1,
"text_block_1/conv_block_1/max_pooling":false,
"text_block_1/conv_block_1/dropout":0,
"text_block_1/conv_block_1/filters_0_0":256,
"text_block_1/spatial_reduction_1/reduction_type":"global_max",
"text_block_1/dense_block_1/num_layers":1,
"text_block_1/dense_block_1/use_batchnorm":false,
"text_block_1/dense_block_1/dropout":0.5,
"text_block_1/dense_block_1/units_0":256,
"optimizer":"adam",
"learning_rate":0.001
```

- 第 2 個預設模型 (Transformer 模型，沒有預訓練)：

```
"text_block_1/block_type":"transformer",
"classification_head_1/dropout":0,
"optimizer":"adam",
"learning_rate":0.001,
"text_block_1/max_tokens":20000,
```

→ 接下頁

```
"text_block_1/text_to_int_sequence_1/output_sequence_length":200,
"text_block_1/transformer_1/pretraining":"none",
"text_block_1/transformer_1/embedding_dim":32,
"text_block_1/transformer_1/num_heads":2,
"text_block_1/transformer_1/dense_dim":32,
"text_block_1/transformer_1/dropout":0.25,
"text_block_1/spatial_reduction_1/reduction_type":"global_avg",
"text_block_1/dense_block_1/num_layers":1,
"text_block_1/dense_block_1/use_batchnorm":false,
"text_block_1/dense_block_1/dropout":0.5,
"text_block_1/dense_block_1/units_0":20
```

- 第 3 個預設模型 (BERT 模型)：

```
"text_block_1/block_type":"bert",
"classification_head_1/dropout":0,
"optimizer":"adam_weight_decay",
"learning_rate":2e-05,
"text_block_1/bert_block_1/max_sequence_length":512,
"text_block_1/max_tokens":20000
```

本章我們沒有介紹 Transformer 及 BERT 模型的 AutoModel 寫法，但它們確實有對應的 AutoKeras 區塊類別可供組合：

In

```
# 使用 Transformer 的自訂模型
# Transformer 區塊的 pretraining 可指定為 'none'、
# 'random'、'glove'、'fasttext' 或 'word2vec'

text_input = ak.TextInput()
output_node = ak.TextToIntSequence()(text_input)
output_node = ak.Transformer(pretraining='none')(output_node)
output_node = ak.SpatialReduction(reduction_type='global_avg') 接下行
(output_node)
output_node = ak.DenseBlock(num_layers=1, use_batchnorm = False) 接下行
(output_node)
output_node = ak.ClassificationHead()(output_node)
```

→ 接下頁

In

```
# 使用 BERT 的自訂模型

text_input = ak.TextInput()
output_node = BertBlock()(input_node)
output_node = ak.ClassificationHead()(output_node)
```

06

運用 AutoKeras 進行結構化資料的分類與迴歸

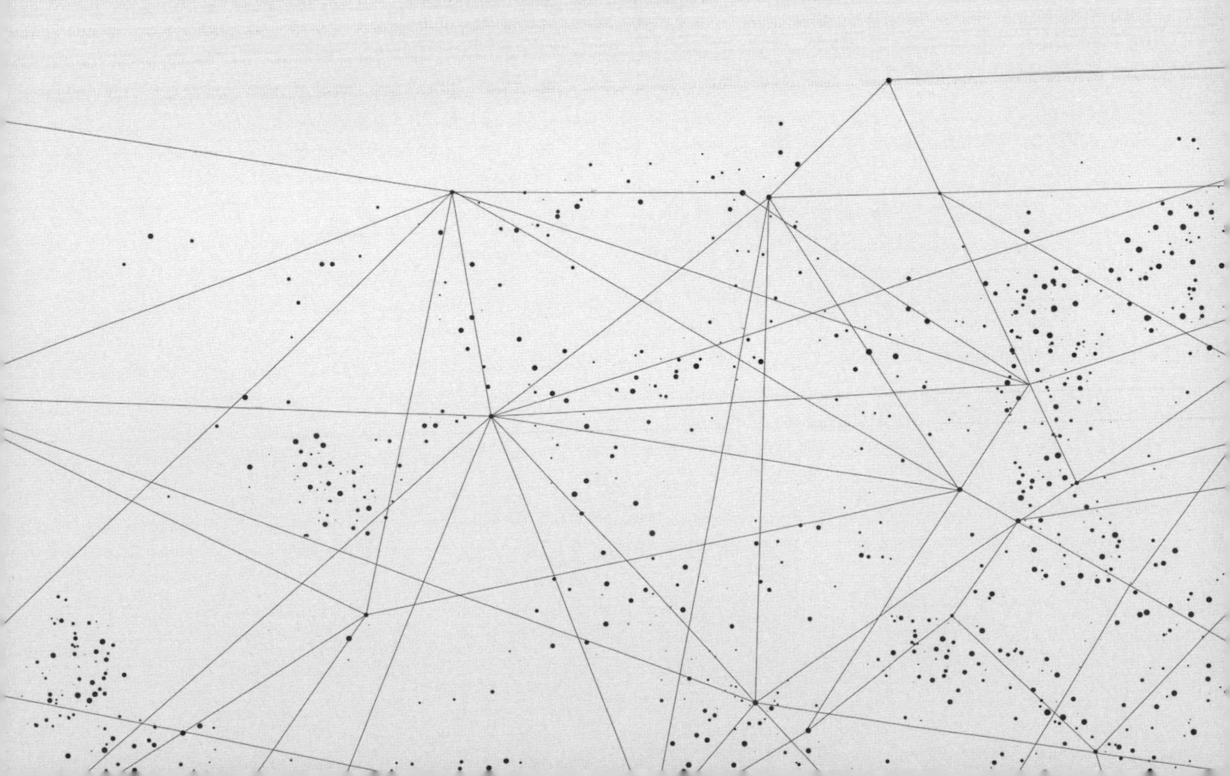

在本章，我們會專注於 AutoKeras 如何能用於處理一般的**結構化資料 (structured data)**——或稱為**表狀資料 (tabular data)**。我們將學習如何探索這類資料集，以及能如何運用 AutoKeras 來解決這類資料背後的問題。而對於這類資料，AutoKeras 的結構化分類器或迴歸器也會對它們做些預處理。

完成本章後，你將有能力探索一個結構化資料集，將它做簡單處理和分割，以便做為特定模型的資料源，並打造解決基於結構化資料問題的分類和迴歸模型。

本章涵蓋以下主題：

- 理解結構化資料
- 處理結構化資料
- 打造分類器預測船難生還者
- 打造分類器預測信用卡詐欺
- 處理分類不平均的資料集
- 打造迴歸器預測房價
- 打造迴歸器預測共享單車租用人次

★技術準備 使用 Google Colab 或 Jupyter Notebook 及安裝相關套件的方式請參閱第 2 章。

6-1 理解結構化資料

結構化資料之所以又稱表狀資料，意思是這些資料是由資料庫的行與列組成，每列是一筆資料 (instance)，每行則代表一個特徵或變數。結構化資料又分為以下兩種類型：

- 數值 (numerical) 資料：這種資料是由數字方式呈現；而它又可以分成兩類，如下：
  a. 連續型 (continuous)：資料可能是一段區間中的任一數值，像是氣溫、速度、身高等等。例如，一個人的身高可以是 (在人類身高範圍中的) 任何數值，而且能帶有小數位，不會只有幾種固定的高度。
  b. 離散型 (discrete)：資料會是不可再切割的整數，如年分、機器故障次數、一個國家的人口等等。
- 類別 (categorical) 資料：這種資料只會是一組特定分類中的值，它們可被分為以下幾類：
  a. 名目 (nominal)：資料沒有順序性，例如商品可選的顏色。假如分類只有兩類，例如『是』或『否』，則可稱為二元 (binary) 類別。
  b. 序數 (ordinal)：資料有順序性，例如星期幾。

你必須知道每個特徵的資料類型，才可選擇合適的預處理方法。例如，若一個表格中的欄位含有離散型資料，就應該先將它編碼成對應數值，然後再傳入模型中。

幸好，AutoKeras 的結構化分類器或迴歸器會檢視每個欄位的格式，在傳入模型時就自動對它們進行預處理。連續數值資料也會先被 AutoKeras 正規化。而要是有資料缺失或為 NaN，那麼 AutoKeras 會將之轉成 0。這使得我們能夠以更快速、簡單的方式針對結構化資料打造高效能模型。

6-2 打造結構化分類器預測船難生還者

1912 年，鐵達尼號在首航時撞上冰山沉沒，船上 2,224 人中有 1,514 人罹難，而某些乘客出於某些因素，或許會比其他人有更大的生還機會。因此我們可試著訓練一個神經網路模型來找出這個關聯。

以下的鐵達尼號資料集分為訓練集 (627 名乘客) 與測試集 (264 名乘客), 兩份資料都具有以下欄位：

欄位	意義
survived	是否生還 (0/1, 1 代表生還)
sex	性別 (male/female)
age	年齡
n_siblings_spouses	同行兄弟姊妹、配偶人數
parch	同行父母人數
fare	船票價格
class	艙等 (First/Second/Third)
deck	房間所在甲板 (A~G 或 Unknown (未知))
embark_town	出發城鎮
alone	是否獨行 (y/n)

我們將讓 AutoKeras 來替我們預處理這個資料集，並從中找出模式，看看是否有效預測乘客是否能生還。

★提示 範例程式：chapter06\notebook\titanic.ipynb 及 chapter06\py\titanic.py

6-2-1 安裝 AutoKeras 與匯入所需套件

首先就和前面一樣，若有需要就先安裝 AutoKeras：

In

```
!pip3 install autokeras
```

然後匯入 Pandas、Tensorflow 及 AutoKeras 這三個套件：

In

```
import pandas as pd
import tensorflow as tf
import autokeras as ak
```

6-2-2 載入資料集

接著，我們要將鐵達尼號資料集載入為 pandas DataFrame 資料表物件：

In

```
train_file_url = \
    'https://storage.googleapis.com/tf-datasets/titanic/train.csv'
test_file_url = \
    'https://storage.googleapis.com/tf-datasets/titanic/eval.csv'

train = pd.read_csv(train_file_url)
test = pd.read_csv(test_file_url)
```

來檢視一下測試集的內容：

In

```
test
```

	survived	sex	age	n_siblings_spouses	parch	fare	class	deck	embark_town	alone
0	0	male	35.0	0	0	8.0500	Third	unknown	Southampton	y
1	0	male	54.0	0	0	51.8625	First	E	Southampton	y
2	1	female	58.0	0	0	26.5500	First	C	Southampton	y
3	1	female	55.0	0	0	16.0000	Second	unknown	Southampton	y
4	1	male	34.0	0	0	13.0000	Second	D	Southampton	y
...	...	...	...	...	...	...	...	...	...	...
259	1	female	25.0	0	1	26.0000	Second	unknown	Southampton	n
260	0	male	33.0	0	0	7.8958	Third	unknown	Southampton	y
261	0	female	39.0	0	5	29.1250	Third	unknown	Queenstown	n
262	0	male	27.0	0	0	13.0000	Second	unknown	Southampton	y
263	1	male	26.0	0	0	30.0000	First	C	Cherbourg	y

264 rows × 10 columns

6-2-3 準備資料集

我們還得將以上 DataFrame 的內容分成特徵和標籤，以便能輸入給 AutoKeras 模型：

In

```
x_train = train.drop(['survived'], axis=1)
y_train = train['survived']

x_test = test.drop(['survived'], axis=1)
y_test = test['survived']
```

DataFrame 的 drop() 方法會移除指定名稱的一個或多個欄位 (以 Python 串列表示), 並傳回新的 DataFrame 物件 (不改變原始資料表)。由於 drop() 預設的行為是搜尋列而不是行 (欄位) 名稱，因此得指定 axis 參數為 1。

以 train 資料集為例，x_train 得到的內容是去掉 survived 一欄的其餘資料 (特徵), 而 y_train 則是 survived 欄的內容 (目標值)。接著我們也對測試集 test 做了同樣的處理。

小編註：x_train/x_test 會是 pandas 的 DataFrame 物件，y_train/y_test 則是 Series 物件 (從 DataFrame 選出的單一欄位)。

資料表準備完畢後，我們便要來建立一個分類器模型。

6-2-4 建立並訓練分類器

為了針對結構化資料訓練分類器模型，我們要使用 AutoKeras 的 **StructuredDataClassifier** 類別。我們將 max_trials 設為 10, 以便多搜尋幾種不同的模型：

In

```
# 建立結構化資料分類器, 搜尋 10 個模型
clf = ak.StructuredDataClassifier(max_trials=10)

# 訓練模型
clf.fit(x_train, y_train)
```

比起 AutoKeras 的其它類別，StructuredDataClassifier 能接受的輸入資料種類非常廣泛，可以是 ndarray、pandas Series/Dataframe 或 Tensorflow Dataset, 甚至可以直接傳入 CSV 檔案路徑或一個 URL, 模型會自動下載並接收這些資料。下面舉個例：

In

```
clf.fit(train_file_url,  # 訓練資料集路徑
        'survived')  # 目標欄位的名稱
```

無論你使用哪種方式，訓練結果都大致如下：

Out

```
Epoch 1/27
20/20 [==============================] - 1s 3ms/step - loss: 0.6781 -
accuracy: 0.5630
Epoch 2/27
20/20 [==============================] - 0s 3ms/step - loss: 0.5942 -
accuracy: 0.7640
Epoch 3/27
20/20 [==============================] - 0s 3ms/step - loss: 0.5319 -
accuracy: 0.8022
Epoch 4/27
20/20 [==============================] - 0s 3ms/step - loss: 0.4818 -
accuracy: 0.8166
Epoch 5/27
20/20 [==============================] - 0s 3ms/step - loss: 0.4491 -
accuracy: 0.8134

...(中略)

Epoch 23/27
20/20 [==============================] - 0s 3ms/step - loss: 0.3741 -
accuracy: 0.8517
Epoch 24/27
20/20 [==============================] - 0s 4ms/step - loss: 0.3725 -
accuracy: 0.8549
```

→接下頁

```
Epoch 25/27
20/20 [==============================] - 0s 4ms/step - loss: 0.3711 -
accuracy: 0.8549
Epoch 26/27
20/20 [==============================] - 0s 3ms/step - loss: 0.3696 -
accuracy: 0.8533
Epoch 27/27
20/20 [==============================] - 0s 3ms/step - loss: 0.3682 -
accuracy: 0.8533
```

小編註：StructuredDataClassifier 分類器訓練時，預設的目標指標 (要優化的對象) 會是 val_accuracy (驗證集準確率) 而不是 val_loss。

如結果所示，我們在訓練集獲得 85.33% 的預測準確度，在這麼短的時間內算是不錯了。

6-2-5 模型評估

下面我們來用測試集評估模型的實際預測能力：

In

```
clf.evaluate(x_test, y_test)
```

這會得到如下的結果：

Out

```
9/9 [==============================] - 0s 3ms/step - loss: 0.4276 -
accuracy: 0.8220
[0.4275531768798828, 0.8219696879386902]
```

可見我們的模型對於預測集有 82.2% 的預測準確率。

下面我們來印出測試集的前 10 名旅客，預測他們在鐵達尼號沉沒時是否能夠生還：

In

```
# 產生預測值
predicted = clf.predict(x_test).flatten()
# 將 y_test (pandas Series) 轉為 ndarray
real = y_test.to_numpy().flatten()

for i in range(10):
    print(f'Passenger: #{i+1}')
    print('Predicted:', 'survived' if predicted[i] else 'not survived')
    print('Real:', 'survived' if real[i] else 'not survived')
    print('')
```

這會輸出如下的結果：

Out

```
9/9 [==============================] - 0s 3ms/step
Passenger: #1
Predicted: not survived
Real: not survived

Passenger: #2
Predicted: not survived
Real: not survived

Passenger: #3
Predicted: survived
Real: survived

Passenger: #4
Predicted: survived
Real: survived
```

→接下頁

```
Passenger: #5
Predicted: not survived
Real: survived

Passenger: #6
Predicted: survived
Real: survived

Passenger: #7
Predicted: not survived
Real: not survived

Passenger: #8
Predicted: not survived
Real: not survived

Passenger: #9
Predicted: not survived
Real: not survived

Passenger: #10
Predicted: survived
Real: survived
```

6-2-6 模型視覺化

最後我們來檢視這個最佳模型的架構概要：

In

```
model = clf.export_model()
model.summary()
```

Out

```
Model: "model"
_________________________________________________________________
Layer (type)                 Output Shape              Param #
=================================================================
input_1 (InputLayer)         [(None, 9)]               0
_________________________________________________________________
multi_category_encoding (Mul (None, 9)                 0
_________________________________________________________________
normalization (Normalization (None, 9)                 19
_________________________________________________________________
dense (Dense)                (None, 32)                320
_________________________________________________________________
re_lu (ReLU)                 (None, 32)                0
_________________________________________________________________
dense_1 (Dense)              (None, 32)                1056
_________________________________________________________________
re_lu_1 (ReLU)               (None, 32)                0
_________________________________________________________________
dense_2 (Dense)              (None, 1)                 33
_________________________________________________________________
classification_head_1 (Activ (None, 1)                 0
=================================================================
Total params: 1,428
Trainable params: 1,409
Non-trainable params: 19
_________________________________________________________________
```

可見模型由兩個全連接層構成，而 AutoKeras 也加上了正規化層，以及能將類別資料編碼成數字、以利模型解讀的 category encoding 層。

我們也使用 plot_model() 來檢視模型中各層的關係：

In

```
from tensorflow.keras.utils import plot_model
plot_model(model)
```

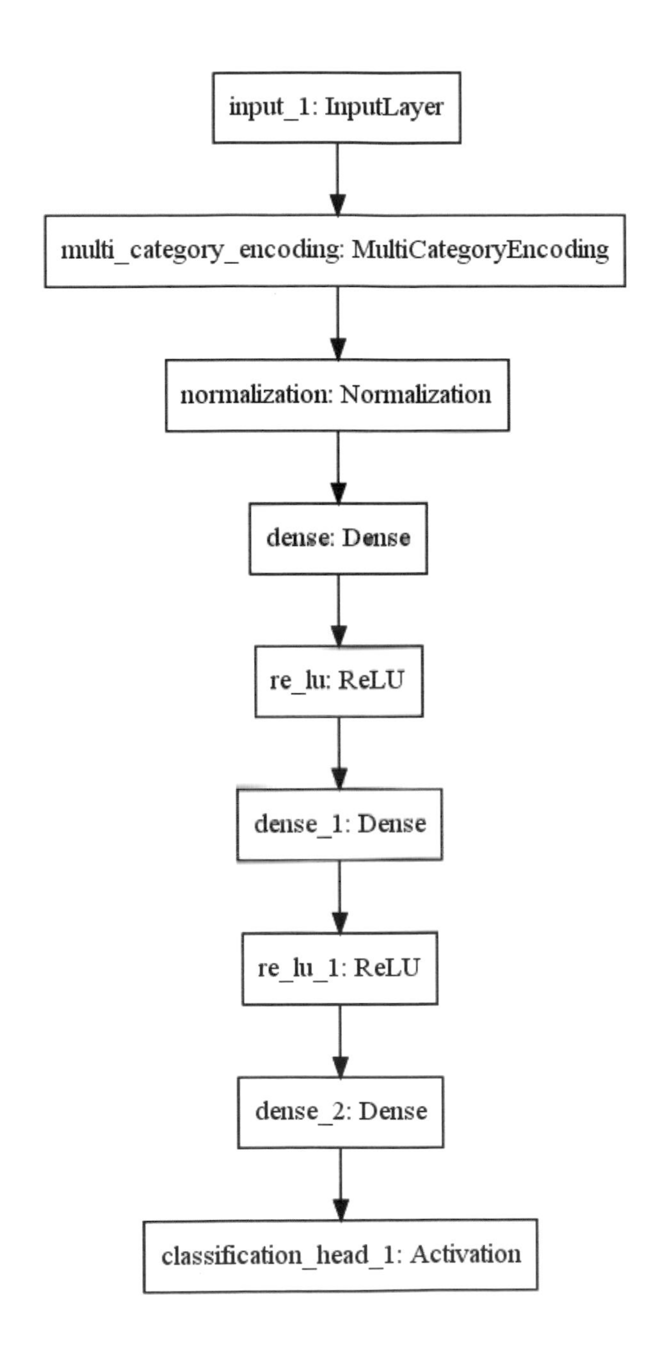

在此 AutoKeras 替我們選擇了全連接層 (dense) 網路，這是很適合處理表狀資料的經典 ML 架構，你也很常在經典的神經網路教材中看到它。

6-3 打造結構化分類器預測信用卡詐欺

我們再來看一個例子，這個資料集收集了歐洲 2013 年 9 月 284,807 名信用卡持有人的相關交易資訊，當中 492 筆被標記為詐欺。我們將訓練一個分類器，以便辨識信用卡交易是否可能有問題。

★提示 範例程式：chapter06\notebook\fraud.ipynb 及 chapter06\py\fraud.py

6-3-1 匯入套件並準備資料集

首先安裝 AutoKeras：

In

```
!pip3 install autokeras
```

然後匯入所需套件：

In

```
import numpy as np
import matplotlib.pyplot as plt
import pandas as pd
import tensorflow as tf
import autokeras as ak
```

接著執行以下程式碼來載入並檢視之：

In

```
df = pd.read_csv('https://github.com/nsethi31/Kaggle-Data-Credit- 接下行
Card-Fraud-Detection/raw/master/creditcard.csv')
df
```

你會看到如下的表格 (以下只顯示一部分)：

	Time	V1	V2	V3	V4	V5	V6	V7	V8	V9	
0	0.0	-1.359807	-0.072781	2.536347	1.378155	-0.338321	0.462388	0.239599	0.098698	0.363787	0.09
1	0.0	1.191857	0.266151	0.166480	0.448154	0.060018	-0.082361	-0.078803	0.085102	-0.255425	-0.16
2	1.0	-1.358354	-1.340163	1.773209	0.379780	-0.503198	1.800499	0.791461	0.247676	-1.514654	0.20
3	1.0	-0.966272	-0.185226	1.792993	-0.863291	-0.010309	1.247203	0.237609	0.377436	-1.387024	-0.05
4	2.0	-1.158233	0.877737	1.548718	0.403034	-0.407193	0.095921	0.592941	-0.270533	0.817739	0.75
...	...	...	...	...	...	...	...	...	...	...	
284802	172786.0	-11.881118	10.071785	-9.834783	-2.066656	-5.364473	-2.606837	-4.918215	7.305334	1.914428	4.35
284803	172787.0	-0.732789	-0.055080	2.035030	-0.738589	0.868229	1.058415	0.024330	0.294869	0.584800	-0.97
284804	172788.0	1.919565	-0.301254	-3.249640	-0.557828	2.630515	3.031260	-0.296827	0.708417	0.432454	-0.48
284805	172788.0	-0.240440	0.530483	0.702510	0.689799	-0.377961	0.623708	-0.686180	0.679145	0.392087	-0.39
284806	172792.0	-0.533413	-0.189733	0.703337	-0.506271	-0.012546	-0.649617	1.577006	-0.414650	0.486180	-0.91

284807 rows × 31 columns

資料集中除了 Time (交易時間)、Amount (交易金額)、Class (分類，以 0／1 代表正常／詐欺交易) 以外，共有 V1~V28 共 28 個特徵欄位。這些特徵的意義因為個資保密的緣故而並未公開。

接著我們來將此資料集的特徵 (不含時間資訊) 與標籤分開，檢視一下兩個標籤占的比例，並將資料進一步切割成訓練集與測試集：

In

```
x = df.drop(['Time', 'Class'], axis=1)
y = df['Class']
```

→ 接下頁

```
# 印出每個標籤所占的比例
print(y.value_counts() / y.count())

from sklearn.model_selection import train_test_split

x_train, x_test, y_train, y_test = train_test_split(
    x, y, test_size=0.2, random_state=0)
```

pandas Series/DataFrame 物件的 value_counts() 方法能統計各種值的出現次數，而 count() 方法則會傳回資料總筆數（總列數）。只要將次數除以總數，就能得到各分類所占的比重。

這會輸出如下結果：

Out

```
0    0.998273      ←— 分類 0 占 99.827 %
1    0.001727      ←— 分類 1 占 0.173 %
Name: Class, dtype: float64
```

假如我們檢視訓練集與測試集的標籤，也會發現其分布非常懸殊：

In

```
fig = plt.figure()
bin = np.arange(np.unique(y_train).size+1)

ax = fig.add_subplot(1, 2, 1)
ax.set_xticks(bin)
plt.hist(y_train, bins=bin-0.5, rwidth=0.9)
ax.set_title('Train dataset histogram')

ax = fig.add_subplot(1, 2, 2)
ax.set_xticks(bin)
plt.hist(y_test, bins=bin-0.5, rwidth=0.9)
ax.set_title('Test dataset histogram')

plt.tight_layout()
plt.show()
```

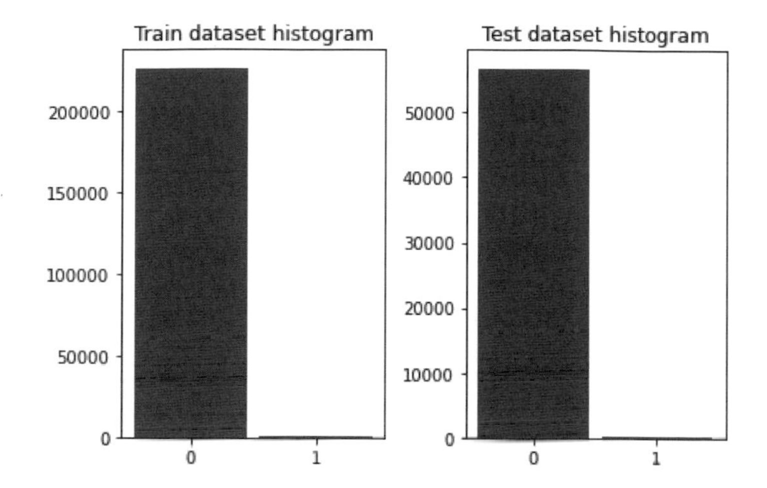

稍後我們會來看分類不均的資料會有何種潛在問題。不過，現在我們先來直接替它建立一個分類器。

6-3-2 建立並訓練模型

這回我們要來看使用 AutoModel 的結構化分類器寫法：

In

```
# 結構化輸入節點
input_node = ak.StructuredDataInput()

# 輸出節點：
# 結構化處理層
output_node = ak.StructuredDataBlock()(input_node)
# 分類層
output_node = ak.ClassificationHead()(output_node)

clf = ak.AutoModel(inputs=input_node, outputs=output_node, max_trials=5)

clf.fit(x_train, y_train,
        callbacks=[tf.keras.callbacks.EarlyStopping(patience=5)])
```

AutoModel 試驗五個模型後，會輸出如下的結果：

Out

```
Epoch 1/10
7121/7121 [==============================] - 19s 2ms/step - loss: 0.0223
- accuracy: 0.9987
Epoch 2/10
7121/7121 [==============================] - 18s 2ms/step - loss: 0.0080
- accuracy: 0.9992
Epoch 3/10
7121/7121 [==============================] - 18s 2ms/step - loss: 0.0058
- accuracy: 0.9993
Epoch 4/10
7121/7121 [==============================] - 18s 3ms/step - loss: 0.0045
- accuracy: 0.9993
Epoch 5/10
7121/7121 [==============================] - 18s 2ms/step - loss: 0.0048
- accuracy: 0.9993
Epoch 6/10
7121/7121 [==============================] - 18s 2ms/step - loss: 0.0039
- accuracy: 0.9994
Epoch 7/10
7121/7121 [==============================] - 16s 2ms/step - loss: 0.0041
- accuracy: 0.9994
Epoch 8/10
7121/7121 [==============================] - 14s 2ms/step - loss: 0.0042
- accuracy: 0.9994
Epoch 9/10
7121/7121 [==============================] - 14s 2ms/step - loss: 0.0035
- accuracy: 0.9995
Epoch 10/10
7121/7121 [==============================] - 14s 2ms/step - loss: 0.0037
- accuracy: 0.9995
```

6-3-3 模型評估

在前面的訓練結果中，模型對於訓練集達到了 99.95% 的預測準確率。現在我們則要來看它對測試集的表現是否一樣好：

In

```
clf.evaluate(x_test, y_test)
```

Out

```
1781/1781 [==============================] - 3s 2ms/step - loss: 0.0036 -
accuracy: 0.9996
[0.0035711948294192553, 0.9995962381362915]
```

以下進一步用 scikit-learn 的 classification_report 來產生詳細的預測報告：(下面會用到 F1 score 及 PR AUC 值，等下一節會再介紹其意義。)

In

```
# 取得測試集的預測結果
predicted = clf.predict(x_test).flatten()

# 從 scikit-learn 匯入能計算相關指標的功能
from sklearn.metrics import f1_score, average_precision_score, 接下行
classification_report

# 印出 F1 score
print('f1 score:', f1_score(y_test, predicted).round(3))
# 印出 PR AUC 值
print('PR AUC score:', average_precision_score(y_test, predicted). 接下行
round(3))
print('')
# 印出分類預測報表
print(classification_report(y_test, predicted))
```

這會產生以下結果：

Out

```
1781/1781 [==============================] - 3s 2ms/step
f1 score: 0.883
PR AUC score: 0.781

              precision    recall  f1-score   support

           0       1.00      1.00      1.00     56861
           1       0.91      0.86      0.88       101

    accuracy                           1.00     56962
   macro avg       0.95      0.93      0.94     56962
weighted avg       1.00      1.00      1.00     56962
```

可見分類器對於分類 1 的預測精準率 (precision) 達 91% (預測為分類 1 的資料有 91% 正確), 召回率 (recall) 也有 86% (實際為分類 1 的資料，有 86% 能被正確辨識出來)。

6-4 處理分類不平均的資料集

在對前一節這種分類不平均 (imbalanced) 的資料集建立模型時，準確率其實並不是可靠的指標。如前所見，這個資料集中的分類 1 僅占 0.17%, 而這麼少的資料對於模型訓練可能會帶來問題。

以前面的分類報告為例，假如模型訓練的時間再短一點，我們也有可能會得到以下結果：

Out

```
              precision    recall  f1-score   support

           0       1.00      1.00      1.00     56861
           1       0.00      0.00      0.00       101

    accuracy                           1.00     56962
   macro avg       0.50      0.50      0.50     56962
weighted avg       1.00      1.00      1.00     56962
```

在以上結果中，模型對分類 1 的預測率是 0%, 也就是說它將所有測試資料都預測為分類 0。既然分類 0 的比例高達 99.8%, 這使得模型的預測準確率至少就有 99.8%！但實際上，這個模型完全無法辨識信用卡詐欺行為。因此在此種情況下，看整體準確率的意義就不大。

對於分類極度不均的資料集，你應該改用 F1 score 或 PR AUC 做為評估模型表現的指標。如第 1 章所述，F1 score 即精準率與召回率的調和平均數；**PR (precision-recall) 曲線**則以精準率和召回率為兩軸，畫出模型的預測能力，因此該曲線下方涵蓋的面積 (area under curve, **AUC**) 越大則代表對精準率／召回率的共同預測表現越佳，特別適合用來衡量分類不均的狀況。

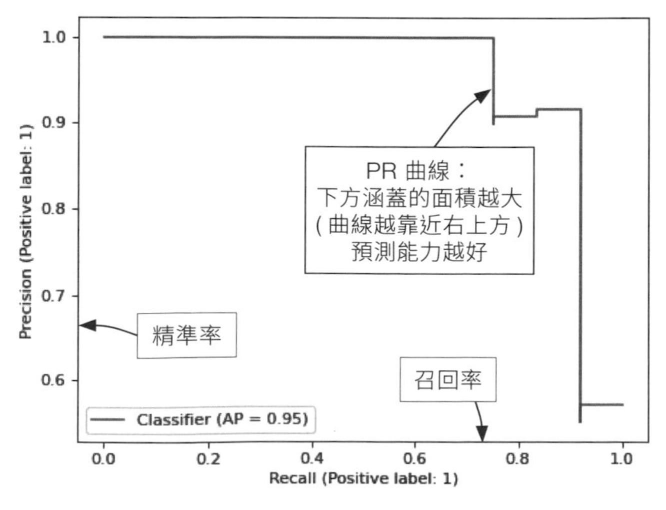

(出處：scikit-learn 網站說明文件：https://scikit-learn.org/stable/modules/generated/sklearn.metrics.PrecisionRecallDisplay.html)

而在訓練模型時，有幾種方式可以應付分類不均的資料：

- **欠採樣 (under-sampling)**：減少訓練集中分類 0 的數量，使之比例上接近分類 1。本章第一個範例所使用的鐵達尼號資料集，其實就運用了這種手法，讓資料集中生還和罹難的人數大致相等。

- **過採樣 (over-sampling)**：用某種方式增加訓練集中分類 1 的資料，例如使用 K 鄰近法 或 SMOTE (synthetic minority oversampling technique, 合成少數類過採樣技術) 等等。

- 調整**分類權重 (class weights)**：將數量少的類別指定更大的權重，好在訓練時放大其損失值，迫使模型調整出更正確的分類。

一般來說，只要給予 AutoKeras 足夠的訓練時間，就算分類極度不均，它其實都有機會產生不錯的預測結果。但假如結果仍令你不夠滿意，你可考慮在訓練 AutoKeras 模型時調整分類權重。

6-4-1 計算分類權重

分類權重能夠調整各分類的損失值比重，迫使模型更重視占少數的分類。最簡單的方式是以 Python 字典的形式指定分類 0 與 1 各自的權重：

In

```
# 分類 0 的權重為 1
# 分類 1 的權重為 100
class_weights = {0: 1, 1: 100}
```

你也可透過 scikit-learn 提供的 compute_class_weight() 函式來替你計算合適的權重：

In

```
from sklearn.utils.class_weight import compute_class_weight

# 計算訓練集的分類權重 (傳回 list)
class_weights = compute_class_weight('balanced',
                                     classes=np.unique(y_train),
                                     y=y_train)

# 將 list 轉為 pandas Series, 再轉成 dict
class_weights = pd.Series(class_weights).to_dict()

# 檢視權重
class_weights
```

這會產生以下結果：

Out

```
{0: 0.5008595144512736, 1: 291.3618925831202}
```

這表示在訓練模型時，分類 0 的損失值將會乘上 0.50, 而分類 1 則會乘上 291.36。

6-4-2 使用分類權重來訓練模型

現在我們要在訓練模型時加入分類權重，並要它顯示一些更有意義的評估指標：

In

```
# 自訂評估指標
metrics = [
    tf.keras.metrics.Precision(name='precision'),  # 精準率
    tf.keras.metrics.Recall(name='recall'),  # 召回率
    tf.keras.metrics.AUC(name='pr_auc', curve='PR')  # PR AUC
]

input_node = ak.StructuredDataInput()

output_node = ak.StructuredDataBlock()(input_node)
output_node = ak.ClassificationHead()(output_node)

# 在訓練時顯示自訂評估指標, 並用 overwrite 蓋過之前的訓練結果
clf = ak.AutoModel(
    inputs=input_node, outputs=output_node,
    metrics= metrics,
    max_trials=60, overwrite=True)

# 指定分類權重
clf.fit(x_train, y_train,
        class_weight=class_weights,
        callbacks=[tf.keras.callbacks.EarlyStopping(patience=5)])
```

小編註：fit() 的 class_weight 參數其實是底下 Keras 模型所用的參數。換言之，你也可以傳遞其他 Keras 參數來調整模型行為。

加入權重之後，模型的損失值會變得更難收斂，因此有必要增加測試的模型數量，確保 AutoKeras 能找到表現夠好的模型。我們在此也要求 AutoKeras 於訓練時顯示精確率、召回率及 PR AUC 值，好了解訓練成效。不過，模型仍會以 MSE 損失值的最小化為優化目標。下一節我們將來看這個模型的訓練成果為何。

小編補充

如果你希望模型使用別的指標作為訓練目標，例如試著將 PR AUC 值最大化，可以用如下的寫法：

In

```
import keras_tuner as kt

metrics = [
    tf.keras.metrics.Precision(name='precision'),
    tf.keras.metrics.Recall(name='recall'),
    tf.keras.metrics.AUC(name='pr_auc', curve='PR')
]

input_node = ak.StructuredDataInput()

output_node = ak.StructuredDataBlock()(input_node)
output_node = ak.ClassificationHead()(output_node)

clf = ak.AutoModel(
    inputs=input_node, outputs=output_node,
    objective=kt.Objective('val_pr_auc', direction='max'),
    metrics=metrics,
    max_trials=60, overwrite=True)

clf.fit(x_train, y_train,
        class_weight=class_weights,
        callbacks=[tf.keras.callbacks.EarlyStopping(
            patience=5, monitor='val_pr_auc' , mode='max')])
```

這裡之所以要用上 Keras Tuner 的 Objective 類別，是因為 pr_auc 指標 (以及驗證集的對應指標 val_pr_auc) 並非內建指標，AutoKeras 並不曉得應該最小化還是最大化它。基於這個原因，我們得將 kt.Objective 的 direction 參數設為『max』(最大化)。

→ 接下頁

此外，我們在 EarlyStopping 回呼函式加入參數 monitor, 要它將提前結束訓練的監控指標改為 val_pr_auc (而不是預設的 val_loss), mode 參數則同樣設為『max』。這麼一來，若訓練時 val_pr_auc 指標未能繼續增加，AutoKeras 就會跳過這個模型。

若你已有 Tensorflow 和 Keras 的相關知識，可進一步參閱以下文章，了解它們如何應付分類不平均之資料：https://www.tensorflow.org/tutorials/structured_data/imbalanced_data。

6-4-3 模型評估

前面模型完成訓練和找到最佳模型後，我們可以再產生一次測試集的預測結果，並檢視模型對各分類的預測效能：

In

```
predicted = clf.predict(x_test).flatten()

from sklearn.metrics import f1_score, average_precision_score, 接下行
classification_report

print('f1 score:', f1_score(y_test, predicted).round(3))
print('PR AUC score:', average_precision_score(y_test, predicted). 接下行
round(3))
print('')
print(classification_report(y_test, predicted))
```

這會產生以下結果：

Out

```
1781/1781 [==============================] - 9s 5ms/step
f1 score: 0.833
PR AUC score: 0.695

              precision    recall  f1-score   support

           0       1.00      1.00      1.00     56861
           1       0.83      0.84      0.83       101

    accuracy                           1.00     56962
   macro avg       0.91      0.92      0.92     56962
weighted avg       1.00      1.00      1.00     56962
```

使用分類權重來訓練，成果其實和前面的結果相差不大。因此除非是 AutoKeras 模型一開始就無法有效預測占少數的分類，你才有需要試試看指定分類權重，甚至根據 scikit-learn 計算出的權重來進一步微調，好改善模型的訓練成效。

小編註：當你繼續提高分類 1 的權重時，模型就會更傾向將資料預測為分類 1，這表示正常的信用卡交易會更容易被標示為詐欺。這可以解釋為什麼有時你正常刷卡後會被信用卡公司鎖卡。

6-4-4 模型視覺化

最後我們來檢視模型的結構，用兩種方式將它視覺化：

In

```
model = clf.export_model()
model.summary()
```

Out

```
Model: "model"
_________________________________________________________________
Layer (type)                 Output Shape              Param #
=================================================================
input_1 (InputLayer)         [(None, 29)]              0
_________________________________________________________________
multi_category_encoding (Mul (None, 29)                0
_________________________________________________________________
normalization (Normalization (None, 29)                59
_________________________________________________________________
dense (Dense)                (None, 1024)              30720
_________________________________________________________________
re_lu (ReLU)                 (None, 1024)              0
_________________________________________________________________
dropout (Dropout)            (None, 1024)              0
_________________________________________________________________
dense_1 (Dense)              (None, 512)               524800
_________________________________________________________________
re_lu_1 (ReLU)               (None, 512)               0
_________________________________________________________________
dropout_1 (Dropout)          (None, 512)               0
_________________________________________________________________
dropout_2 (Dropout)          (None, 512)               0
_________________________________________________________________
dense_2 (Dense)              (None, 1)                 513
_________________________________________________________________
classification_head_1 (Activ (None, 1)                 0
=================================================================
Total params: 556,092
Trainable params: 556,033
Non-trainable params: 59
_________________________________________________________________
```

In

```
from tensorflow.keras.utils import plot_model
plot_model(model)
```

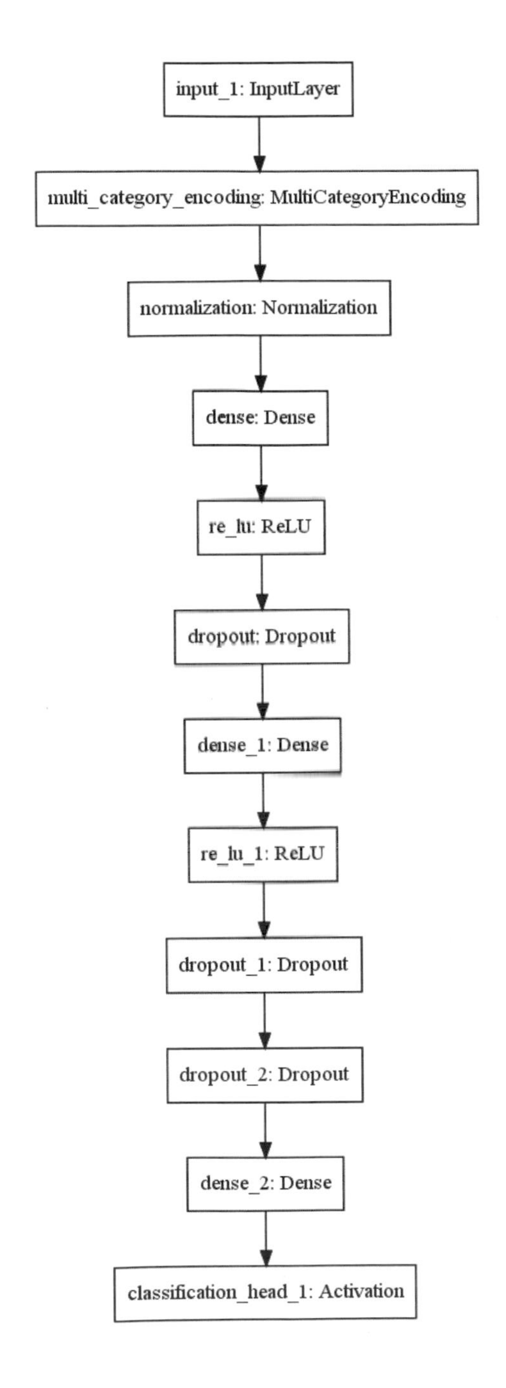

在接下來的兩節中，我們則要來解決結構化資料的迴歸問題——房價預測。

6-5 打造結構化迴歸器預測房價

在接下來的例子，我們要使用美國加州 1990 年普查時取得的 20,640 筆房產資料，當中包含經緯度、是否臨海、居住地區人口、房間數量、屋主收入中位數、房價中位數等等。既然這個任務的預測對象為房價 (連續數值), 我們就得使用 AutoKeras 的結構化迴歸器類別。

要注意的是資料集本身尚未正規化，代表每個特徵值可能有不同的尺度或範圍，因此這也是個測試 AutoKeras 自動預處理功能的好機會。

★提示 範例程式：chapter06\notebook\housing.ipynb 及 chapter06\py\housing.py

6-5-1 匯入套件並準備資料集

如果還沒安裝 AutoKeras 就安裝它：

In

```
!pip3 install autokeras
```

然後匯入本實驗的相關套件：

In

```
import pandas as pd
import tensorflow as tf
import autokeras as ak
```

接著匯入並檢視加州房價資料集：

In

```
df = pd.read_csv('https://github.com/ageron/handson-ml/raw/master/
datasets/housing/housing.csv')
df
```

	longitude	latitude	housing_median_age	total_rooms	total_bedrooms	population	households	median_income	median_house_value
0	-122.23	37.88	41.0	880.0	129.0	322.0	126.0	8.3252	452600.0
1	-122.22	37.86	21.0	7099.0	1106.0	2401.0	1138.0	8.3014	358500.0
2	-122.24	37.85	52.0	1467.0	190.0	496.0	177.0	7.2574	352100.0
3	-122.25	37.85	52.0	1274.0	235.0	558.0	219.0	5.6431	341300.0
4	-122.25	37.85	52.0	1627.0	280.0	565.0	259.0	3.8462	342200.0
...	...	...	...	...	...	...	...	...	...
20635	-121.09	39.48	25.0	1665.0	374.0	845.0	330.0	1.5603	78100.0
20636	-121.21	39.49	18.0	697.0	150.0	356.0	114.0	2.5568	77100.0
20637	-121.22	39.43	17.0	2254.0	485.0	1007.0	433.0	1.7000	92300.0
20638	-121.32	39.43	18.0	1860.0	409.0	741.0	349.0	1.8672	84700.0
20639	-121.24	39.37	16.0	2785.0	616.0	1387.0	530.0	2.3886	89400.0

20640 rows × 10 columns

這個資料集的特徵欄位說明如下：

欄位	意義
longitude	經度
latitude	緯度
housing_median_age	所在街區屋齡中位數
total_rooms	所在街區的總房間數
total_bedrooms	所在街區的總臥房數
population	所在街區人口
households	所在街區戶數
median_income	所在街區屋主收入中位數
median_house_value	所在街區房價中位數 (目標值)

欄位	意義
ocean_proximity	是否臨海： 1H OCEAN (離海邊一小時車程以內) INLAND (內陸) NEAR OCEAN (海邊) NEAR BAY (鄰近海灣) ISLAND (島上)

我們可以來將資料分成特徵和目標值，並檢視目標值 (房價) 的統計數據：

In

```
x = df.drop(['median_house_value'], axis=1)
y = df['median_house_value']

y.describe()  # 檢視房價的統計數據
```

呼叫 pandas Series 或 DataFrame 的 describe() 方法時，只要欄位資料是數值，它就會產生如下的統計數據：

Out

```
count     20640.000000     ←— 資料筆數
mean     206855.816909     ←— 平均值
std      115395.615874     ←— 標準差
min       14999.000000     ←— 最小值
25%      119600.000000     ←— 第 1 四分位數
50%      179700.000000     ←— 第 2 四分位數 ( 中位數 )
75%      264725.000000     ←— 第 3 四分位數
max      500001.000000     ←— 最大值
```

可以發現房價 (美元) 的值分布範圍相當大，而較大的目標值會令模型得到更大的損失值、以致進行梯度下降時更難以收斂。為了加速迴歸器的運算，我們要將房價除以 100,000, 使其單位變成以十萬美元計：

In

```
x = df.drop(['median_house_value'], axis=1)
y = df['median_house_value'] / 100000

y.describe()
```

重新執行程式，會得到如下的數據 (平均值已變成個位數)：

Out

```
count    20640.000000
mean         2.068558
std          1.153956
min          0.149990
25%          1.196000
50%          1.797000
75%          2.647250
max          5.000010
Name: median_house_value, dtype: float64
```

6-5-2 建立並訓練模型

為了預測房價這種純量，我們將使用 AutoKeras 的 **StructuredDataRegressor** 類別——它和 StructuredDataClassifier 很像，能接受多種類型的輸入資料 (CSV、ndarray、pandas Series/DataFrame、Tenserflow Datasets 等), 而且會自動進行預處理，例如將連續數值正規化到 0~1 之間的尺度，並對文字資料 (如前面的 ocean_proximity 欄位) 進行編碼等。

> **小編註**：事實上這個資料集出於學習目的，故意移除了 total_rooms 欄位的 207 筆資料，好強迫你針對缺失值做預處理。不過各位無須擔心，AutoKeras 會自動替缺失值 (NaN) 填入 0。

下面我們便以 StructuredDataRegressor 建立一個迴歸器並進行訓練：

In

```
reg = ak.StructuredDataRegressor(metrics=['mae'], max_trials=5)

reg.fit(x_train, y_train,
        callbacks=[tf.keras.callbacks.EarlyStopping(patience=5)])
```

AutoKeras 結構化迴歸器預設使用 MSE (均方差) 作為目標損失值——不過在這個例子中，我們在訓練過程會監測另一個指標，**平均絕對誤差 (mean absolute error, MAE)**，以便更加了解訓練效果。MAE 是預測值與實際目標值之間的平均絕對誤差，例如 MAE=1.5 (單位為 $100,000) 代表模型的預測值跟實際值上平均差了 $150,000。

以下是我們最終模型的訓練結果：

Out

```
Epoch 1/42
516/516 [==============================] - 2s 3ms/step - loss: 0.5855 -
mae: 0.5385A: 0s - loss: 0.6597 -
Epoch 2/42
516/516 [==============================] - 2s 3ms/step - loss: 0.4028 -
mae: 0.4486
Epoch 3/42
516/516 [==============================] - 2s 3ms/step - loss: 0.3801 -
mae: 0.4329
Epoch 4/42
516/516 [==============================] - 2s 3ms/step - loss: 0.3641 -
mae: 0.4215
```

→ 接下頁

```
Epoch 5/42
516/516 [==============================] - 2s 3ms/step - loss: 0.3513 -
mae: 0.4127
...( 中略 )
Epoch 38/42
516/516 [==============================] - 2s 3ms/step - loss: 0.2508 -
mae: 0.3432
Epoch 39/42
516/516 [==============================] - 2s 3ms/step - loss: 0.2496 -
mae: 0.3426
Epoch 40/42
516/516 [==============================] - 2s 3ms/step - loss: 0.2482 -
mae: 0.3411
Epoch 41/42
516/516 [==============================] - 2s 3ms/step - loss: 0.2467 -
mae: 0.3406
Epoch 42/42
516/516 [==============================] - 2s 3ms/step - loss: 0.2454 -
mae: 0.3393
```

如上面的輸出結果所示，在時間不太長的訓練過後，最佳的 MAE 值為 0.339, 代表預測值跟正確答案平均差了 33900, 對於實際的房價來說還算不錯。

6-5-3 模型評估

接下來，我們用測試集來評估最終模型的預測表現：

In

```
reg.evaluate(x_test, y_test)
```

以下是上面程式碼的輸出結果：

Out

```
129/129 [==============================] - 1s 3ms/step - loss: 0.3233 -
mae: 0.3790
[0.32334470748901367, 0.37898874282836914]
```

可見對測試集的 MSE 為 0.323, MAE 為 0.379, 與訓練集相去不遠。

下面我們印出測試集前 10 筆資料, 比較看看預測與實際的房價:

In

```
# 取得測試集預測結果並乘上 100,000
predicted = reg.predict(x_test).flatten() * 100000
# 將測試集目標值轉為 ndarray 並乘上 100,000
real = y_test.to_numpy() * 100000

# 印出房價資料
for i in range(10):
    print('Predicted:', predicted[i].round(3))
    print('Real:', real[i].round(0))
    print('')
```

這會產生以下的結果:

Out

```
1/1 [==============================] - 0s 2ms/step
Predicted: 70618.701
Real: 47700.0

Predicted: 75537.163
Real: 45800.0

Predicted: 265127.563
Real: 500001.0

Predicted: 215459.514
Real: 218600.0
```

→ 接下頁

```
Predicted: 270229.22
Real: 278000.0

Predicted: 138068.33
Real: 158700.0

Predicted: 194934.666
Real: 198200.0

Predicted: 122731.864
Real: 157500.0

Predicted: 276506.019
Real: 340000.0

Predicted: 338749.48
Real: 446600.0
```

最後，我們可用 scikit-learn 的 r2_score 來計算此模型的 **R2 (coefficient of determination, 決定係數)**，這是衡量迴歸器預測能力的常用指標：

In

```
from sklearn.metrics import r2_score
r2_score(y_test, predicted).round(3)  # 計算決定係數
```

這會輸出以下結果：

Out

```
0.753
```

決定係數介於 0 到 1 之間，越接近 1 代表對目標值的解釋力越強（預測值越接近實際值）。以上模型的解釋力便達到了 75.3%。

6-5-4 模型視覺化

若我們檢視這個最佳模型的結構，會發現它與之前的分類器幾乎一樣，只不過將分類層換成了迴歸層而已。AutoKeras 自動加入了資料預處理工作，multi_category_encoding 層將離散數值的欄位轉為類別編碼，normalization 層則將連續數值欄位做了正規化：

In

```
model = reg.export_model()
model.summary()
```

Out

```
Model: "model"
_________________________________________________________________
Layer (type)                 Output Shape              Param #
=================================================================
input_1 (InputLayer)         [(None, 9)]               0
_________________________________________________________________
multi_category_encoding (Mul (None, 9)                 0
_________________________________________________________________
normalization (Normalization (None, 9)                 19
_________________________________________________________________
dense (Dense)                (None, 32)                320
_________________________________________________________________
re_lu (ReLU)                 (None, 32)                0
_________________________________________________________________
dense_1 (Dense)              (None, 1024)              33792
_________________________________________________________________
re_lu_1 (ReLU)               (None, 1024)              0
_________________________________________________________________
regression_head_1 (Dense)    (None, 1)                 1025
=================================================================
Total params: 35,156
Trainable params: 35,137
Non-trainable params: 19
_________________________________________________________________
```

以下則是 plot_model() 輸出的模型示意圖：

In

```
from tensorflow.keras.utils import plot_model
plot_model(model)
```

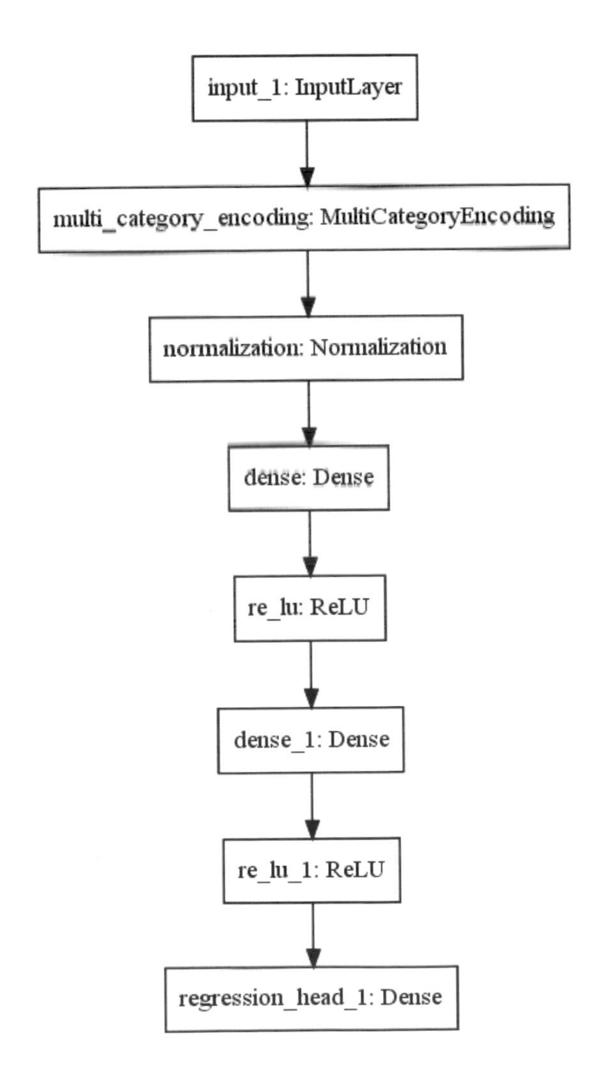

6-6 打造結構化迴歸器預測共享單車租用人次

正如分類器，你也可以透過 AutoModel 來自訂結構化迴歸模型。

以下使用的資料集，為韓國首爾市 2017~2018 年的 8,760 筆共享單車租用人次資料，包括了時間（一天中的每個小時、季節、是否為假日）以及各種天氣條件（氣溫、濕度、降雨量等）。我們要來建立一個迴歸器，好試著預測在特定時間與天候狀況下，共享單車的使用需求會有多高。

★提示 範例程式：chapter06\notebook\bike.ipynb 及 chapter06\py\bike.py

6-6-1 匯入套件並準備資料集

首先安裝 AutoKeras：

In

```
!pip3 install autokeras
```

然後匯入相關套件：

In

```
import numpy as np
import matplotlib.pyplot as plt
import pandas as pd
import tensorflow as tf
import autokeras as ak
```

接著載入和檢視資料集：

In

```
# 載入資料集，使用 GBK 編碼
df = pd.read_csv('https://archive.ics.uci.edu/ml/machine-learning- 接下行
databases/00560/SeoulBikeData.csv', encoding='gbk')

# 修正有亂碼的欄位名稱
df = df.rename(columns={'Temperature(癈)': 'Temperature(*C)', 'Dew 接下行
point temperature(癈)': 'Dew point(*C)'})

# 檢視資料集
df
```

下圖為資料集的部分欄位：

	Date	Rented Bike Count	Hour	Temperature(*C)	Humidity(%)	Wind speed (m/s)	Visibility (10m)	Dew point(*C)
0	01/12/2017	254	0	-5.2	37	2.2	2000	-17.6
1	01/12/2017	204	1	-5.5	38	0.8	2000	-17.6
2	01/12/2017	173	2	-6.0	39	1.0	2000	-17.7
3	01/12/2017	107	3	-6.2	40	0.9	2000	-17.6
4	01/12/2017	78	4	-6.0	36	2.3	2000	-18.6
...	...	...	...	...	...	...	...	...
8755	30/11/2018	1003	19	4.2	34	2.6	1894	-10.3
8756	30/11/2018	764	20	3.4	37	2.3	2000	-9.9
8757	30/11/2018	694	21	2.6	39	0.3	1968	-9.9
8758	30/11/2018	712	22	2.1	41	1.0	1859	-9.8
8759	30/11/2018	584	23	1.9	43	1.3	1909	-9.3

8760 rows × 14 columns

此資料集的欄位意義如下表：

欄位	意義
Date	資料日期
Rented Bike Count	租用共享單車人數 (目標值)
Hour	當天時間 (幾點鐘)
Temperature(*C)	氣溫

欄位	意義
Humidity(%)	濕度
Wind speed (m/s)	風速
Visibility (10m)	可見度
Dew point(*C)	露點溫度
Solar Radiation (MJ/m2)	陽光輻射量
Rainfall(mm)	降雨量
Snowfall (cm)	降雪量
Seasons	季節 (Winter/Spring/Summer/Autumn)
Holiday	是否為假日 (No Holiday/Holiday)
Functioning Day	單車服務是否營運中 (Yes/No)

如果仔細檢視資料，會發現當共享單車沒有提供服務（欄位 Functioning Day 為『No』) 時，租用人數就必為 0。因此，我們要將這些沒有用的資料移除，再將剩餘資料分割為特徵及目標值資料：

In

```
# 保留 DataFrame 中 Functioning Day 為 'Yes' 的列
df = df[df['Functioning Day'] == 'Yes']

# 移除目標值、日期與 Functioning Day 欄位來取出特徵資料
x = df.drop(['Rented Bike Count', 'Date', 'Functioning Day'], axis=1)
# 目標值
y = df['Rented Bike Count']

# 檢視目標值的統計資料
y.describe()
```

這會輸出以下的結果：

Out

```
count    8465.000000
mean      729.156999
std       642.351166
min         2.000000
25%       214.000000
50%       542.000000
75%      1084.000000
max      3556.000000
Name: Rented Bike Count, dtype: float64
```

可見過濾掉無效資料後，剩下 8,465 筆資料，而單車租用人次介於 2 到 3556 之間。為了讓迴歸器更容易訓練，我們要將人次資料除以 1000：

In

```
y = df['Rented Bike Count'] / 1000

# 再次檢視目標值統計資料
y.describe()
```

這會產生下列結果：

Out

```
count    8465.000000
mean        0.729157
std         0.642351
min         0.002000
25%         0.214000
50%         0.542000
75%         1.084000
max         3.556000
Name: Rented Bike Count, dtype: float64
```

接著使用 scikit-learn 的 train_test_split() 來分割出訓練集與測試集，資料準備便大功告成：

In

```
from sklearn.model_selection import train_test_split

x_train, x_test, y_train, y_test = train_test_split(
    x, y, test_size=0.2, random_state=42)
```

6-6-2 建立並訓練模型

如前所述，這回我們也要使用 AutoModel 來建立迴歸模型。和之前預測信用卡詐欺範例的差別在於，這裡不使用 StructuredDataBlock 層，而是將之拆成更細的區塊：

In

```
# 結構化資料輸入節點
input_node = ak.StructuredDataInput()

# 輸出節點：
# 將文字資料編碼為數值的區塊
output_node = ak.CategoricalToNumerical()(input_node)
# 正規化區塊
output_node = ak.Normalization()(output_node)
# 全連接區塊
output_node = ak.DenseBlock()(output_node)
# 迴歸區塊
output_node = ak.RegressionHead()(output_node)

# 模型會以最小化 val_mae 為訓練目標, 並顯示 mae 指標
reg = ak.AutoModel(inputs=input_node, outputs=output_node,
                   objective='val_mae', metrics=['mae'],
                   max_trials=20, overwrite=True)
```

→ 接下頁

```
# 讓 EarlyStopping 以 val_mae 的下降情況判斷是否中止訓練
reg.fit(x_train, y_train,
        callbacks=[tf.keras.callbacks.EarlyStopping(
            patience=5, monitor='val_mae')])
```

小編註：我們在此只寫一個 DenseBlock (一個 DenseBlock 區塊預設有 2 個全連接層), 而 AutoModel 在訓練過程中可能會自行加入更多全連接層。若想指定特定層數的全連接層 , 可對 DenseBlock 的 num_layers 參數指定一個數值 , 但得使用 Keras Tuner 的 Cholce 類別 (見第 5 章)。

最終訓練結果如下：

Out

```
Epoch 1/42
212/212 [==============================] - 1s 4ms/step - loss: 0.2598 -
mae: 0.3693
Epoch 2/42
212/212 [==============================] - 1s 5ms/step - loss: 0.1996 -
mae: 0.3156
Epoch 3/42
212/212 [==============================] - 1s 5ms/step - loss: 0.1764 -
mae: 0.2968
Epoch 4/42
212/212 [==============================] - 1s 5ms/step - loss: 0.1739 -
mae: 0.2906
Epoch 5/42
212/212 [==============================] - 1s 5ms/step - loss: 0.1595 -
mae: 0.2810
...( 中略 )
Epoch 38/42
212/212 [==============================] - 1s 5ms/step - loss: 0.0840 -
mae: 0.2037
Epoch 39/42
212/212 [==============================] - 1s 4ms/step - loss: 0.0841 -
mae: 0.2039
```

→ 接下頁

```
Epoch 40/42
212/212 [==============================] - 1s 5ms/step - loss: 0.0829 -
mae: 0.2020
Epoch 41/42
212/212 [==============================] - 1s 5ms/step - loss: 0.0809 -
mae: 0.1997
Epoch 42/42
212/212 [==============================] - 1s 5ms/step - loss: 0.0809 -
mae: 0.1995
```

可見訓練後，MAE 為 0.1995, 表示訓練集中預測值與真實值的絕對平均誤差為 199.5 (因為我們事前將單車租用人次除以 1000)。

6-6-3 模型評估

接著我們來用測試集評估模型的預測效能：

In

```
reg.evaluate(x_test, y_test)
```

這會輸出以下結果：

Out

```
53/53 [==============================] - 0s 3ms/step - loss: 0.0916 -
mae: 0.2020
[0.09160421788692474, 0.20199696719646454]
```

測試集的 MAE 為 0.202, 和訓練集差距不大。接著，我們印出預測的前 10 筆資料，看看與真實值的相比結果：

In

```
# 取得測試集預測結果並乘上 1000
predicted = reg.predict(x_test).flatten() * 1000

# 將 y_test (pandas Series) 轉為 ndarray 並乘上 1000
real = y_test.to_numpy() * 1000

# 印出單車使用人次
for i in range(10):
    print('Predicted:', predicted[i].round(3))
    print('Real:', real[i].round(0))
    print('')
```

Out

```
53/53 [==============================] - 0s 2ms/step
Predicted: 1104.02
Real: 1232.0

Predicted: 1124.865
Real: 964.0

Predicted: 1027.868
Real: 942.0

Predicted: 335.391
Real: 373.0

Predicted: 1877.05
Real: 1259.0

Predicted: 649.697
Real: 476.0

Predicted: 967.162
Real: 1062.0

Predicted: 312.659
Real: 253.0
```

→接下頁

```
Predicted: 1368.97
Real: 2857.0

Predicted: 1054.012
Real: 1039.0
```

我們也能使用 scikit-learn 的 r2_score() 函式來檢視迴歸器的決定係數 R2：

In

```
from sklearn.metrics import r2_score
r2_score(y_test, predicted).round(3)
```

Out

```
0.767     ←— 模型對於單車租用人次有 76.7% 的解釋力
```

對於迴歸模型，其實還可以用下面的視覺化方式檢視其預測效果，比較預測值與真實值的差距：

In

```
fig = plt.figure(figsize=(12, 4))

# 繪製預測值與真實值的比較:
ax = fig.add_subplot(1, 2, 1)
# 預測值與真實值的散佈圖
plt.scatter(real * 1000, predicted * 1000)
# 預測值的直線
plt.plot(predicted * 1000, predicted * 1000, color='red')
ax.set_title('Predicted vs. Real')
ax.set_xlabel('Real')
ax.set_ylabel('Predicted')
```

→ 接下頁

```
# 繪製殘差圖:
ax = fig.add_subplot(1, 2, 2)
plot_x = np.arange(predicted.size)
# 繪製預測值減真實值的散佈圖
plt.scatter(plot_x, (predicted - real) * 1000)
# 繪製 y = 0 水平線
plt.plot(plot_x, plot_x * 0, color='orange')
ax.set_title('Residual plot')
ax.set_ylabel('Residuals')

plt.show()
```

這會產生以下兩個圖表：

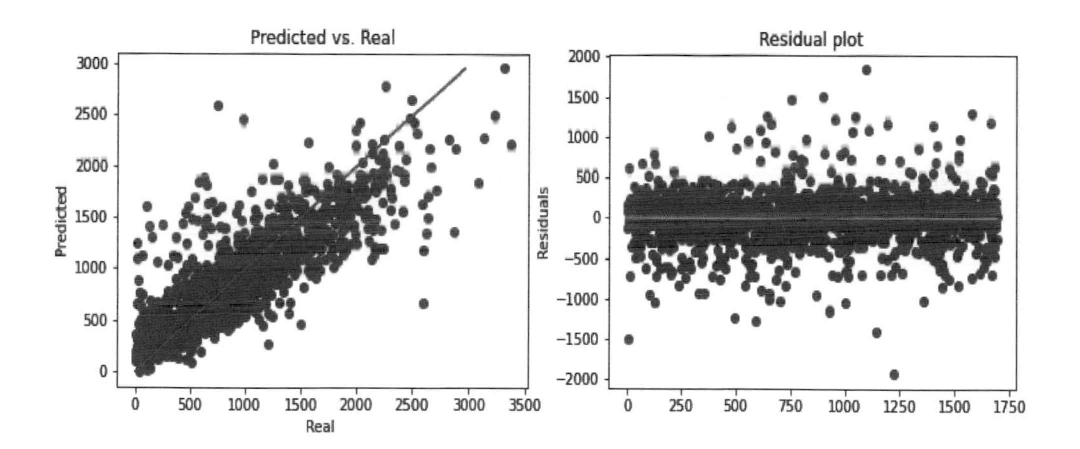

左側的圖能夠顯示預測值與實際值的分佈情形，而若我們將預測值減去真實值、並將其繪成右側的圖表，便是所謂的**殘差圖 (residual plot)**。殘差值的分散範圍越小，代表模型的預測能力越好。此外，可見殘差值均勻地散佈於 y = 0 水平線的兩側，沒有呈現出特定的模式，這也顯示此迴歸模型是合適的。

6-6-4 模型視覺化

最後按照慣例，來檢視模型架構的視覺化結果：

In

```
model = reg.export_model()
model.summary()
```

Out

```
Model: "model"
_________________________________________________________________
Layer (type)                 Output Shape              Param #
=================================================================
input_1 (InputLayer)         [(None, 11)]              0
_________________________________________________________________
multi_category_encoding (Mul (None, 11)                0
_________________________________________________________________
normalization (Normalization (None, 11)                23
_________________________________________________________________
dense (Dense)                (None, 1024)              12288
_________________________________________________________________
re_lu (ReLU)                 (None, 1024)              0
_________________________________________________________________
dense_1 (Dense)              (None, 1024)              1049600
_________________________________________________________________
re_lu_1 (ReLU)               (None, 1024)              0
_________________________________________________________________
dropout (Dropout)            (None, 1024)              0
_________________________________________________________________
regression_head_1 (Dense)    (None, 1)                 1025
=================================================================
Total params: 1,062,936
Trainable params: 1,062,913
Non-trainable params: 23
_________________________________________________________________
```

接著來用 plot_model() 產生模型的視覺化結果，但這回我們要一併啟用 show_shapes 及 show_dtype 參數，好檢視各層的輸出入形狀及型別：

In

```
from tensorflow.keras.utils import plot_model
plot_model(model, show_shapes=True, show_dtype=True)
```

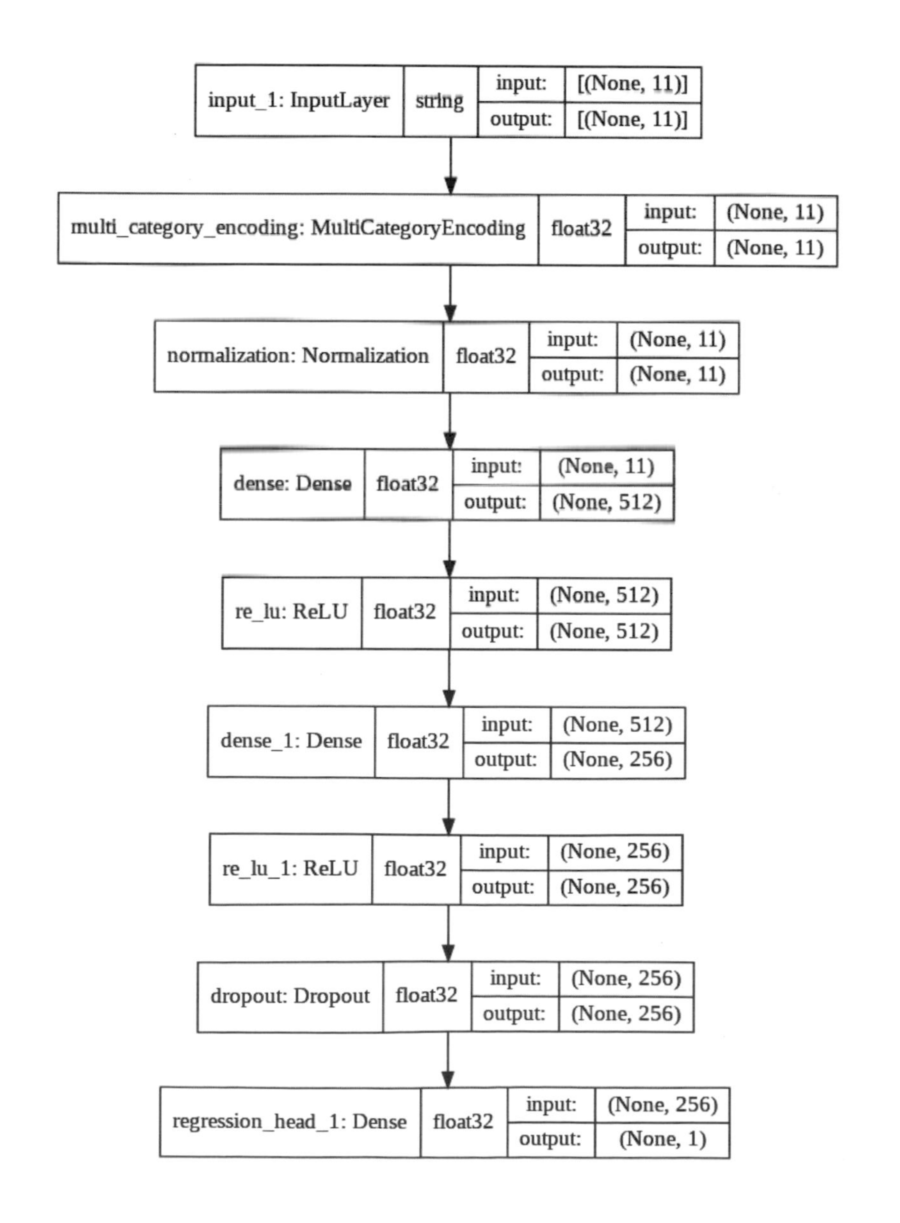

注意到第一層 InputLayer 是字串 (string) 型別，這代表我們要使用這個匯出的 Keras 模型時，必須先將所有資料轉換為字串，好讓它能在第二層對分類資料做編碼處理。

6-6-5 重新載入模型和做預測

如同在前面章節看過的，AutoKeras 會將最佳模型儲存在系統中，因此你能如下重新載入它：

In

```
from tensorflow.keras.models import load_model
loaded_model = load_model('./auto_model/best_model', 接下行
custom_objects=ak.CUSTOM_OBJECTS)
```

前一小節我們看到，匯出後的 Keras 模型的第一層必須接收字串型別資料，因此傳入 x_test 時得先將它轉換型別為 str：

In

```
loaded_model.evaluate(x_test.astype('str'), y_test)
```

Out

```
53/53 [==============================] - 0s 2ms/step - loss: 0.0916 -
mae: 0.2020
[0.09160421788692474, 0.20199696719646454]
```

下面則使用這個重新載入的模型來進行預測，並計算其決定係數：

In

```
predicted = loaded_model.predict(x_test.astype('str')).flatten() * 1000

from sklearn.metrics import r2_score
r2_score(real, predicted).round(3)
```

Out

```
0.767
```

我們來總結一下本章學到的內容。

6-7 總結

在本章中，我們學到了什麼是結構化資料、以及如何將結構化資料傳入 AutoKeras 模型中 (將 CSV 格式讀取成 pandas DataFrame 等等), 以及如何使用 pandas 的功能來檢視資料集內容。我們看到 AutoKeras 的結構化分類器與迴歸器能夠自動轉化輸入資料，大大簡化作業上的複雜度。

接著，我們運用所學概念打造了威力強大的結構化資料分類器來預測船難生還者與信用卡詐欺 (同時也探討了分類不均資料的可能問題), 並創造出厲害的結構化資料迴歸器來預測房價跟共享單車租用人數。由以上這些實務的 ML 任務可知，我們能多麼輕鬆地將存有資料集的 CSV 檔案輸入並訓練神經網路模型。

在下一章中，我們會學到如何利用 AutoKeras 來進行時間序列資料預測。

MEMO

07 (小編補充)

運用 AutoKeras 進行時間序列預測

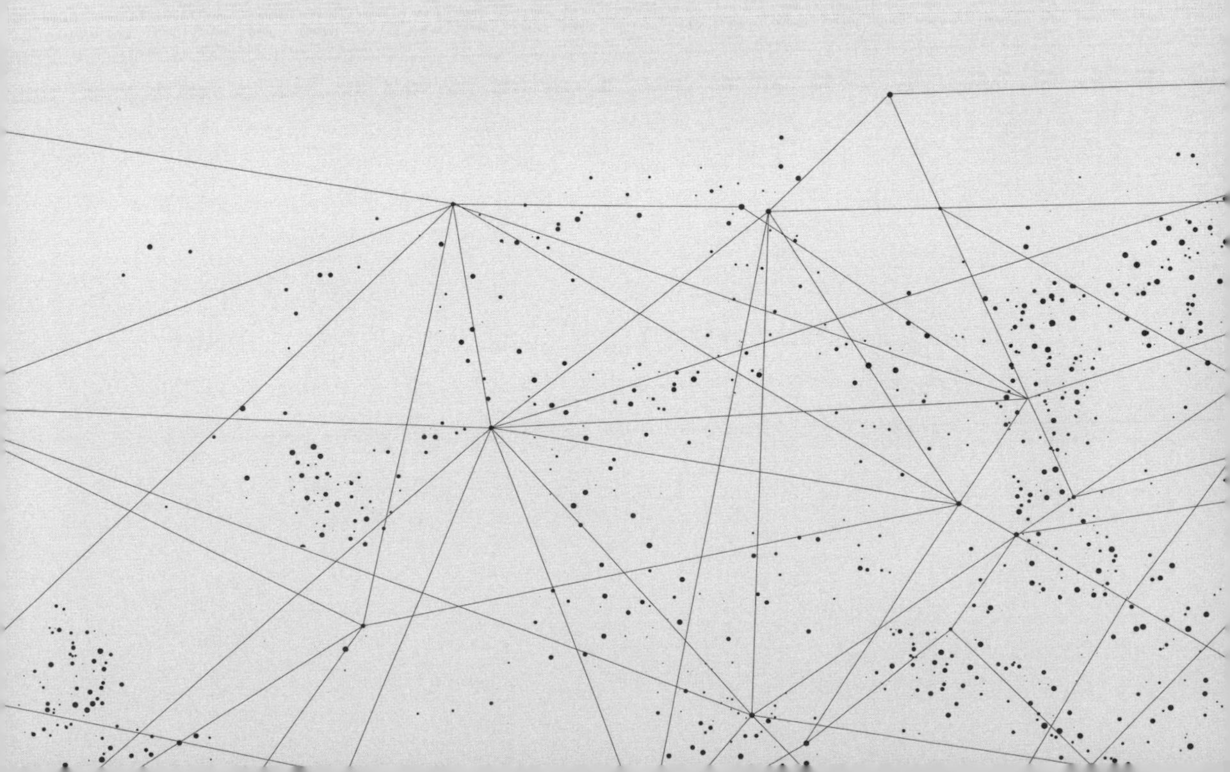

小編註：本章為額外增補內容，請參閱本書開頭說明。

時間序列 (time series) 資料是一系列有時間性、先後順序性的資料，例如每日的氣溫、城市每年人口數或每月銷售數據等，而時間序列預測 (time series forecasting) 自然也是現實生活中很常見的機器學習應用之一。對於這類任務，AutoKeras 會使用循環神經網路 (RNN) 來學習資料中的變化趨勢，以便預測未來可能的資料走向。

本章涵蓋了以下主題：

- 理解 RNN 的改良版 LSTM/GRU 以及雙向 RNN
- 單變量 (univariate) 時間序列資料的預測
- 多變量 (multivariate) 時間序列資料的預測

7-1 理解 RNN 的改良版

在第 5 章的文本處理中，我們介紹過什麼是 RNN，以及它如何在學習過程中保留『記憶』。這種特性使得 RNN 能夠辨識字詞的順序，也能用來學習時間序列資料的趨勢。

然而，當序列中的變化模式很長時 (比如需要很長的句型才能預測下一個會出現的字，或是要用長期的溫度資料才能有效預測未來氣溫), RNN 就容易發生記憶消失問題——當你將序列資料依序輸入給它，較早的資料經過太多次循環 (梯度消失), 到了後面可能就幾乎沒有影響力了。

為了解決這種問題，有人在 1997 年提出了**長短期記憶 (Long Short-Term Memory, LSTM)** 模型。

7-1-1 LSTM（長短期記憶）與 GRU（閘式循環單元）

LSTM 模型是在每個 RNN 網路層內加入一個 LSTM 單元，裡面包括三個『閘』——輸入閘 (input gate)、輸出閘 (output gate) 以及遺忘閘 (forget gate)，以便讓 RNN 在每次循環時能選擇要繼續記住哪些資料特徵。

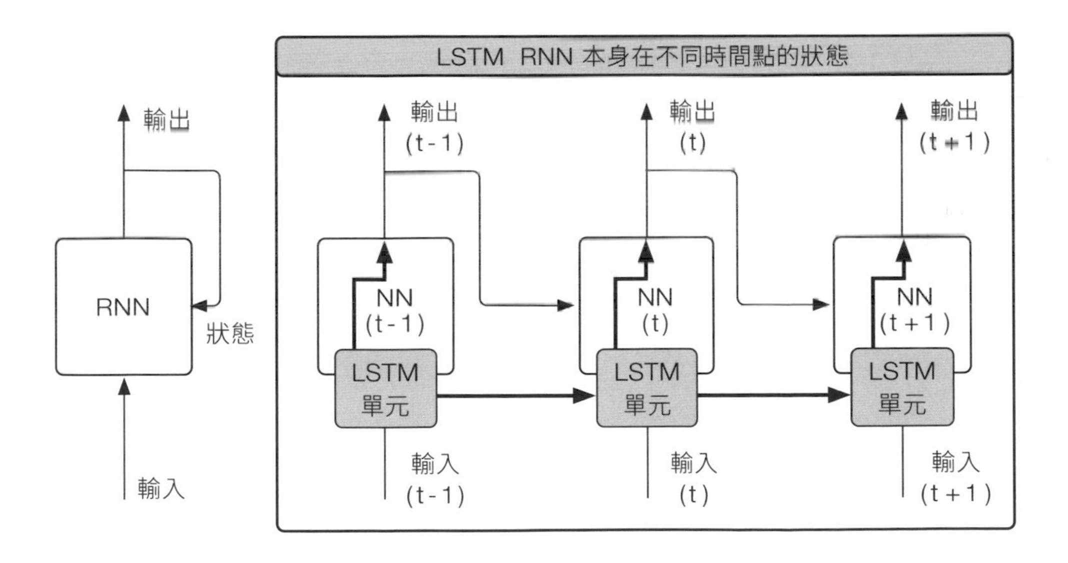

2014 年，以 LSTM 為基礎發展的 **GRU (Gated Recurrent Unit, 閘式循環單元)** 則將 LSTM 的三個閘簡化為兩個，分別是更新閘 (update gate) 與輸出閘，好改善 LSTM 運算上較耗時的問題。但 LSTM 與 GRU 的表現究竟何者較佳，仍然取決於各別任務的性質。

不管是 LSTM 或 GRU, 其表現都超越了傳統的 RNN 神經網路, 因此如今都成為 RNN 的主流, 這些也是 AutoKeras 在建立時間序列預測器時會自動選擇的神經網路。

7-1-2 雙向 RNN (bidirectional RNN)

在本章中會談到的另一個 RNN 概念為**雙向循環神經網路**。簡單地說, 雙向 RNN 的神經網路會包含兩個 NN 網路層, 一個照正常順序讀取序列資料, 另一個則從尾端反方向讀取序列資料。這麼一來, RNN 不僅能學習到上文對下文的影響, 也能理解下文對上文的影響, 好進一步提高學習效果。

看完了 RNN 的幾種改良形式之後, 接著我們就來看看本章的第一個時間序列預測任務。

7-2 單變量時間序列：氣溫預測

在第一個時間序列資料的實驗中, 我們要使用的資料集為 1981-1990 年澳洲墨爾本市的氣溫資料。這份資料集除了各筆資料的時間點以外, 就只有記錄氣溫本身, 因此屬於**單變量 (univariate)** 時間序列。

★提示 範例程式：chapter07\notebook\temperature.ipynb 及 chapter07\py\temperature.py

7-2-1 安裝 AutoKeras 與匯入所需套件

首先, 如果還沒安裝 AutoKeras, 就和之前的章節一樣安裝它:

In

```
!pip3 install autokeras
```

接著匯入本實驗需要的套件:

In

```
import numpy as np
import pandas as pd
import matplotlib.pyplot as plt
import tensorflow as tf
import autokeras as ak
```

7-2-2 載入資料集

下面來載入氣溫資料集並檢視之:

In

```
df = pd.read_csv('https://raw.githubusercontent.com/jbrownlee/Datasets/
master/daily-min-temperatures.csv')
df
```

	Date	Temp
0	1981-01-01	20.7
1	1981-01-02	17.9
2	1981-01-03	18.8
3	1981-01-04	14.6
4	1981-01-05	15.8
...	...	...
3645	1990-12-27	14.0
3646	1990-12-28	13.6
3647	1990-12-29	13.5
3648	1990-12-30	15.7
3649	1990-12-31	13.0

3650 rows × 2 columns

可見此資料集記錄了十年來每一日的氣溫，共有 3,650 筆。我們來試著將這些氣溫畫成圖表：

In

```
plt.figure(figsize=(12, 6))

# 在 X 軸顯示日期
x_data = df['Date']

# 繪製折線圖
plt.plot(date, df['Temp'])
plt.title('Temperature')
# x 軸的日期刻度會以年為單位 (每隔 365 筆顯示一次),
# 並把標籤旋轉 45 度
plt.xticks(
    ticks=x_data[::365].index,
    labels=x_data[::365].tolist(), rotation=45)
plt.xlim([0, x_data.size])

plt.tight_layout()
plt.show()
```

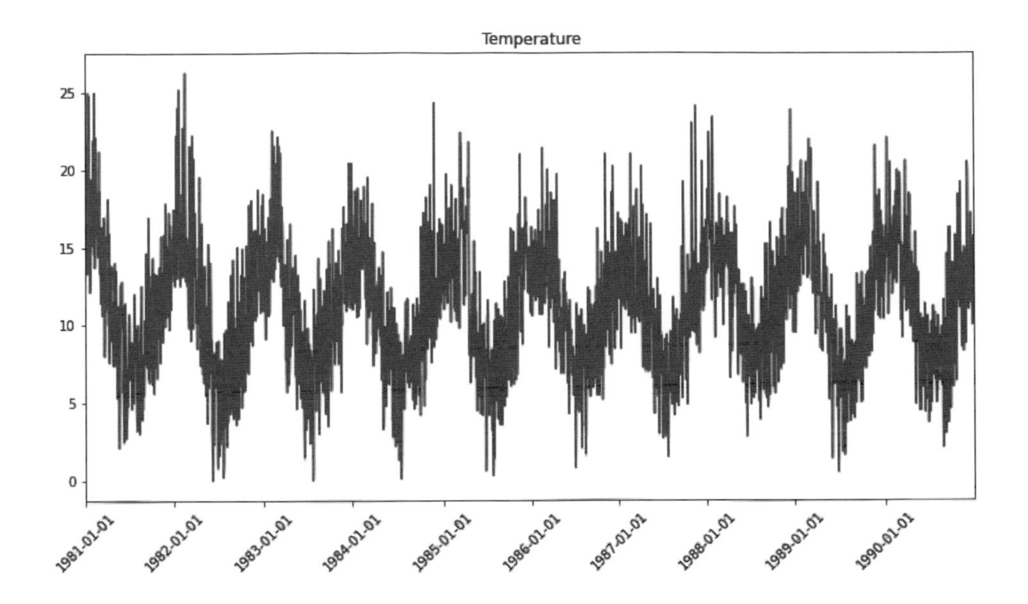

可見氣溫在每一年都會以特定的趨勢變化。接下來我們要做的，就是根據歷史氣溫資訊來預測未來的溫度。

7-2-3 替單變量序列產生特徵

現在資料集的問題在於它只有目標值 (氣溫), 因此對於時間 t 的氣溫資料，我們要使用前一期 (t-1) 的氣溫當成參考：

```
# 加入 History 欄位, 內容為 Temp 資料往後挪一格
df['History'] = df['Temp'].shift(periods=1)

# 去掉第一列, 因為該列的 History 資料會是 NaN
df = df[1:]

# 檢視新資料表
df
```

	Date	Temp	History
4	1981-01-05	15.8	14.6
5	1981-01-06	15.8	15.8
6	1981-01-07	15.8	15.8
7	1981-01-08	17.4	15.8
8	1981-01-09	21.8	17.4
...	...	...	...
3645	1990-12-27	14.0	14.6
3646	1990-12-28	13.6	14.0
3647	1990-12-29	13.5	13.6
3648	1990-12-30	15.7	13.5
3649	1990-12-31	13.0	15.7

3646 rows × 3 columns

可以發現，History 欄的每一列其實就是來自 Temp 欄的前一列。這種資料也稱為 lagged variables 或 lagged feature, 是在針對時間序列做特徵工程時的其中一種辦法。其他常用的手段是使用月份、日期當作特徵，或者取一個滾動區間 (rolling windows), 例如往前回溯一個月、計算該期間的總和或平均。

現在我們有了可供訓練用的特徵及目標值資料，就可以來將它分割了。

7-2-4 分割時間序列資料集

現在我們將以資料表中的 History 欄為特徵，Temp 欄為目標，並以 80%／20% 的比例分割訓練集與測試集：

```
# 取出特徵與目標
x = df[['History']]
y = df['Temp'] / 10  # 目標溫度除以 10 以利模型訓練

# 分割訓練集和測試集 (測試集占 20%)
split = 0.2
slice_index = int(y.size * (1 - split))
x_train, x_test = x[:slice_index], x[slice_index:]
y_train, y_test = y[:slice_index], y[slice_index:]

print(x_train.shape)
print(x_test.shape)
```

注意到我們取出 x（特徵）資料時，語法寫成 x = df[['History']], 這會使得 x 仍是 DataFrame 而不是 Series 物件。這是因為下一小節要使用的 AutoKeras 類別，對於 x 只能接受二維的 ndarray 或 DataFrame。

以上程式會輸出如下結果：

```
(2919, 1)     ←— 訓練集形狀
(730, 1)      ←— 測試集形狀
```

7-2-5 建立並訓練時間序列預測器

資料集準備完成後，我們就使用 AutoKeras 的 **TimeseriesForecaster** 類別來建立時間序列預測器：

In

```
lookback = 30      # 時間步長 (回顧的歷史資料筆數)
batch_size = 30  # 訓練批量

reg = ak.TimeseriesForecaster(lookback=lookback, max_trials=3)

reg.fit(x_train, y_train, batch_size=batch_size,
        callbacks=[tf.keras.callbacks.EarlyStopping(patience=3)])
```

TimeseriesForecaster 類別必須指定 lookback (時間步長) 參數，這會告訴模型在訓練時要回頭參考多少筆特徵資料。既然我們的特徵資料就是前一日氣溫歷史資料，這表示模型會使用前 30 日的氣溫來預測新氣溫。

小編註：由於 TimeseriesForecaster 是 AutoKeras 仍在發展中的新功能，它目前有個奇特的 bug：lookback 的值必須要能夠被 batch_size 整除，否則預測器在依據批量大小傳遞資料時會產生『InvalidArgumentError: Incompatible shapes』錯誤。在 AutoKeras 的任何類別中，batch_size 的預設值都是 32, 這表示若你並未指定 batch_size, lookback 就得設為 32 的倍數才行。

以上程式執行、試驗完 3 個模型後，輸出了以下結果：

```
Epoch 1/444
97/97 [==============================] - 10s 32ms/step - loss: 0.9020 -
mean_squared_error: 0.9020
Epoch 2/444
97/97 [==============================] - 3s 32ms/step - loss: 0.3970 -
mean_squared_error: 0.3970
Epoch 3/444
97/97 [==============================] - 3s 35ms/step - loss: 0.1994 -
mean_squared_error: 0.1994
...(中略)
97/97 [==============================] - 4s 39ms/step - loss: 0.0613 -
mean_squared_error: 0.0613
Epoch 443/444
97/97 [==============================] - 4s 38ms/step - loss: 0.0613 -
mean_squared_error: 0.0613
Epoch 444/444
97/97 [==============================] - 3s 34ms/step - loss: 0.0613 -
mean_squared_error: 0.0613
```

predict_from 與 predict_until 參數

在建立 TimeseriesForecaster 類別物件時，你也可以加入 predict_from 與 predict_until 參數來指定預測範圍：

In

```
reg = ak.TimeseriesForecaster(
    lookback=lookback,
    predict_from=5,     # 預測時從往後第 5 個值開始
    predict_until=20,   # 預測到第 20 個值
    max_trials=3, overwrite=True)
```

這會使得 reg 物件稍後對測試資料做預測時，最多只會傳回 15 個預測值 (5 天後的預測氣溫至 20 天後的預測氣溫)。

7-2-6 模型評估

產生預測值並評估預測效果

模型訓練完成後，下一步便是來看看它能否有效對測試集的氣溫資料進行預測，並評估預測效果

AutoKeras 的時間序列預測器在做預測時，需要的輸入資料必須包含原始訓練資料。假如你直接傳入測試集特徵資料，就會得到錯誤：

In

```
predicted = reg.predict(x_test).flatten() * 10  # 預測值乘上 10 好代表溫度
```

Out

```
ValueError: The prediction data requires the original training data to
make predictions on subsequent data points
```

在預測器物件中有一個屬性 train_len, 代表了你需要傳入的訓練集長度：

In

```
reg.train_len
```

Out

```
2919 ←— 和前面分割的訓練集長度相同
```

因此在呼叫 predict() 時，我們需要傳入的特徵資料為訓練集加上測試集 (事實上就是原始的 x 資料集：)

In

```
predicted = reg.predict(x).flatten() * 10  # 預測值乘上 10 好代表溫度
predicted.size
```

Out

```
121/121 [==============================] - 1s 11ms/step
700
```

小編註：由於 TimeseriesForecaster 背後建模的方式較為特殊，它在預測時會需要參考原始測試資料。在下一小節的多變量時間序列資料預測任務，我們最後會看到如何使用匯出的 Keras 模型來進行預測 (且無須傳入訓練資料)。

注意到預測值的長度是 700, 比 y_test 的長度 (730) 少了 30, 這個差距正是訓練時時間步數 (lookback) 的值。這表示 AutoKeras 時間序列模型在做預測時，測試集開頭的 30 筆資料也會被用於預測。

為了能和預測值做比較，我們就將 y_test 裁切為同樣的長度：

In

```
real = y_test[lookback:] * 10  # 也乘以 10
real.size
```

Out

```
700
```

接著我們使用 scikit-learn 提供的函式檢驗預測值的 MSE 與 MAE 損失值：

In

```
from sklearn.metrics import mean_squared_error, mean_absolute_error

print('Prediction MSE:', mean_squared_error(real, predicted).round(3))
print('Prediction MAE:', mean_absolute_error(real, predicted).round(3))
```

Out

```
Prediction MSE: 4.879
Prediction MAE: 1.738
```

這顯示模型預測測試集溫度時的平均誤差約為 1.8 度。

小編補充：一般很少會用決定係數 R2 來判斷時間序列預測的效果，因為時間序列資料的平均和變異數可能會隨著時間變動。

預測結果的視覺化

最後我們用 matplotlib 來繪製實際值與預測值的走向，好透過視覺方式了解模型的預測效果：

In

```
display_size = 250  # 顯示測試集前 250 筆資料

dx = np.arange(predicted.size)

plt.figure(figsize=(10, 6))
plt.title('Predictions')
```

→ 接下頁

```
# 繪製實際溫度曲線
plt.plot(dx[:display_size], real[:display_size],
         linewidth=2, label='Real')
# 繪製預測溫度曲線 (虛線)
plt.plot(dx[:display_size], predicted[:display_size],
         linestyle='dotted', linewidth=3, label='Predicted')
plt.xlim([0, display_size])
plt.legend()
plt.tight_layout()
plt.show()
```

這會產生以下的圖表：

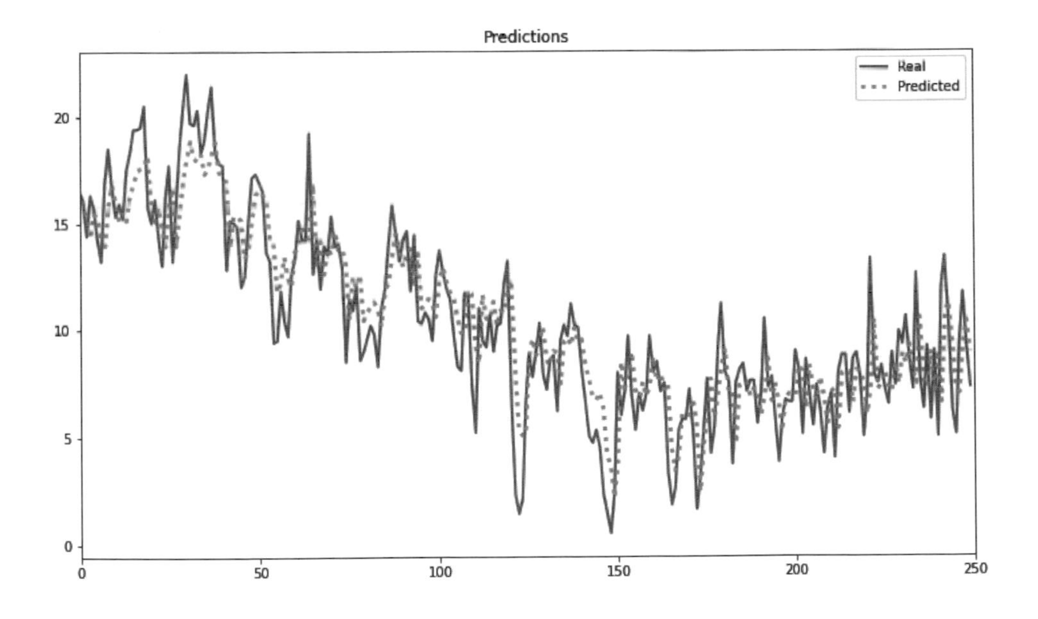

由上很清楚顯示，模型的預測溫度 (虛線) 確實相當貼近真實溫度 (實線) 的變化。

7-2-7 模型視覺化

最後來將模型匯出為 Keras 模型，並檢視其架構摘要：

In

```
model = reg.export_model()
model.summary()
```

Out

```
Model: "model"
_________________________________________________________________
Layer (type)                 Output Shape              Param #
=================================================================
input_1 (InputLayer)         [(None, 30, 1)]           0
_________________________________________________________________
bidirectional (Bidirectional (None, 30, 2)             24
_________________________________________________________________
bidirectional_1 (Bidirection (None, 2)                 32
_________________________________________________________________
regression_head_1 (Dense)    (None, 1)                 3
=================================================================
Total params: 59
Trainable params: 59
Non-trainable params: 0
_________________________________________________________________
```

以下則是使用 plot_model() 所產生的模型結構圖：

In

```
from tensorflow.keras.utils import plot_model
plot_model(model)
```

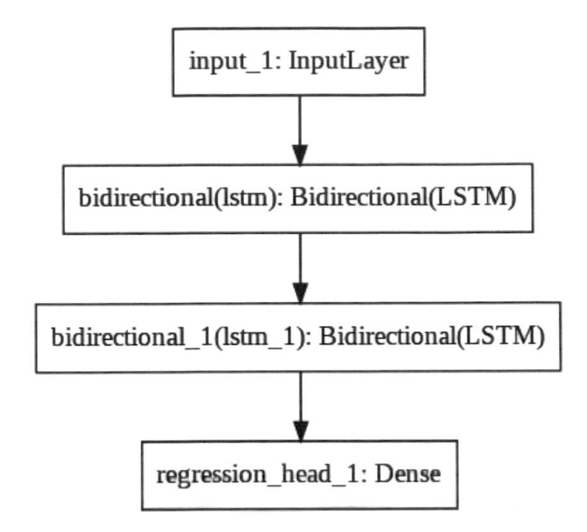

我們發現 AutoKeras 替我們建立的時間序列迴歸器，當中是由兩層雙向 LSTM 模型組成，結尾則是本質為 Dense 的迴歸層。

時間序列預測器的 AutoModel 模型

目前 AutoKeras 時間序列預測器的 AutoModel 自訂模型還有一些問題待解決，在預測行為上也與 TimeseriesForecaster 有些出入，因此本章不會介紹如何使用它。不過，以上面的氣溫預測範例而言，以下程式碼就我們測試是可以執行的 (在 AutoKeras 1.16 及 Tensorflow 2.5 環境下)：

In

```
lookback = 30
batch_size = 10  # 批量只能設為一個較小的數字

# RNN 區塊有些參數必須使用 Keras Tuner 的 Choice 設定
from keras_tuner.engine.hyperparameters import Choice

# 時間序列輸入節點
input_node = ak.TimeseriesInput(lookback=lookback)
```

→ 接下頁

```
# 輸出節點；
# RNN 區塊 (2 層單向 LSTM)
output_node = ak.RNNBlock(
    return_sequences=True,
    bidirectional=Choice(name='bidirectional', values=[False]),
    layer_type=Choice(name='layer_type', values=['lstm']),
    num_layers=Choice(name='num_layers', values=[2])
    )(input_node)
# 時間序列資料的池化區塊
output_node = ak.TemporalReduction()(output_node)
# 迴歸區塊
output_node = ak.RegressionHead()(output_node)

reg = ak.AutoModel(
    inputs=input_node, outputs=output_node,
    max_trials=3, overwrite=True)

reg.fit(x_train, y_train, batch_size=batch_size,
        callbacks=[tf.keras.callbacks.EarlyStopping(patience=3)])
```

RNNBlock 區塊的某些參數，得使用 Keras Tuner 的 Choice 類別來設定。layer_type 參數指定了 RNN 層的類型，可以是 'lstm' 或 'gru', num_layers 則代表此區塊內要有幾層 RNN。

return_sequences 參數設為 True 時，會將所有 RNN 層的輸出收集成序列和傳給下一個區塊，設為 False 時則只會傳回最後一層 RNN 的結果。至於 bidirectional 參數設為 True 時，RNN 層就會是雙向的。

7-3 多變量時間序列資料預測

接下來我們要看另一種時間序列資料預測，也就是原始資料為多變量 (multivariate) 的情境。在這種任務中，目標值會根據其他多個變數 (特徵) 來預測，這乍看之下很像普通的迴歸預測，但預測也會參考一定範圍的歷史資料。

這個實驗要使用的資料集由德國的馬克斯・普朗克研究院提供，為耶拿市 (Jena) 2009 至 2016 年間的 14 個氣象指標，每 10 分鐘記錄一次，共有 420, 551 筆。我們要拿其中的相對濕度當成預測目標，看看能否以其他變數來預測它的變化。

★提示 範例程式：chapter07\notebook\weather.ipynb 及 chapter07\py\weather.py

7-3-1 匯入所需套件

首先同樣的，若有需要就安裝 AutoKeras：

In
```
!pip3 install autokeras
```

接著匯入此實驗的所需套件：

In

```
import numpy as np
import pandas as pd
import matplotlib.pyplot as plt
import tensorflow as tf
import autokeras as ak
```

7-3-2 載入並準備資料集

用 pandas 載入資料集為 DataFrame, 並檢視其內容：

In

```
df = pd.read_csv('https://github.com/hamaadshah/hackathon_june_2018/raw/
master/jena_climate_2009_2016.csv')
df
```

	Date Time	p (mbar)	T (degC)	Tpot (K)	Tdew (degC)	rh (%)	VPmax (mbar)	VPact (mbar)	VPdef (mbar)	s (g/kg
0	01.01.2009 00:10:00	996.52	-8.02	265.40	-8.90	93.30	3.33	3.11	0.22	1.9
1	01.01.2009 00:20:00	996.57	-8.41	265.01	-9.28	93.40	3.23	3.02	0.21	1.8
2	01.01.2009 00:30:00	996.53	-8.51	264.91	-9.31	93.90	3.21	3.01	0.20	1.8
3	01.01.2009 00:40:00	996.51	-8.31	265.12	-9.07	94.20	3.26	3.07	0.19	1.9
4	01.01.2009 00:50:00	996.51	-8.27	265.15	-9.04	94.10	3.27	3.08	0.19	1.9
...	...	...	...	...	...	...	...	...	...	.
420546	31.12.2016 23:20:00	1000.07	-4.05	269.10	-8.13	73.10	4.52	3.30	1.22	2.0
420547	31.12.2016 23:30:00	999.93	-3.35	269.81	-8.06	69.71	4.77	3.32	1.44	2.0
420548	31.12.2016 23:40:00	999.82	-3.16	270.01	-8.21	67.91	4.84	3.28	1.55	2.0
420549	31.12.2016 23:50:00	999.81	-4.23	268.94	-8.53	71.80	4.46	3.20	1.26	1.9
420550	01.01.2017 00:00:00	999.82	-4.82	268.36	-8.42	75.70	4.27	3.23	1.04	2.0

420551 rows × 15 columns

這個資料表的欄位意義如下：

欄位	意義
Date Time	記錄時間
p (mbar)	氣壓 (毫巴)
T (degC)	氣溫 (攝氏)
Tpot (K)	位溫 (絕對溫度 K) (空氣在參照氣壓的溫度)
Tdew (degC)	露點溫度 (攝氏)
rh (%)	相對溼度 (百分比)：本實驗的目標值
VPmax (mbar)	飽和蒸氣壓
VPact (mbar)	蒸氣壓
VPdef (mbar)	蒸氣壓差 (飽和蒸氣壓減蒸氣壓)
sh (g/kg)	比濕 (空氣中水汽質量與空氣總質量的比值)
H2OC (mmol/mol)	水蒸氣濃度
rho (g/m^3)	戶外相對濕度
wv (m/s)	風速 (公尺/秒)
max. wv (m/s)	最大風速
wd (deg)	風向 (角度, 0~359)

我們呼叫 DataFrame 物件的 corr() 方法來取得所有欄位的相關係數 (correlation coefficient), 並只看相對濕度這欄的結果：

In

```
df.corr()['rh (%)']
```

Out

```
p (mbar)           -0.018352
T (degC)           -0.572416
Tpot (K)           -0.567127
Tdew (degC)        -0.156615
rh (%)              1.000000
VPmax (mbar)       -0.615842
VPact (mbar)       -0.151494
VPdef (mbar)       -0.843835
sh (g/kg)          -0.150841
H2OC (mmol/mol)    -0.150969
rho (g/m**3)        0.514282
wv (m/s)           -0.005020
max. wv (m/s)      -0.009921
wd (deg)           -0.015912
Name: rh (%), dtype: float64
```

相關係數越接近 1, 代表關聯越大, 反之越接近 0 即越小。由上可見風速、最大風速及風向 (角度) 和相對溼度的關聯都很低, 因此我們可以捨棄這些特徵。

此外, 為了減少要處理的資料量, 我們會只使用每個小時整點的資料 (原本是每 10 分鐘記錄一筆資料), 這能使資料量減少到原本的 1/6。

In

```
# 跳過前 5 筆資料, 後面的每 6 筆取一次, 好取得整點時刻的資料
df = df[5::6]

# 去掉不需用到的特徵
df = df.drop(
    ['Date Time', 'wv (m/s)',
     'max. wv (m/s)', 'wd (deg)'], axis=1)

# 檢視 DataFrame 欄位的資料數量與型別
df.info()
```

Out

```
<class 'pandas.core.frame.DataFrame'>
RangeIndex: 70091 entries, 5 to 420545
Data columns (total 11 columns):
 #   Column           Non-Null Count  Dtype
---  ------           --------------  -----
 0   p (mbar)         70091 non-null  float64
 1   T (degC)         70091 non-null  float64
 2   Tpot (K)         70091 non-null  float64
 3   Tdew (degC)      70091 non-null  float64
 4   rh (%)           70091 non-null  float64
 5   VPmax (mbar)     70091 non-null  float64
 6   VPact (mbar)     70091 non-null  float64
 7   VPdef (mbar)     70091 non-null  float64
 8   sh (g/kg)        70091 non-null  float64
 9   H2OC (mmol/mol)  70091 non-null  float64
 10  rho (g/m**3)     70091 non-null  float64
dtypes: float64(11)
memory usage: 5.9 MB
```

以上可見我們的資料集有 10 個特徵，共有 70091 筆資料，而且沒有任何缺值。

小編註：在傳入資料給 AutoKeras 的時間序列預測器時，得確保所有資料是浮點數格式。我們不必管缺值問題，因為 AutoKeras 會自動呼叫 DataFrame 物件的 dropna() 方法來去掉包含 NaN 值的列。

下面我們來將其中幾個欄位繪製成圖表，觀察資料的時間趨勢：

In

```
fig = plt.figure(figsize=(10, 12))

# 選擇欄位：絕對溼度、氣壓、氣温、蒸氣壓、比濕
names = ('rh (%)', 'p (mbar)', 'T (degC)', 'VPact (mbar)', 'sh (g/kg)')
```

→ 接下頁

```
for i in range(5):
    data = df[names[i]]
    ax = fig.add_subplot(5, 1, i + 1)
    plt.scatter(np.arange(data.size), data, s=1)
    ax.set_xlim([0, data.size])
    ax.set_title(names[i])

plt.tight_layout()
plt.show()
```

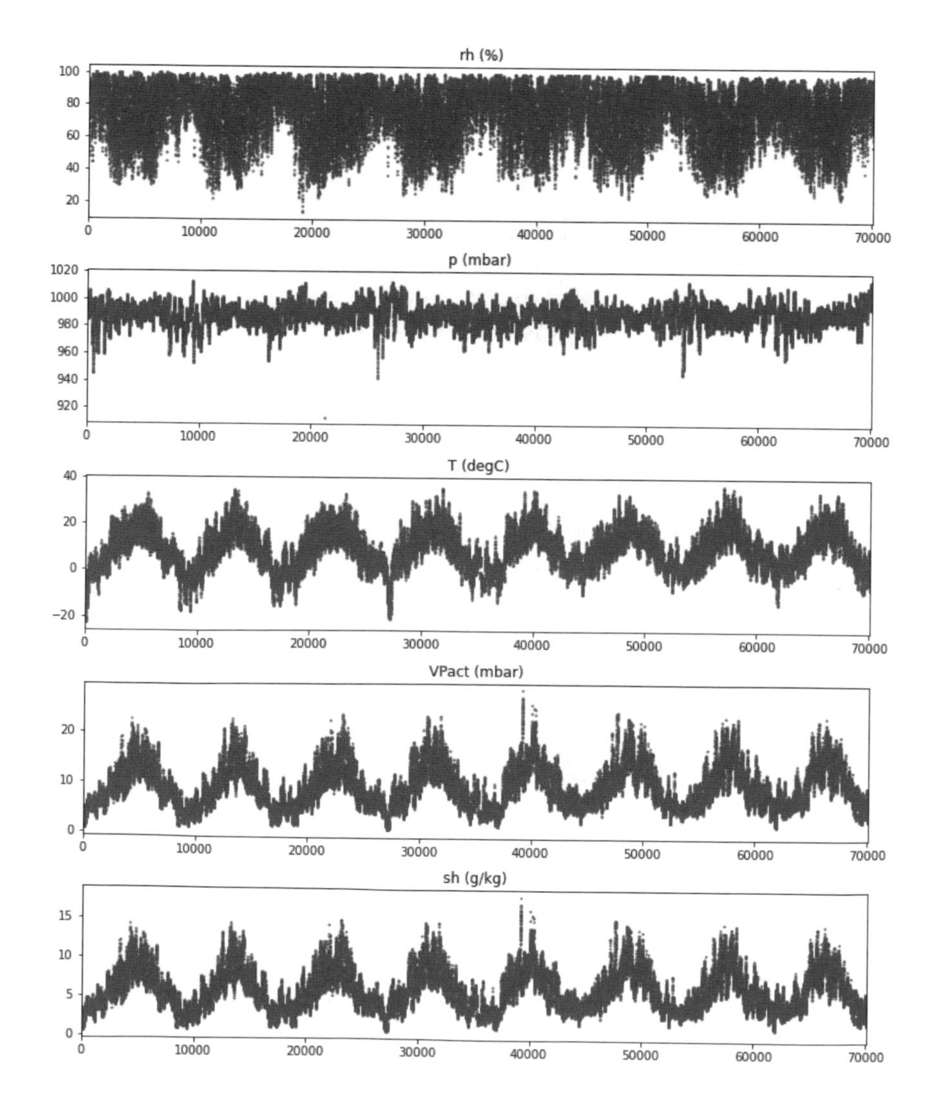

大致檢視過資料後，就可以來分割資料集。由於資料涵蓋 8 年的氣象資料，我們將最後一年切割出來當測試集：

In

```
split = 0.125  # 測試集為 1/8

x = df.drop(['rh (%)'], axis=1)  # 特徵資料
y = df['rh (%)'] / 100  # 目標值，除以 100

slice_index = int(y.size * (1 - split))
x_train, x_test = x[:slice_index], x[slice_index:]
y_train, y_test = y[:slice_index], y[slice_index:]

print(x_train.shape)
print(x_test.shape)
```

Out

```
(61329, 10)
(8762, 10)
```

7-3-3 建立並訓練模型

在這個實驗中，我們將同樣使用 TimeseriesForecaster 類別來建立時間序列預測器：

In

```
lookback = 720  # 一天 24 小時 x 30 天
batch_size = 72

reg = ak.TimeseriesForecaster(
    lookback=lookback, max_trials=3, overwrite=True)

reg.fit(
    x_train, y_train, batch_size=batch_size,
    callbacks=[tf.keras.callbacks.EarlyStopping(patience=3)])
```

這回我們讓模型一樣往回讀 30 日歷史資料 (720 筆), 而 batch_size (批量大小) 被設為 72。

模型訓練完後輸出以下結果：

Out

```
Epoch 1/28
833/833 [==============================] - 172s 202ms/step - loss: 0.1062
- mean_squared_error: 0.1062
Epoch 2/28
833/833 [==============================] - 168s 202ms/step - loss: 0.0270
- mean_squared_error: 0.0270
Epoch 3/28
833/833 [==============================] - 169s 203ms/step - loss: 0.0171
- mean_squared_error: 0.0171
...( 中略 )
833/833 [==============================] - 157s 189ms/step - loss: 0.0045
- mean_squared_error: 0.0045
Epoch 27/28
833/833 [==============================] - 157s 188ms/step - loss: 0.0042
- mean_squared_error: 0.0042
Epoch 28/28
833/833 [==============================] - 154s 185ms/step - loss: 0.0043
- mean_squared_error: 0.0043
```

7-3-4 模型評估

評估預測結果

首先和前一個範例一樣 , 使用整個 x 資料表 (訓練集加測試集) 來產生測試集的預測相對濕度：

In

```
predicted = reg.predict(x).flatten() * 100  # 預測值
real = y_test[lookback:] * 100  # 真實值
```

接著評估預測效果：

In

```
from sklearn.metrics import mean_squared_error, mean_absolute_error

print('Prediction MSE:', mean_squared_error(real, predicted).round(3))
print('Prediction MAE:', mean_absolute_error(real, predicted).round(3))
```

Out

```
Prediction MSE: 29.962
Prediction MAE: 4.003
```

這顯示在預測測試集的相對溼度時，平均誤差為正負 4。

預測結果的視覺化

下面我們同樣將測試集的前 250 筆真實值與對應的預測值畫成折線圖，好從視覺上比較預測效果：

In

```
display_size = 250

dx = np.arange(predicted.size)

plt.figure(figsize=(10, 6))
plt.title('Predictions')
plt.plot(dx[:display_size], real[:display_size], label='Real')
plt.plot(dx[:display_size], predicted[:display_size],
         linestyle='--', label='Predicted')
```

→ 接下頁

```
plt.xlim([0, display_size])
plt.legend()
plt.tight_layout()
plt.show()
```

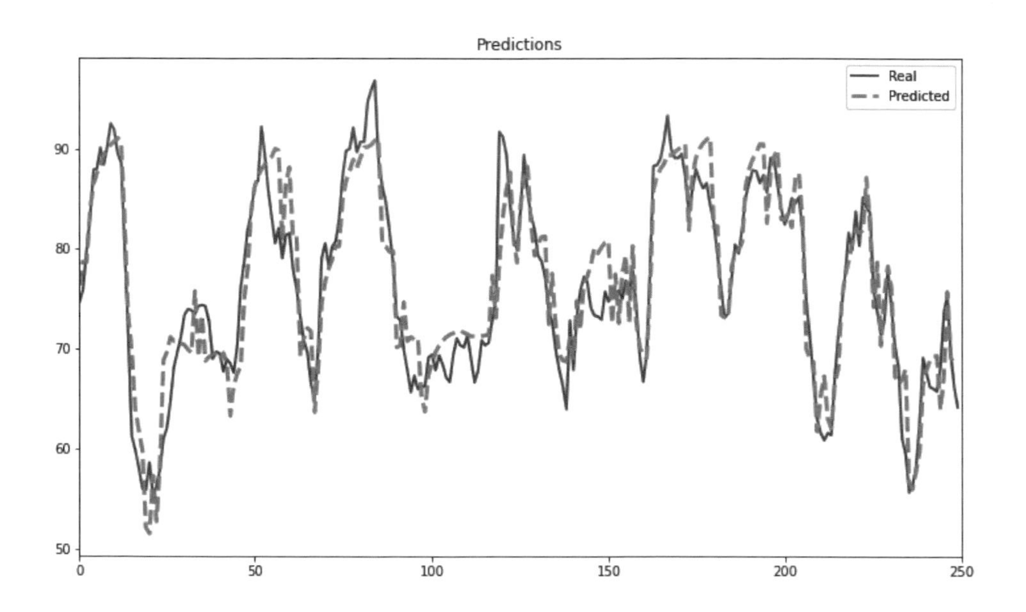

下面則來顯示預測殘差圖：

In

```
# 計算殘差 (測試集目標值得轉成 ndarray)
residuals = predicted - real.to_numpy()

plt.figure(figsize=(10, 6))
plt.title('Predictions')
plt.scatter(dx, residuals, s=10)
plt.plot(dx, dx*0, linestyle='--', linewidth=3,
         color='tab:orange')
plt.xlim([0, dx.size])
plt.tight_layout()
plt.show()
```

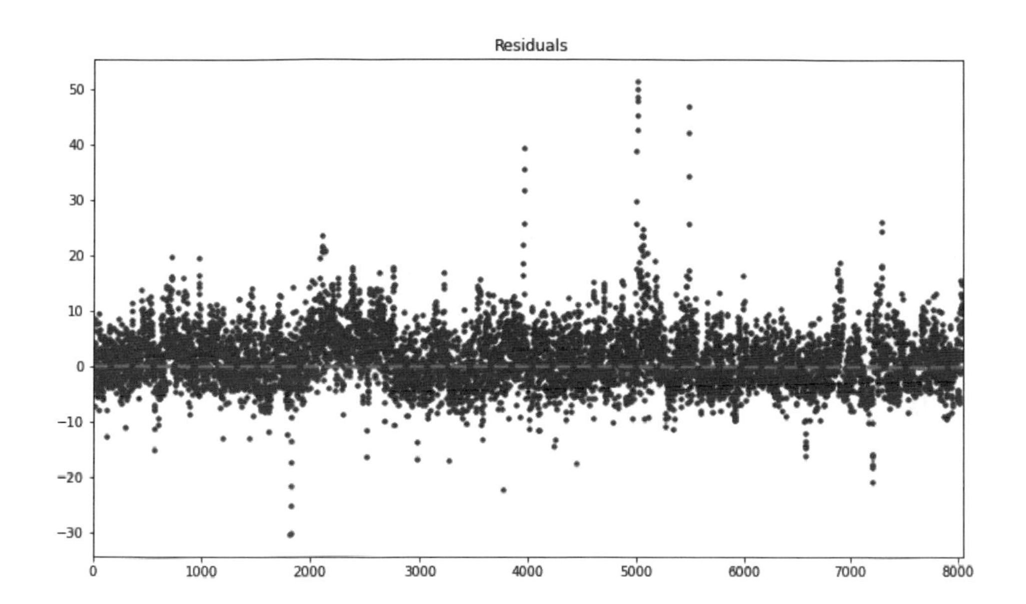

7-3-5 模型視覺化

以下是這個模型架構的摘要：

In

```
model = reg.export_model()
model.summary()
```

Out

```
Model: "model"
_________________________________________________________________
Layer (type)                 Output Shape              Param #
=================================================================
input_1 (InputLayer)         [(None, 720, 10)]         0
_________________________________________________________________
```

→ 接下頁

```
bidirectional (Bidirectional (None, 720, 20)          1320
_________________________________________________________________
bidirectional_1 (Bidirection (None, 20)               1920
_________________________________________________________________
dropout (Dropout)            (None, 20)               0
_________________________________________________________________
regression_head_1 (Dense)    (None, 1)                21
=================================================================
Total params: 3,261
Trainable params: 3,261
Non-trainable params: 0
_________________________________________________________________
```

下面則是 plot_model() 產生的圖表：

In

```
from tensorflow.keras.utils import plot_model
plot_model(model, show_shapes=True, show_dtype=True)
```

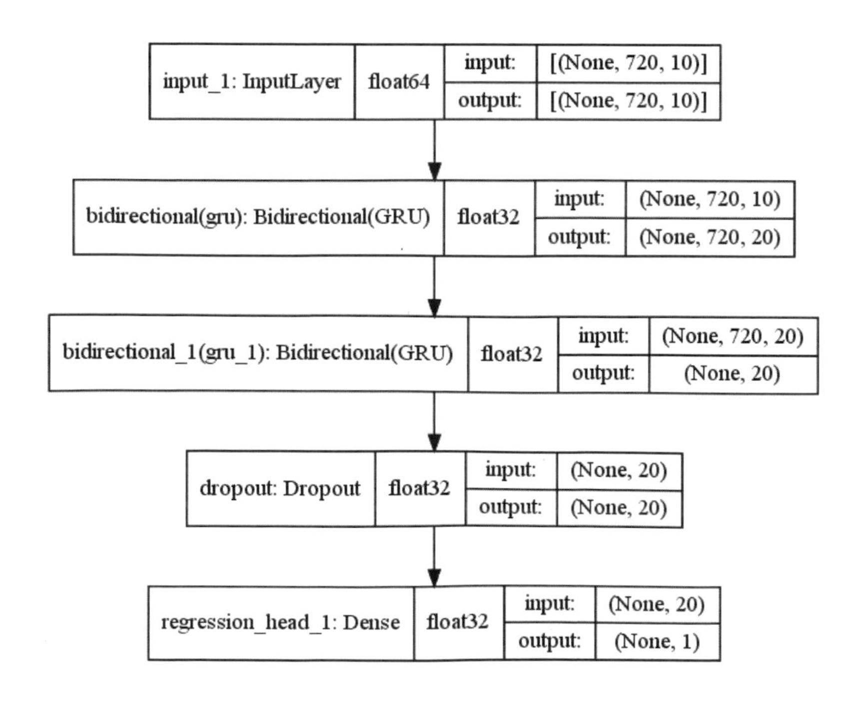

可見這回的模型由兩層雙向 GRU 所構成，而且後面多了一個 dropout 層。

7-3-6 匯出並重新載入模型

在本章的最後，我們來重新載入 AutoKeras 儲存在磁碟裡的最佳模型 (預設路徑為 time_series_forecaster/best_model), 並展示如何使用它來做預測：

In

```
from tensorflow.keras.models import load_model
loaded_model = load_model('./time_series_forecaster/best_model', 接下行
custom_objects=ak.CUSTOM_OBJECTS)
```

小編註：loaded_model 和前面使用 reg.export_model() 所傳回的模型是一樣的。

這回我們要擷取測試集**最尾端**的 720 筆資料，並用它來預測一筆新的相對濕度值 (也就是說，在測試集原本的 8,762 個目標值之外產生第 8,763 個預測值)。你也許會撰寫程式如下：

In

```
# 取得測試集最末 720 筆資料並轉為 ndarray
new_test = x_test[-lookback:].to_numpy()
# 預測新的相對溼度值
new_predicted = loaded_model.predict(new_test).flatten() * 100
```

但這會產生以下錯誤：

Out

```
ValueError: Input 0 is incompatible with layer model: expected
shape=(None, 720, 10), found shape=(None, 10)
```

這是因為我們的模型現在是 Keras 模型，而透過前一小節的模型摘要，可以發現它的輸入資料形狀已經改變了，變成 (None, 720, 10), 也就是每一批輸入得包含連續 720 筆氣象資料，每筆資料有 10 個特徵。因此，我們必須將這批原本 (720, 10) 形狀的資料增加一個維度，使之變成 (1, 720, 10)：

In

```
new_test = x_test[-lookback:].to_numpy()
# 將資料增加一個維度
new_test = np.reshape(new_test, (1, lookback, new_test.shape[1]))
print('input:', new_test.shape)

new_predicted = loaded_model.predict(new_test).flatten() * 100
print('predicted:', new_predicted)
```

程式執行後，可以看到轉換後的輸入資料維度，以及成功產生的一筆預測值：

Out

```
input: (1, 720, 10)
predicted: [89.3785]  ← 預測值陣列只有 1 個元素
```

小編註：同理，若你想預測 30 筆新目標值，你就得準備 30 組 720 x 10 的資料，也就是說整個輸入資料的形狀會是 (30, 720, 10)。

有了這個新的預測值之後，我們可以來畫出測試集真實值與預測值的最末 250 筆，並將新預測值也畫上去：

In

```
display_size = 250

dx = np.arange(predicted.size)

plt.figure(figsize=(10, 6))
plt.title('New prediction')
# 真實值曲線
plt.plot(dx[-display_size:], real[-display_size:],
         linewidth=2, label='Real')
# 預測值曲線
plt.plot(dx[-display_size:], predicted[-display_size:],
         linestyle='--', linewidth=3, label='Predicted')
# 畫上新預測值
plt.scatter(dx[-1]+1, new_predicted[0],
            s=100, marker='x', color='tab:orange',
            label='New predicted')
plt.xlim([dx.size-display_size, dx.size+5])
plt.legend()
plt.tight_layout()
plt.show()
```

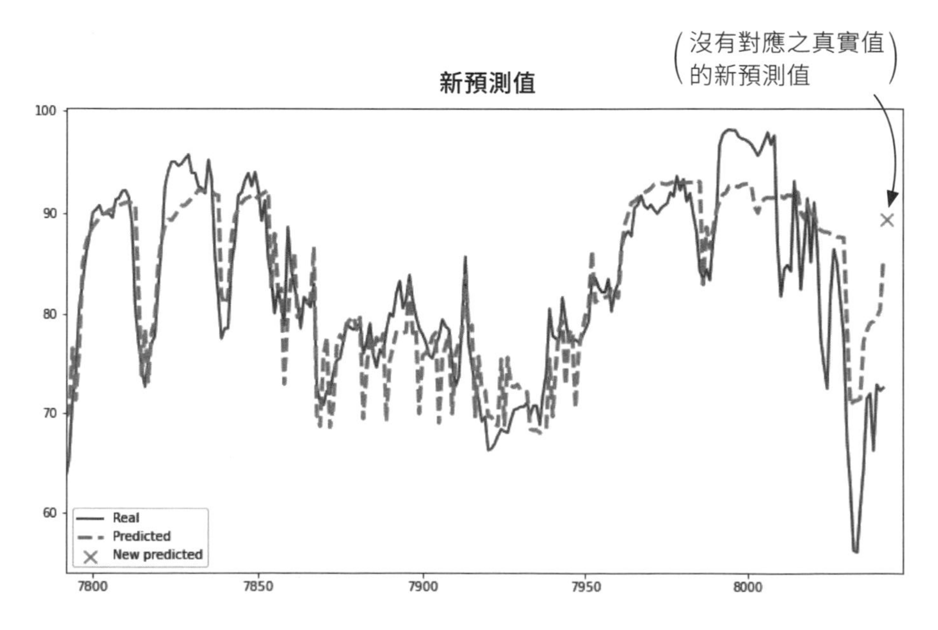

可見儘管 AutoKeras 的時間預測類別能夠自動替我們產生適當的輸入資料型狀，但匯出為 Keras 模型之後就不再需要輸入訓練集資料。只要輸入資料的形狀正確，你就能用 720 筆氣象資料預測下一小時的可能相對濕度。

7-4 總結

在本章中，我們看到什麼是時間序列資料 (包括單變量與多變量資料)，以及如何準備資料集來將其輸入 AutoKeras 的時間序列預測器。儘管時間序列預測器在預測時需要的資料長度比較特殊，但可以看到它確實能針對有時間順序性的資料做出預測，並反映原始資料的趨勢。

至此，我們已經看完了 AutoKeras 所有的 DL 模型類別，它們已經足以應付絕大多數的任務。但是當任務變得更複雜，例如同時有多重輸入或輸出資料、或者得使用兩個以上的模型進行預測時，這些內建類別就會不足以應付需求。因此在下一章，我們會來看如何於 AutoKeras 建立自訂的多模態／多重模型。

AutoKeras 進階篇

在本篇中，你會學到一些 AutoKeras 的進階觀念，包含多模態資料與多重預測任務的處理、如何運用 AutoModel 自訂模型、匯出與部署模型，以及使用可搭配 AutoKeras 將模型視覺化的相關套件。

本篇涵蓋了以下章節：

- 第 8 章、自訂 AutoModel 複合模型並處理多重任務
- 第 9 章、AutoKeras 模型的匯出與訓練過程視覺化

08

自訂 AutoModel 複合模型並處理多重任務

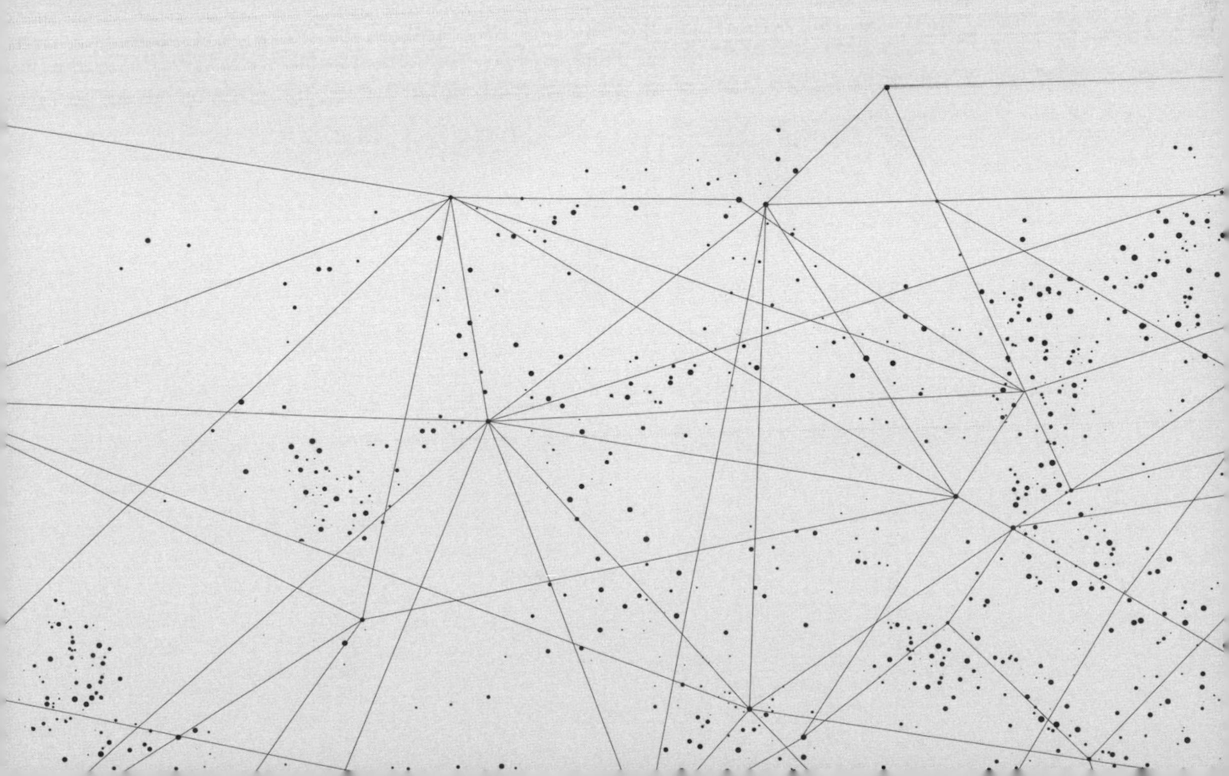

在本章中，我們會學到如何使用 AutoKeras 的 AutoModel API 來自訂複合模型並處理多重任務。本章結束以後，您將知道要怎麼打造能接收多重輸入資料、或者能夠輸出多重結果的模型，甚至合併不同的模型來對同一份資料做預測。

本章節包含以下主題：

- 理解多模態 (multi-model) 資料與多任務 (multi-task) 模型
- 對 AutoModel 指定不同程度的搜尋空間
- 打造一個使用多模態資料的多任務模型
- 打造能同時預測電影評分與情感的預測器
- 打造能用兩種 CNN 網路模型預測分類的預測器

現在，我們來看看實際案例，了解以上主題要怎麼實作。

8-1 理解多模態 (multi-model) 資料與多任務 (multi-task) 模型

有時候，我們會碰到一些情況，需要將不同的資料源輸入模型，甚至可能要產生兩種以上的預測目標值，這使得原本的 ImageClassifier、TextClassifier 這類標準 AutoKeras 類別就會無法應付需求。在這種時候，我們就能透過前面各章已經看過多次的 AutoModel 來產生我們需要的自訂模型。

8-1-1 理解 AutoModel 搜尋空間

我們在前面的章節中已經看過很多次 AutoModel 類別，它讓我們可以指定自動化建模的搜尋空間 (search space)。它有兩種使用方式：

- 基礎：僅指定輸入和輸出節點，模型的其他部份則交由 AutoModel 自行決定。
- 進階：用類似 Keras 函數式 API 的語法來指定模型中各層要使用的區塊 (block), 以及它們的連結方式。

下面是基礎範例，只指定 2 個輸入與 2 個輸出節點：

In

```
ak.AutoModel(
    inputs=[ak.ImageInput(), ak. StructuredDataInput()],
    outputs[ak.ClassificationHead(), ak.RegressionHead()])
```

至於進階的架構寫法，就和我們已經看過的許多範例一樣，就是詳細定義輸入到輸出節點之間的區塊：

In

```
# 輸入節點
image_input = ak.ImageInput()
structured_input = ak. StructuredDataInput()

# 中間層的區塊, 連結到輸入節點
image_output = ak.ImageBlock()(image_input)
structured_output = ak. StructuredDataBlock()(text_input)
```

→ 接下頁

```
# 合併層層區塊
output = ak.Merge()([image_output, structured_output])

# 產生預測結果的區塊
classification_output = ak.ClassificationHead()(output)
regression_output = ak.RegressionHead()(output)

ak.AutoModel(
    inputs=[image_input, structured_input],
    outputs=[classification_output, regression_output])
```

8-1-2 什麼是多模態 (multimodal)？

若一筆資料包含多種不同形式的資訊，我們稱該資料為多模態。例如，資料中可以包含一張相片，但這張相片還可以包含了一些詮釋資料 (metadata), 例如它的類型、拍攝地點或是其他相關資料，以結構化資料的形式存在。

8-1-3 什麼是多任務 (multitask)？

若模型能夠同時預測多種目標值，我們稱此模型為多任務。例如，我們想讓模型依據相片中人物的種族來進行分類，同時又想預測他們的年齡。

以下用圖例展示了一個使用多模態資料的多任務神經網路模型：

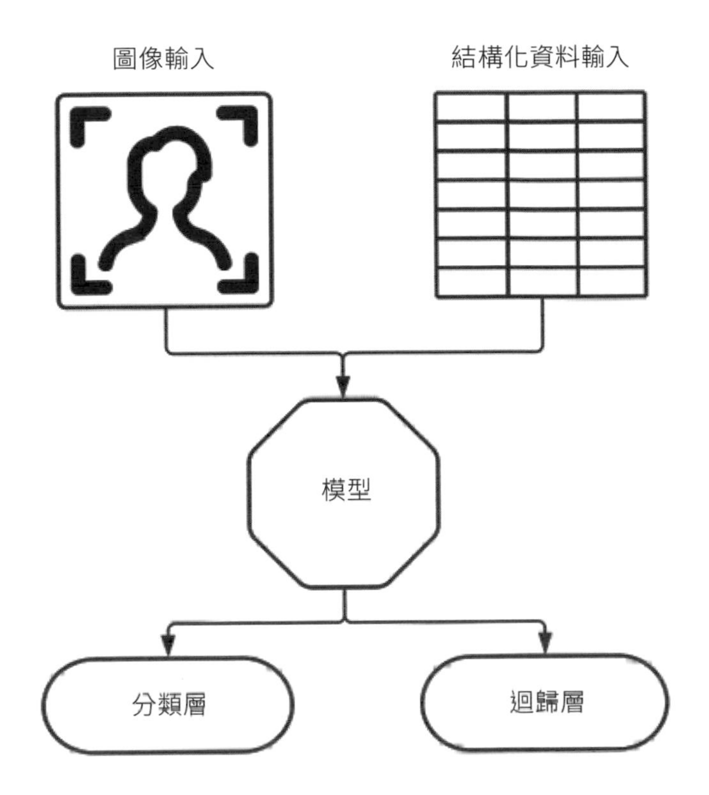

從上面可以看到，這個模型有兩個輸入 (來自一份多模態資料，每張圖像都對應到一筆結構化資料)。此模型會同時做出分類與迴歸預測，因此是個多任務模型。

我們來透過實際範例進一步了解這些概念。

8-2 打造使用多模態資料的多任務模型

如前所述，我們要打造一個能同時處理圖像與結構化資料的複合模型。我們將使用 scikit-learn 提供的玩具資料集 (toy dataset) 來產生一個模擬的多模態資料集，並在簡單訓練後檢視模型的結構。

★提示 範例程式：chapter08\notebook\multimodel.ipynb 及 chapter08\py\multimodel.py

8-2-1 安裝 AutoKeras 並匯入套件

首先在需要時安裝 AutoKeras：

In

```
!pip3 install autokeras
```

接著匯入我們在本實驗要用到的套件：

In

```
import tensorflow as tf
import autokeras as ak
```

8-2-2 匯入並準備資料集

在我們的多模態資料集中，圖像部分來自 scikit-learn 的 digits 資料集 (簡化版的 MNIST 手寫數字集), 包含 1,797 筆 8 x 8 像素的圖像陣列；結構化資料則來自 scikit-learn 的 breast cancer 資料集，包含 569 筆資料，每筆資料有 30 個特徵：

In

```
from sklearn.datasets import load_digits, load_breast_cancer

# 載入資料集物件
digits = load_digits()
breast_cancer = load_breast_cancer()

# 取得特徵與目標資料
image_data = digits.images
structured_data = breast_cancer.data.astype('float32')
classification_target = digits.target
regression_target = breast_cancer.target.astype('float32')
```

以上我們載入了兩個資料集，而既然我們要對 breast cancer 資料集做迴歸，其資料必須轉為 float32 浮點數。我們也不會將資料集切割為訓練與測試集，畢竟此實驗的目的只是要觀察產生出來的模型架構。

最後我們要裁切 digits 資料集，使其大小跟 breast cancer 資料集一樣，好讓我們模擬兩者之間有一對一的關聯：

In

```
image_data = image_data[:regression_target.size]
classification_target = classification_target[:regression_target.size]

print(image_data.shape)
print(structured_data.shape)
```

Out

```
(569, 8, 8)
(569, 30)
```

8-2-3 建立並訓練模型

資料集準備完畢後，我們即可來用透過 AutoModel 建立模型，賦予它多重輸入與輸出。首先我們會來看基本的搜尋空間寫法，稍後再看進階的版本。

在基本寫法中，我們只搜尋一個候選模型，並只訓練 1 週期：

In

```
multi_model = ak.AutoModel(
    inputs=[
        ak.ImageInput(),
        ak.StructuredDataInput()
    ],
    outputs=[
        ak.ClassificationHead(),
        ak.RegressionHead(),
    ],
    max_trials=1, overwrite=True)

multi_model.fit(
    [image_data, structured_data],
    [classification_target, regression_target],
    epochs=1)
```

在上面的程式碼中，我們定義了兩個輸入 (圖像和結構化資料) 與兩個輸出 (分類和迴歸), 並讓 AutoModel 去自行將這中間的網路層連接起來。

模型會輸出以下結果：

Out

```
18/18 [==============================] - 46s 2s/step - loss: 32.5787 -
classification_head_1_loss: 12.0905 - regression_head_1_loss: 20.4882 -
classification_head_1_accuracy: 0.1652 - regression_head_1_mean_squared_
error: 20.4882
```

與前面各章其他範例不同的是，這邊我們可以看到模型印出了三個損失值——整個模型的損失值，分類層的損失值，以及迴歸層的損失值。既然我們幾乎沒什麼訓練，所以損失值看來都很高。

8-2-4 模型視覺化

現在我們來檢視模型的摘要：

In

```
model = multi_model.export_model()
model.summary()
```

輸出結果如下：

```
Model: "model"
__________________________________________________________________________________________________
Layer (type)                    Output Shape         Param #     Connected to
==================================================================================================
input_1 (InputLayer)            [(None, 8, 8)]       0
__________________________________________________________________________________________________
cast_to_float32 (CastToFloat32) (None, 8, 8)         0           input_1[0][0]
__________________________________________________________________________________________________
expand_last_dim (ExpandLastDim) (None, 8, 8, 1)      0           cast_to_float32[0][0]
__________________________________________________________________________________________________
input_2 (InputLayer)            [(None, 30)]         0
__________________________________________________________________________________________________
normalization (Normalization)   (None, 8, 8, 1)      3           expand_last_dim[0][0]
__________________________________________________________________________________________________
multi_category_encoding (MultiC (None, 30)           0           input_2[0][0]
__________________________________________________________________________________________________
resizing (Resizing)             (None, 32, 32, 1)    0           normalization[0][0]
__________________________________________________________________________________________________
dense (Dense)                   (None, 32)           992         multi_category_encoding[0][0]
__________________________________________________________________________________________________
concatenate (Concatenate)       (None, 32, 32, 3)    0           resizing[0][0]
                                                                 resizing[0][0]
                                                                 resizing[0][0]
__________________________________________________________________________________________________
re_lu (ReLU)                    (None, 32)           0           dense[0][0]
__________________________________________________________________________________________________
resnet50 (Functional)           (None, 1, 1, 2048)   23587712    concatenate[0][0]
__________________________________________________________________________________________________
dense_1 (Dense)                 (None, 32)           1056        re_lu[0][0]
__________________________________________________________________________________________________
flatten (Flatten)               (None, 2048)         0           resnet50[0][0]
__________________________________________________________________________________________________
re_lu_1 (ReLU)                  (None, 32)           0           dense_1[0][0]
__________________________________________________________________________________________________
concatenate_1 (Concatenate)     (None, 2080)         0           flatten[0][0]
                                                                 re_lu_1[0][0]
__________________________________________________________________________________________________
dense_2 (Dense)                 (None, 10)           20810       concatenate_1[0][0]
__________________________________________________________________________________________________
classification_head_1 (Softmax) (None, 10)           0           dense_2[0][0]
__________________________________________________________________________________________________
regression_head_1 (Dense)       (None, 1)            2081        concatenate_1[0][0]
==================================================================================================
Total params: 23,612,654
Trainable params: 23,559,531
Non-trainable params: 53,123
__________________________________________________________________________________________________
```

儘管我們撰寫的 AutoModel 定義語法非常簡單，這模型比本書前面的模型都明顯來得更複雜。為了更清楚理解模型各層的連接方式，下面也用 plot_model() 來將模型圖形化：

In

```
from tensorflow.keras.utils import plot_model
plot_model(model)
```

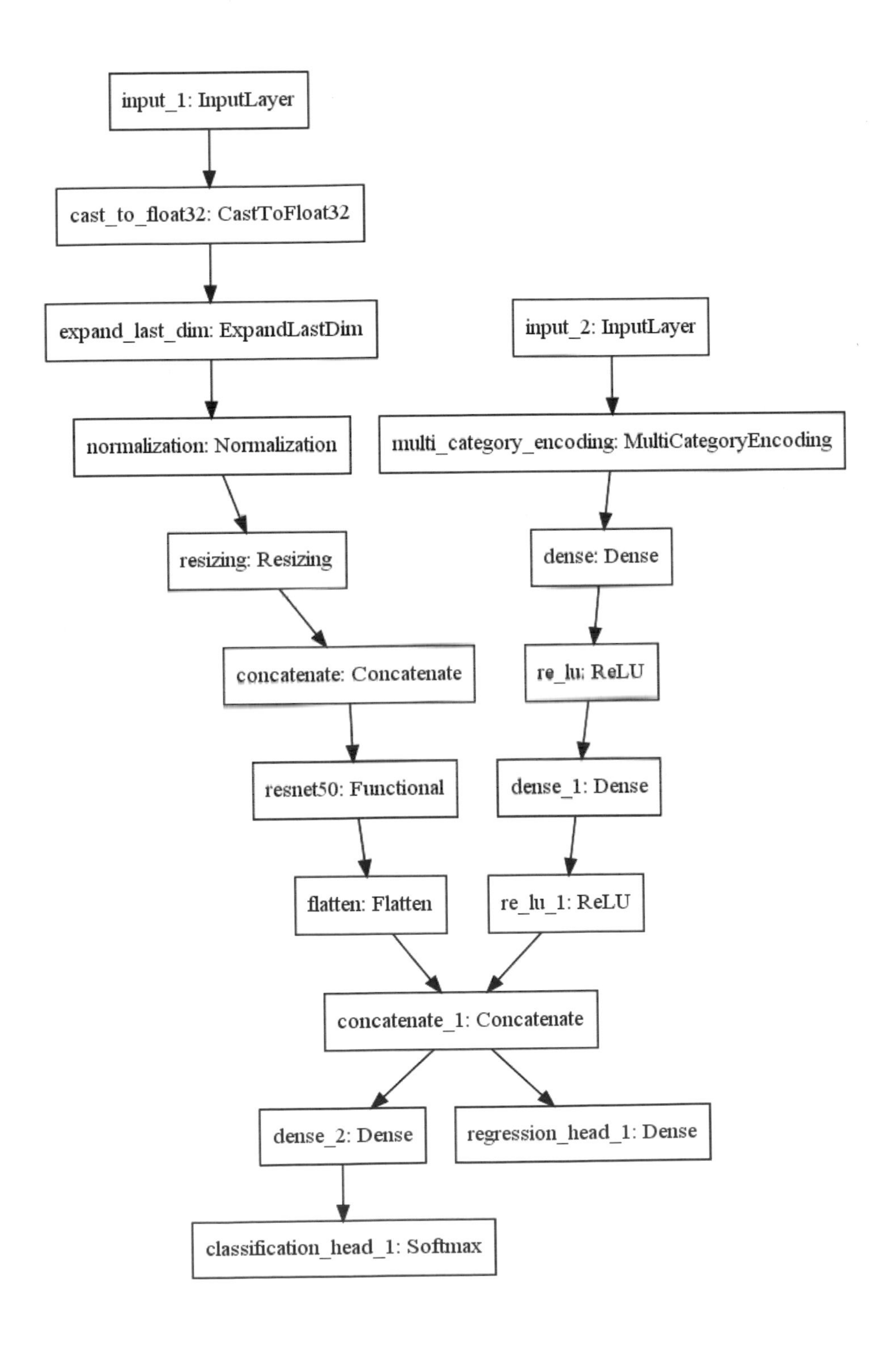
input_1: InputLayer
cast_to_float32: CastToFloat32
expand_last_dim: ExpandLastDim
input_2: InputLayer
normalization: Normalization
multi_category_encoding: MultiCategoryEncoding
resizing: Resizing
dense: Dense
concatenate: Concatenate
re_lu: ReLU
resnet50: Functional
dense_1: Dense
flatten: Flatten
re_lu_1: ReLU
concatenate_1: Concatenate
dense_2: Dense
regression_head_1: Dense
classification_head_1: Softmax

小編註：由於 AutoModel 選擇要試驗的模型時會有些隨機因素，因此你看到的結果可能會與上面略有出入。

我們來簡單看一下模型中的各層。

在這個模型中，AutoKeras 替兩個輸入建立了各自的子模型：它使用第 4 章提過的 ResNet 深度殘差網路來處理圖像，並用兩個全連接層來處理結構化資料。這兩個子模型產出各自的結果後，就會被 Merge (融合) 層合併在一起 (這裡的合併方式為串接 (concatenate), 也就是將子模型的向量銜接起來，變成更長的向量), 然後重新切開來輸入到不同的層，好產生分類與迴歸預測值。

現在，我們來看如何用進階方式指定 AutoModel 要放在模型中間層的區塊。

8-2-5 進階的多任務模型搜尋空間

如同本章一開始提到的，我們可以用更進階的方式設定 AutoModel。前面 AutoModel 自動替圖像處理選用了 ResNet, 但對於這麼簡單的任務，我們或許只會想用基本的 CNN 而已。這時我們便能用函式 API 指定想要的中間層，並將模型中的各區塊連結起來：

In

```
# 圖像輸入層和圖像處理區塊 (指定用一般 CNN)
input_node1 = ak.ImageInput()
image_output = ak.ImageBlock(block_type='vanilla')(input_node1)

# 結構化資料輸入層和結構化資料處理區塊
input_node2 = ak.StructuredDataInput()
structured_output = ak.StructuredDataBlock(normalize=True)(input_node2)
```

→ 接下頁

```
# 融合區塊，合併兩個子模型的輸出
output_node = ak.Merge()([image_output, structured_output])

# 產生分類及迴歸預測結果
output_node1 = ak.ClassificationHead()(output_node)
output_node2 = ak.RegressionHead()(output_node)

multi_task = ak.AutoModel(
    inputs=[input_node1, input_node2],
    outputs=[output_node1, output_node2],
    max_trials=5, overwrite=True)

multi_task.fit(
    [image_data, structured_data],
    [classification_target, regression_target],
    callbacks=[tf.keras.callbacks.EarlyStopping(patience=2)])
```

這回我們更清楚定義了子模型的類型，並將輸入與輸出一一串起來。我們要 AutoModel 測試 5 個候選模型，並用 EarlyStopping 回呼函式來決定每個模型在停止進步 2 週期後就停止訓練。

速度更快的普通 CNN, 訓練後的輸出結果如下：

Out

```
Epoch 1/19
18/18 [==============================] - 2s 13ms/step - loss: 2.9439 -
classification_head_1_loss: 2.5661 - regression_head_1_loss: 0.3778 -
classification_head_1_accuracy: 0.0826 - regression_head_1_mean_squared_
error: 0.3778
Epoch 2/19
18/18 [==============================] - 0s 12ms/step - loss: 2.4525 -
classification_head_1_loss: 2.2977 - regression_head_1_loss: 0.1548 -
classification_head_1_accuracy: 0.1476 - regression_head_1_mean_squared_
error: 0.1548
```

→ 接下頁

```
Epoch 3/19
18/18 [==============================] - 0s 11ms/step - loss: 2.2483 -
classification_head_1_loss: 2.1039 - regression_head_1_loss: 0.1444 -
classification_head_1_accuracy: 0.2566 - regression_head_1_mean_squared_
error: 0.1444
...（中略）
Epoch 17/19
18/18 [==============================] - 0s 12ms/step - loss: 0.3991 -
classification_head_1_loss: 0.2465 - regression_head_1_loss: 0.1527 -
classification_head_1_accuracy: 0.9350 - regression_head_1_mean_squared_
error: 0.1527
Epoch 18/19
18/18 [==============================] - 0s 12ms/step - loss: 0.3924 -
classification_head_1_loss: 0.2338 - regression_head_1_loss: 0.1585 -
classification_head_1_accuracy: 0.9631 - regression_head_1_mean_squared_
error: 0.1585
Epoch 19/19
18/18 [==============================] - 0s 12ms/step - loss: 0.3503 -
classification_head_1_loss: 0.2095 - regression_head_1_loss: 0.1407 -
classification_head_1_accuracy: 0.9578 - regression_head_1_mean_squared_
error: 0.1407
```

可見經過很短時間的訓練後，對圖像分類的準確率為 95.78%, 迴歸預測的損失值則為 0.1407。

我們來重新使用 plot_model() 產生這個新模型的圖形化架構，看看有何變化：

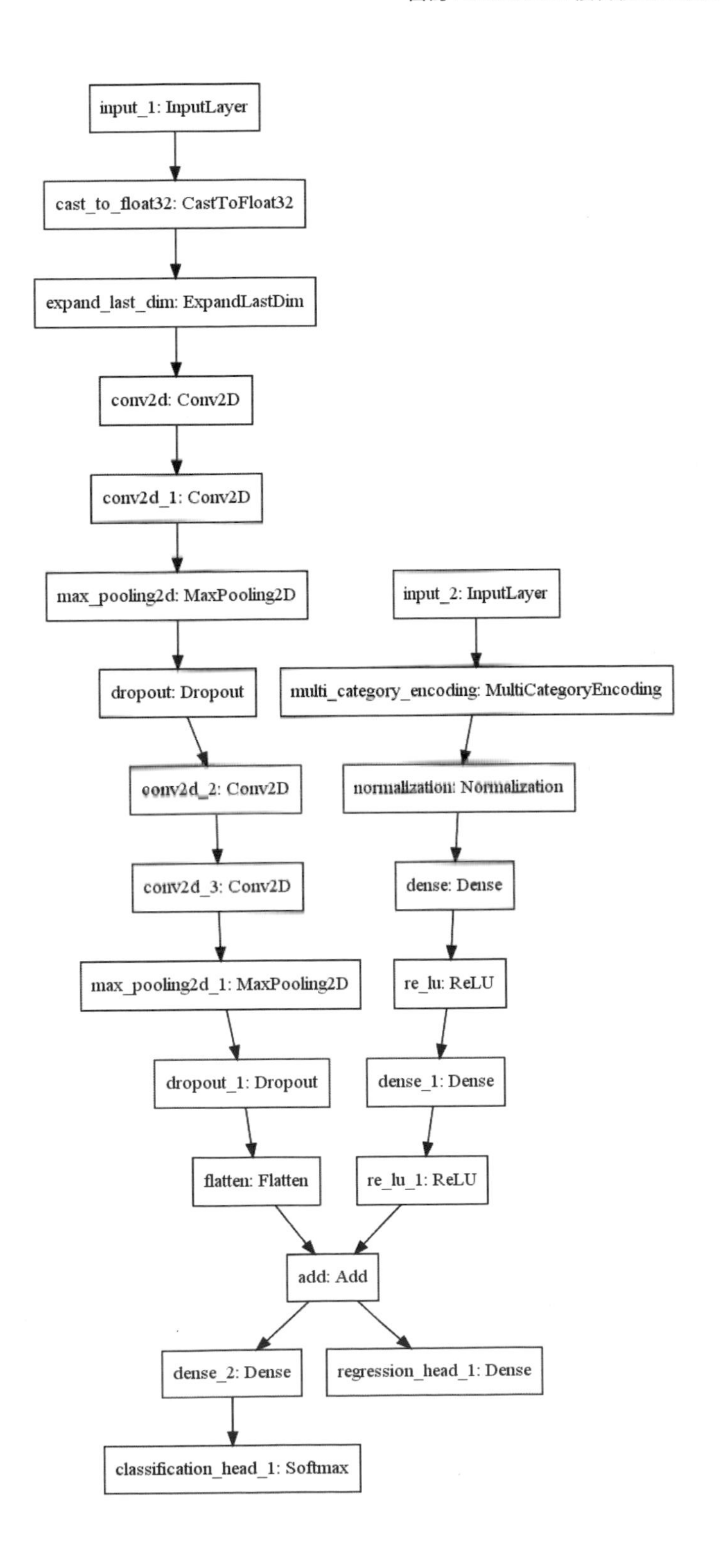
input_1: InputLayer
cast_to_float32: CastToFloat32
expand_last_dim: ExpandLastDim
conv2d: Conv2D
conv2d_1: Conv2D
max_pooling2d: MaxPooling2D
input_2: InputLayer
dropout: Dropout
multi_category_encoding: MultiCategoryEncoding
conv2d_2: Conv2D
normalization: Normalization
conv2d_3: Conv2D
dense: Dense
max_pooling2d_1: MaxPooling2D
re_lu: ReLU
dropout_1: Dropout
dense_1: Dense
flatten: Flatten
re_lu_1: ReLU
add: Add
dense_2: Dense
regression_head_1: Dense
classification_head_1: Softmax

可以發現這回處理圖像的子模型已經變成兩層 CNN, 而 Merge 層使用的合併方式為 add (將兩個向量結果相加)。

(你可以將 ak.Merge 類別的 merge_type 參數指定為 'add' 或 'concatenate', 若不指定則會由 AutoKeras 自動選擇。)

當然, 如同我們已經在各章看過的, 你可以進一步將 ImageBlock 與 StructuredDataBlock 換成更細的區塊定義; 這麼做雖然更複雜, 但也能進一步縮減 AutoModel 的搜尋空間。AutoModel 會嘗試根據你的要求來建構模型, 並針對沒有指定的超參數來試驗不同的選項。

8-3 打造能同時預測電影評分與情感的預測器

在第 5 章中, 我們使用同一個資料集分別進行了評分迴歸預測和情感分類預測。現在我們便要透過 AutoModel 來建立一個模型, 能夠同時完成這兩個任務。

此模型只有一個資料輸入, 但會有兩個輸出結果。事實上它內部只使用一個模型, 因為情感分類 (負面, 正面) 其實就是根據評分 (1~4, 7~10) 來區分的。

★提示 範例程式:chapter08\notebook\review_sentiment_multitask.ipynb 及 chapter08\py\review_sentiment_multitask.py

8-3-1 匯入套件、載入並準備資料集

首先匯入必要的套件：

In

```
import numpy as np
import matplotlib.pyplot as plt
import pandas as pd
import tensorflow as tf
import autokeras as ak
```

接著載入 IMDB 電影評論資料集：

In

```
df = pd.read_csv('https://github.com/alankrantas/IMDB-movie-reviews-接下行
with-ratings_dataset/raw/main/imdb_sup.csv')
df
```

	Review	Rating	Sentiment
0	Kurt Russell's chameleon-like performance, cou...	10	1
1	It was extremely low budget(it some scenes it ...	8	1
2	James Cagney is best known for his tough chara...	8	1
3	Following the brilliant "Goyôkiba" (aka. "Hanz...	8	1
4	One of the last classics of the French New Wav...	10	1
...	...	...	...
49995	(spoiler) it could be the one the worst movie ...	4	0
49996	So, you've seen the Romero movies, yes? And yo...	1	0
49997	Just listen to the Broadway cast album and to ...	3	0
49998	I have been a fan of the Carpenters for a long...	3	0
49999	Set in 1945, Skenbart follows a failed Swedish...	1	0

50000 rows × 3 columns

然後將資料集分割為訓練集與測試集，但這回要預測的目標值會有兩組 (Rating 欄位及 Sentiment 欄位)：

In

```
from sklearn.model_selection import train_test_split

data, test = train_test_split(df, test_size=0.2, random_state=42)

x_train = data['Review'].to_numpy()
y_rating_train = data['Rating'].to_numpy()
y_sentiment_train = data['Sentiment'].to_numpy()

x_test = test['Review'].to_numpy()
y_rating_test = test['Rating'].to_numpy()
y_sentiment_test = test['Sentiment'].to_numpy()
```

8-3-2 建立並訓練模型

在我們的模型中，我們使用 TextBlock() 來替兩個分類任務建立共用的模型，並將其輸出結果連結到迴歸及分類區塊：

Out

```
# 文字輸入節點
input_node = ak.TextInput()

# 文字處理區塊，使用 N-gram
output_node = ak.TextBlock(
    block_type='ngram', max_tokens=50000)(input_node)
```

→ 接下頁

```
# 迴歸及分類區塊
output_node1 = ak.RegressionHead()(output_node)
output_node2 = ak.ClassificationHead()(output_node)

# 試驗 20 個模型
imdb_model = ak.AutoModel(
    inputs=input_node,
    outputs=[output_node1, output_node2],
    max_trials=20, overwrite=True)

imdb_model.fit(
    x_train,
    [y_rating_train, y_sentiment_train],
    callbacks=[tf.keras.callbacks.EarlyStopping(patience=2)])
```

訓練完成後輸出以下結果；

Out

```
Epoch 1/3
1250/1250 [==============================] - 177s 141ms/step - loss:
11.6056 - regression_head_1_loss: 11.2126 - classification_head_1_loss:
0.3930 - regression_head_1_mean_squared_error: 11.2126 - classification_
head_1_accuracy: 0.8230
Epoch 2/3
1250/1250 [==============================] - 177s 141ms/step - loss:
2.0661 - regression_head_1_loss: 1.9223 - classification_head_1_loss:
0.1439 - regression_head_1_mean_squared_error: 1.9223 - classification_
head_1_accuracy: 0.9481
Epoch 3/3
1250/1250 [==============================] - 176s 140ms/step - loss:
0.9514 - regression_head_1_loss: 0.8860 - classification_head_1_loss:
0.0654 - regression_head_1_mean_squared_error: 0.8860 - classification_
head_1_accuracy: 0.9794
```

8-3-3 模型評估

訓練完成後，來使用測試集評估模型的預測能力：

In

```
imdb_model.evaluate(x_test, [y_rating_test, y_sentiment_test])
```

Out

```
313/313 [==============================] - 13s 39ms/step - loss: 3.5642
- regression_head_1_loss: 3.2771 - classification_head_1_loss: 0.2871
- regression_head_1_mean_squared_error: 3.2771 - classification_head_1_
accuracy: 0.9042
[3.5642242431640625,
 3.27710223197937,
 0.2871203124523163,
 3.27710223197937,
 0.90420001745224]
```

可見模型對於電影評分的迴歸預測損失值為 3.278，情感分類預測的損失值則為 0.2871 (預測準確率為 90.42%)。

小編註：模型訓練時依據的目標損失值，是從各個子模型的損失值合併而來，因此若你的模型中有迴歸任務、目標值又很大時，這可能會影響到其他任務的損失值下降速度。

下面我們來產生兩個分類任務的目標值：

In

```
# 預測評分與情感分類
predict_rating, predict_sentiment = imdb_model.predict(x_test)

# 將取得的 ndarray 壓平, 並將分類值轉為整數
predict_rating = predict_rating.flatten()
predict_sentiment = predict_sentiment.flatten().astype('uint8')
```

有了預測結果後，就可以來跟真實資料比較：

In

```
labebls = ('negative', 'positive')

# 印出前 10 筆評論的頭 100 字, 以及其真實/預測結果
for i in range(10):
    print('Text:', x_test[i][:100], '...')
    print(f'Predicted: {predict_rating[i]:.3f} ({labebls[predict_ 接下行
sentiment[i]]})')
    print(f'Real: {y_rating_test[i]} ({labebls[y_sentiment_test[i]]})')
    print('')
```

以下是此程式碼格子印出的結果：

Out

```
Text: Having read all of the comments on this film I am still amazed at
Fox's reluctance to release a full ...
Predicted: 8.733 (positive)
Real: 9 (positive)

Text: I like this film a lot. It has a wonderful chemistry between the
actors and tells a story that is pr ...
Predicted: 8.275 (positive)
Real: 8 (positive)
```

→ 接下頁

```
Text: I am a huge fan of Simon Pegg and have watched plenty of his movies
until now and none of them have  ...
Predicted: 7.375 (positive)
Real: 7 (positive)

Text: This was what black society was like before the crack epidemics,
gangsta rap, and AIDS that beset th ...
Predicted: 9.537 (positive)
Real: 10 (positive)

Text: pretty disappointing. i was expecting more of a horror/thriller --
but this seemed to be more of an  ...
Predicted: 4.706 (negative)
Real: 3 (negative)

Text: As a flagship show, Attack of the Show (AOTS) is endemic of the
larger fall of G4 TV; it is a show ( ...
Predicted: 2.978 (negative)
Real: 2 (negative)

Text: Thomas Capano was not Anne Marie's boss Tom Carper, the Governor
was. That is the reason the Feds be ...
Predicted: 8.422 (positive)
Real: 8 (positive)

Text: Two escaped convicts step out of the woods and shoot two campers in
the head. That's the first scene ...
Predicted: 4.012 (negative)
Real: 3 (negative)

Text: I actually found this movie 'interesting'; finally one worth my
time to watch and rent. It is true.. ...
Predicted: 7.152 (positive)
Real: 7 (positive)

Text: In my opinion this is the best Oliver Stone flick -- probably more
because of Bogosian's influence t ...
Predicted: 7.693 (positive)
Real: 10 (positive)
```

8-3-4 模型視覺化

在成功建立了多任務文本模型後，我們最後就來檢視模型摘要：

In

```
model = imdb_model.export_model()
model.summary()
```

```
Model: "model"
__________________________________________________________________________________________________
Layer (type)                    Output Shape         Param #     Connected to
==================================================================================================
input_1 (InputLayer)            [(None,)]            0
__________________________________________________________________________________________________
expand_last_dim (ExpandLastDim) (None, 1)            0           input_1[0][0]
__________________________________________________________________________________________________
text_vectorization (TextVectori (None, 50000)        0           expand_last_dim[0][0]
__________________________________________________________________________________________________
dense (Dense)                   (None, 512)          25600512    text_vectorization[0][0]
__________________________________________________________________________________________________
batch_normalization (BatchNorma (None, 512)          2048        dense[0][0]
__________________________________________________________________________________________________
re_lu (ReLU)                    (None, 512)          0           batch_normalization[0][0]
__________________________________________________________________________________________________
dense_1 (Dense)                 (None, 32)           16416       re_lu[0][0]
__________________________________________________________________________________________________
batch_normalization_1 (BatchNor (None, 32)           128         dense_1[0][0]
__________________________________________________________________________________________________
re_lu_1 (ReLU)                  (None, 32)           0           batch_normalization_1[0][0]
__________________________________________________________________________________________________
dense_2 (Dense)                 (None, 32)           1056        re_lu_1[0][0]
__________________________________________________________________________________________________
batch_normalization_2 (BatchNor (None, 32)           128         dense_2[0][0]
__________________________________________________________________________________________________
re_lu_2 (ReLU)                  (None, 32)           0           batch_normalization_2[0][0]
__________________________________________________________________________________________________
dense_3 (Dense)                 (None, 1)            33          re_lu_2[0][0]
__________________________________________________________________________________________________
regression_head_1 (Dense)       (None, 1)            33          re_lu_2[0][0]
__________________________________________________________________________________________________
classification_head_1 (Activati (None, 1)            0           dense_3[0][0]
==================================================================================================
Total params: 25,670,354
Trainable params: 25,619,202
Non-trainable params: 51,152
__________________________________________________________________________________________________
```

下面則是模型架構的圖形化結果：

In

```
from tensorflow.keras.utils import plot_model
plot_model(model)
```

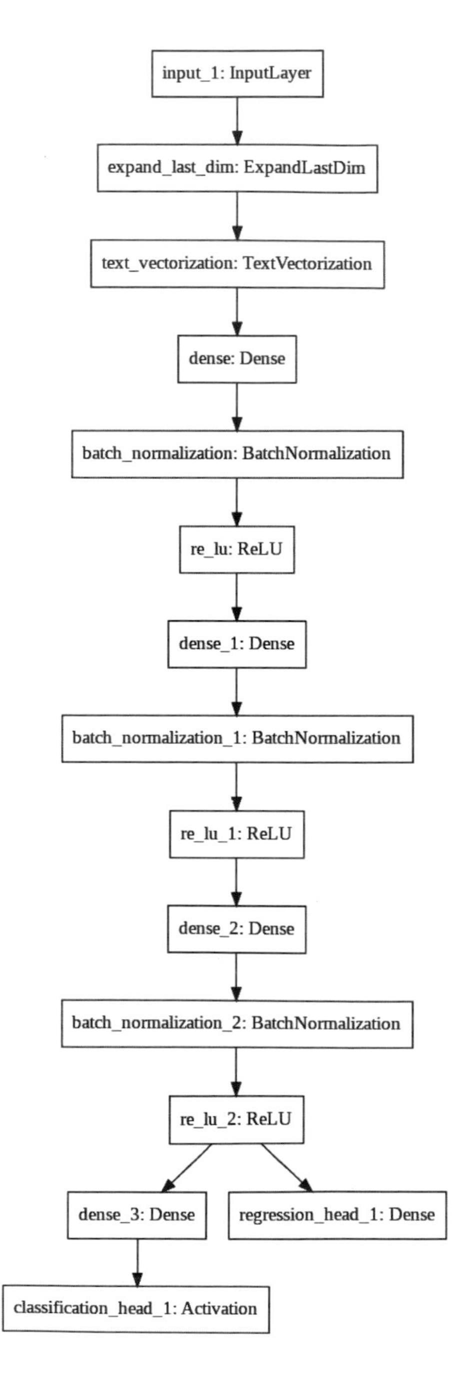

可以發現文本模型本身包含了文字轉向量層、以及兩個全連接層，最後預測結果又被分別輸入分類層與迴歸層。

8-4 打造能用兩種 CNN 網路模型預測分類的預測器

本章的最後一個例子，是展示即使模型只有單一一個輸入與輸出，它本身仍能同時使用多個子模型來進行預測。

我們要使用 Tensorflow 提供的 Fashion MNIST 資料集，它包含 10 種分類的上衣、褲子與鞋子圖像 (28 x 28 大小灰階圖片), 訓練集有 60,000 張，測試集則為 10,000 張。我們要透過 AutoModel 自訂一個模型，同時使用 ResNet 及 Xception 架構模型做為分類器。

★提示 範例程式：chapter08\notebook\fashion_mnist_multi.ipynb 及 chapter08\py\fashion_mnist_multi.py

8-4-1 匯入套件並載入資料集

首先匯入所需套件：

In

```
import tensorflow as tf
import autokeras as ak
```

接著載入 Fashion MNIST 資料集，語法與第 2 章的 MNIST 手寫數字集如出一轍：

In

```
from tensorflow.keras.datasets import fashion_mnist

(x_train, y_train), (x_test, y_test) = fashion_mnist.load_data()

# 檢視資料集形狀
print(x_train.shape)
print(x_test.shape)
```

Out

```
(60000, 28, 28)
(10000, 28, 28)
```

8-4-2 建立並訓練模型

In

```
# 影像輸入節點
input_node = ak.ImageInput()
# 正規化區塊
output_node = ak.Normalization()(input_node)

# ResNet 區塊, 使用 V2 版, 沿用預訓練權重
output_node1 = ak.ResNetBlock(
    version='v2', pretrained=True)(output_node)
# Xception 區塊, 沿用預訓練權重
output_node2 = ak.XceptionBlock(
    pretrained=True)(output_node)

# 融合區塊, 合併 ResNet 與 Xception 的結果
output_node = ak.Merge()([output_node1, output_node2])
# 分類區塊
output_node = ak.ClassificationHead(dropout=0.25)(output_node)
```

→ 接下頁

```
# 試驗 10 個模型
clf = ak.AutoModel(
    inputs=input_node,
    outputs=output_node,
    max_trials=10)

clf.fit(x_train, y_train,
        callbacks=[tf.keras.callbacks.EarlyStopping(patience=2)])
```

訓練完畢後會得到以下結果：

小編註：以下結果為使用 GPU 訓練而得。

Out

```
Epoch 1/7
3750/3750 [==============================] - 1339s 357ms/step - loss:
0.5978 - accuracy: 0.8267
Epoch 2/7
3750/3750 [==============================] - 1222s 326ms/step - loss:
0.3366 - accuracy: 0.8981
Epoch 3/7
3750/3750 [==============================] - 1224s 326ms/step - loss:
0.3000 - accuracy: 0.9099
Epoch 4/7
3750/3750 [==============================] - 1271s 339ms/step - loss:
0.2485 - accuracy: 0.9210
Epoch 5/7
3750/3750 [==============================] - 1293s 345ms/step - loss:
0.1898 - accuracy: 0.9346
Epoch 6/7
3750/3750 [==============================] - 1214s 324ms/step - loss:
0.1689 - accuracy: 0.9407
Epoch 7/7
3750/3750 [==============================] - 1210s 323ms/step - loss:
0.1434 - accuracy: 0.9507
```

8-4-3 模型評估

下面使用測試集來評估模型的預測效能：

In

```
clf.evaluate(x_test, y_test)
```

Out

```
313/313 [==============================] - 39s 120ms/step - loss: 0.2138
- accuracy: 0.9329
[0.21377865970134735, 0.9329000115394592]   ←— 預測準確率 93.29%
```

我們可進一步，用 scikit-learn 的 classification_report() 檢視模型對於各別分類的預測精準率／召回率：

In

```
# 產生預測結果
predicted = clf.predict(x_test).flatten().astype('uint8')

# 分類的名稱
labels = ('T-shirt/top', 'Trouser', 'Pullover', 'Dress', 'Coat',
          'Sandal', 'Shirt', 'Sneaker', 'Bag', 'Ankle boot')

# 印出分類報告
from sklearn.metrics import classification_report
print(classification_report(y_test, predicted, target_names=labels))
```

Out

```
313/313 [==============================] - 38s 121ms/step
              precision    recall  f1-score   support

 T-shirt/top       0.88      0.89      0.89      1000
     Trouser       1.00      0.98      0.99      1000
    Pullover       0.89      0.91      0.90      1000
       Dress       0.92      0.94      0.93      1000
        Coat       0.87      0.94      0.91      1000
      Sandal       0.99      0.98      0.99      1000
       Shirt       0.86      0.74      0.80      1000
     Sneaker       0.95      0.98      0.97      1000
         Bag       0.98      0.99      0.99      1000
  Ankle boot       0.98      0.96      0.97      1000
    accuracy                           0.93     10000
   macro avg       0.93      0.93      0.93     10000
weighted avg       0.93      0.93      0.93     10000
```

我們也可印出測試集的前 10 張圖像，看看預測分類是否符合實際的標籤：

In

```
import matplotlib.pyplot as plt

fig = plt.figure(figsize=(16, 6))

for i in range(10):
    ax = fig.add_subplot(2, 5, i + 1)
    ax.set_axis_off()
    plt.imshow(x_test[i], cmap='gray')
    ax.set_title(f'Predicted: {labels[predicted[i]]}\nReal: { 接下行
labels[y_test[i]]}')

plt.tight_layout()
plt.show()
```

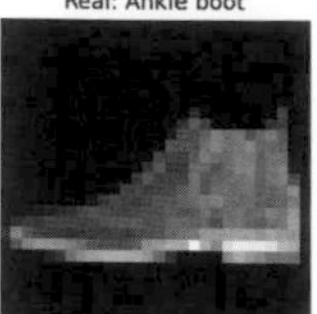

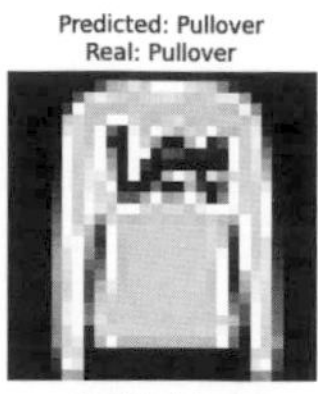

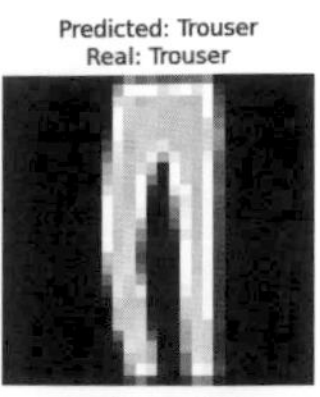

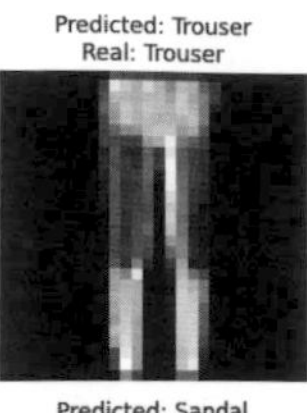

Predicted: Trouser
Real: Trouser

Predicted: Coat
Real: Coat

Predicted: Shirt
Real: Shirt

Predicted: Sneaker
Real: Sneaker

8-4-4 模型視覺化

下面我們來產生此模型的摘要：

In

```
model = clf.export_model()
model.summary()
```

```
Model: "model"
__________________________________________________________________________________________________
Layer (type)                    Output Shape         Param #     Connected to
==================================================================================================
input_1 (InputLayer)            [(None, 28, 28)]     0

cast_to_float32 (CastToFloat32) (None, 28, 28)       0           input_1[0][0]

expand_last_dim (ExpandLastDim) (None, 28, 28, 1)    0           cast_to_float32[0][0]

normalization (Normalization)   (None, 28, 28, 1)    3           expand_last_dim[0][0]

resizing (Resizing)             (None, 32, 32, 1)    0           normalization[0][0]

resizing_1 (Resizing)           (None, 224, 224, 1)  0           normalization[0][0]

concatenate (Concatenate)       (None, 32, 32, 3)    0           resizing[0][0]
                                                                 resizing[0][0]
                                                                 resizing[0][0]

concatenate_1 (Concatenate)     (None, 224, 224, 3)  0           resizing_1[0][0]
                                                                 resizing_1[0][0]
                                                                 resizing_1[0][0]

resnet50v2 (Functional)         (None, None, None, 2 23564800    concatenate[0][0]

xception (Functional)           (None, None, None, 2 20861480    concatenate_1[0][0]

flatten (Flatten)               (None, 2048)         0           resnet50v2[0][0]

flatten_1 (Flatten)             (None, 100352)       0           xception[0][0]

concatenate_2 (Concatenate)     (None, 102400)       0           flatten[0][0]
                                                                 flatten_1[0][0]

dropout (Dropout)               (None, 102400)       0           concatenate_2[0][0]

dense (Dense)                   (None, 10)           1024010     dropout[0][0]

classification_head_1 (Softmax) (None, 10)           0           dense[0][0]
==================================================================================================
Total params: 45,450,293
Trainable params: 45,350,322
Non-trainable params: 99,971
__________________________________________________________________________________________________
```

模型的圖形化架構則如下，可以清楚看到模型內的 ResNet 及 Xception 子模型，以及它們的結果會如何合併：

In

```
from tensorflow.keras.utils import plot_model
plot_model(model)
```

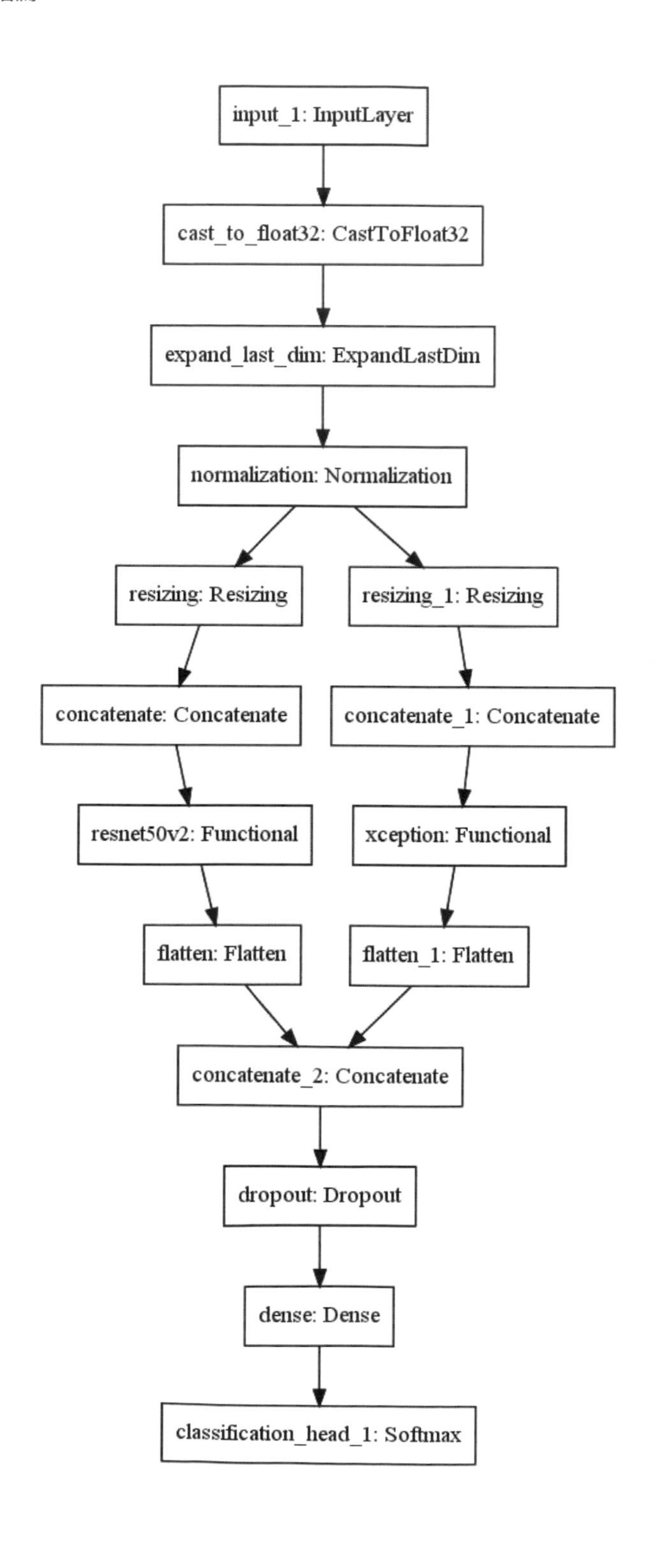
input_1: InputLayer
cast_to_float32: CastToFloat32
expand_last_dim: ExpandLastDim
normalization: Normalization
resizing: Resizing
resizing_1: Resizing
concatenate: Concatenate
concatenate_1: Concatenate
resnet50v2: Functional
xception: Functional
flatten: Flatten
flatten_1: Flatten
concatenate_2: Concatenate
dropout: Dropout
dense: Dense
classification_head_1: Softmax

小編補充：限制候選模型大小

所有 AutoKeras 類別都可以加入參數 max_model_size, 來對候選模型的參數數量設定上限。當新模型的參數大於這個門檻時，就會被直接跳過不測試：

In

```
clf = ak.AutoModel(
    inputs=input_node, outputs=output_node,
    max_trials=10, max_model_size=1000000000)
```

8-5 總結

在本章中，我們學到了什麼是多模態資料與多任務模型，以及如何使用 AutoKeras 中威力強大的 AutoModel 類別來自定更複雜的複合模型結構。從今以後，你就可以把本章所學概念應用在你自己的資料集上，讓它依你想要的方式提供多種預測任務。

在下一章——本書的最終章——中，我們則會來學如何把模型匯出，並使用視覺化工具展示它，讓我們可以用即時的圖表來追蹤模型的訓練和表現指標，例如損失值和準確率等等。

MEMO

09

AutoKeras 模型的匯出與訓練過程視覺化

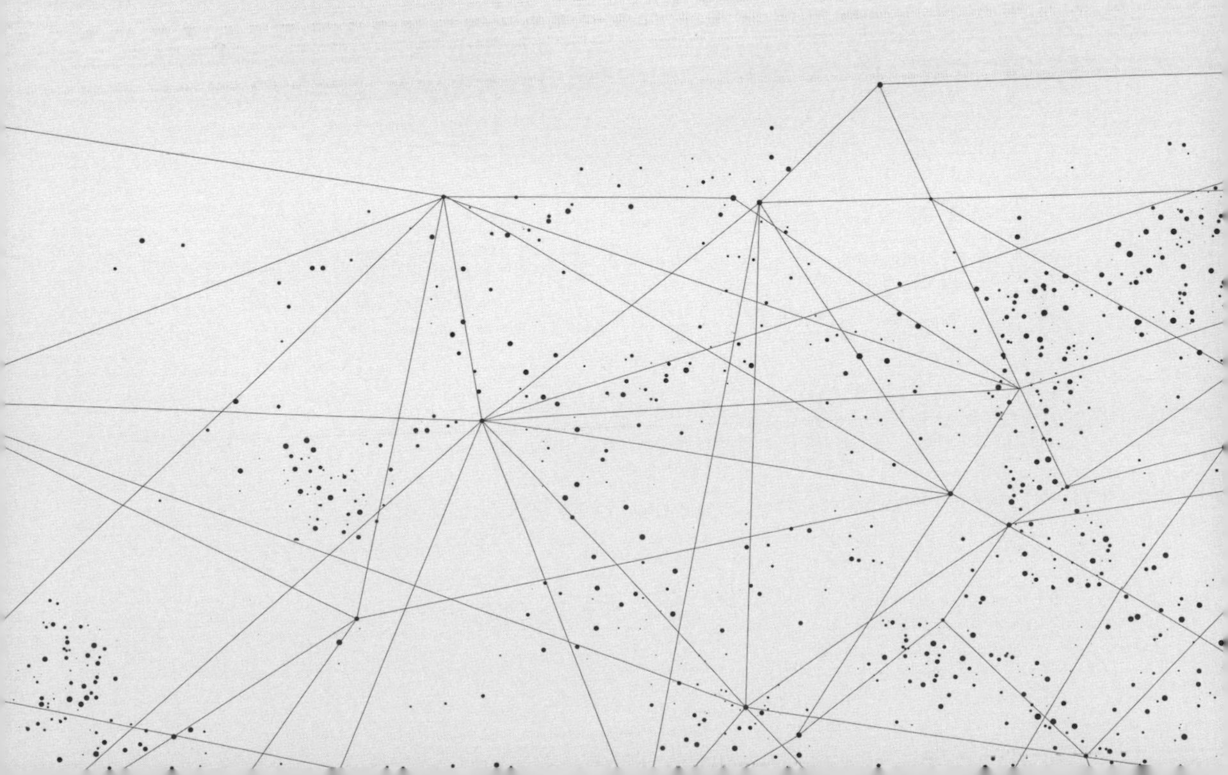

在本書最終章中，我們會回顧如何匯出與匯入我們的 AutoKeras 模型，以及怎麼在模型訓練過程中以視覺化方式檢視模型的訓練情形。

當你學習完本章後，你將有能力匯出、儲存與匯入模型，也會擁有一個強大的視覺化工具，讓你可以知道模型在訓練過程中發生了什麼事，甚至在線上與其他人分享。

本章涵蓋以下重點：

- 匯出你的模型：如何儲存你的模型到硬碟並重新載入
- 使用 TensorBoard 來視覺化你的模型訓練過程
- 使用 TensorBoard.dev 來對外分享模型訓練過程
- 使用 ClearML 來視覺化並分享模型訓練過程

我們就來逐一介紹吧！

9-1 匯出、儲存並重新載入你的模型

如同我們在前面各章已經看過的，AutoKeras 所訓練出的最佳模型可以很輕鬆地匯出為 Keras 模型，以便日後重新載入使用。這裡我們要再回顧一次這個技巧，並展示實務上更常用的寫法。

首先，當你的 AutoKeras 模型物件訓練完畢後，你可以用 export_model() 將它匯出為 Keras 模型物件：

In

```
model = my_autokeras_model.export_model()
```

接著你就可以呼叫 Keras 模型的 save() 方法，將它儲存到硬碟中。save() 預設會使用 Tensorflow 的 **SavedModel** 格式，但若存檔時發生問題，我們可以將模型改存為較舊的 Keras **H5** 格式：

In

```
try:
    # 儲存為 SavedModel 格式
    model.save('model_autokeras', save_format='tf')
except:
    # 若無法儲存成 SavedModel, 就儲存為 H5 格式
    model.save('model_autokeras.h5')
```

這會將模型儲存在程式檔所在資料夾下的 model_autokeras 子目錄內。在這之後，你隨時都能使用 Tensorflow 的 load_model() 載入它：

In

```
from tensorflow.keras.models import load_model
loaded_model = load_model('model_autokeras', custom_objects=ak. 接下行
CUSTOM_OBJECTS)
```

這段程式碼從字面上非常好懂，不過這裡還是稍微加以說明。在呼叫 load_model() 時，我們對參數 custom_objects 傳遞了 ak.CUSTOM_OBJECTS, 讓函式知道我們要載入的模型是自訂的 AutoKeras 物件。

9-2 使用 TensorBoard將模型訓練過程視覺化

9-2-1 理解 Keras 回呼函式

若要開發成功且有效的模型，有時不是只看結果而已，你也可能得掌握訓練過程的狀況，才能即時停止訓練和修正異常，比如模型發生過度配適或學習過程過於緩慢的時候。而這就是 Keras 回呼 (callback) 函式派上用場的時候了。

在這本書中，我們經常使用 EarlyStopping 回呼函式來讓候選模型在某個條件下停止訓練，這些函式會在每一週期訓練後被執行。而在 Keras 中，有各式各樣的回呼函式可用來控制模型訓練的行為：

- 在模型已經停止進步或產生過度配適時中斷訓練。
- 依據某個指標儲存最佳模型。
- 記錄訓練期間的指標歷史資料，例如預測準確率或損失值。
- 調整模型架構或超參數，如學習率。

在 Keras 中，EarlyStopping 函式很常用來跟 ModelCheckpoint 回呼函式搭配；後者能用特定的頻率儲存模型或模型權重，以便在訓練後找回最佳訓練結果。不過，我們在 AutoKeras 中並不需這麼做，因為 AutoKeras 的設計用意就是在訓練結束後找出並儲存最佳模型。

而在這一章，我們要來看另一個實用的 Keras 回呼函式 **TensorBoard**——它能記錄模型訓練指標，並讓我們透過 Tensorflow 提供的 TensorBoard 工具檢視模型的視覺化學習過程。

★提示 範例程式：chapter09\notebook\visualization.ipynb 及 chapter09\py\visualization.py

9-2-2 使用 TensorBoard 回呼函式記錄模型訓練過程

在以下範例中，我們將使用第 2 章的 MNIST 手寫數字集來展示。首先是匯入所需套件及資料集：

In

```
import tensorflow as tf
import autokeras as ak

from tensorflow.keras.datasets import mnist
(x_train, y_train), (x_test, y_test) = mnist.load_data()
```

接著

In

```
import os, datetime

# 產生日誌檔的路徑 (例如 /logs/2021_12_31_09_30_00)
logdir = os.path.join('./logs/', datetime.datetime.now(). 接下行
strftime("%Y_%m_%d_%H_%M_%S"))
```

→ 接下頁

```
# Keras 回呼函式 (EarlyStopping 及 TensorBoard)
cbs = [
    tf.keras.callbacks.EarlyStopping(patience=3),
    tf.keras.callbacks.TensorBoard(log_dir=logdir, histogram_freq=1)
]

# 訓練模型
clf = ak.ImageClassifier(max_trials=1, overwrite=True)
clf.fit(x_train, y_train, callbacks=cbs)
```

在以上程式碼中，我們定義了 TensorBoard 的日誌檔路徑 logdir, 底下用訓練時的日期與時間建一個子目錄。我們透過 Python 內建的 datetime 模組讀取當前時間，用 strftime() 格式化成特定形式的字串，當成日誌路徑的一部分。

稍後我們啟動 TensorBoard 工具時，它就會讀取 logdir 的內容，並將訓練過程視覺化。我們也將 TensorBoard 回呼函式的 histogram_freq 參數設為 1, 好讓它在每次訓練週期各統計一次、並產生直方圖來展示訓練時各層神經元的權重／偏值分布狀況。(若 histogram_freq 設為 0, 那麼就完全不會產生直方圖。)

以上程式的執行結果如下：

Out

```
Trial 1 Complete [00h 19m 34s]
val_loss: 0.037764307111501694

Best val_loss So Far: 0.037764307111501694
Total elapsed time: 00h 19m 34s
INFO:tensorflow:Oracle triggered exit
Epoch 1/8
1875/1875 [==============================] - 111s 59ms/step - loss:
0.1588 - accuracy: 0.9516
WARNING:tensorflow:Early stopping conditioned on metric `val_loss` which
is not available. Available metrics are: loss,accuracy
```

→ 接下頁

```
Epoch 2/8
1875/1875 [==============================] - 110s 59ms/step - loss:
0.0739 - accuracy: 0.9770
WARNING:tensorflow:Early stopping conditioned on metric `val_loss` which
is not available. Available metrics are: loss,accuracy
Epoch 3/8
1875/1875 [==============================] - 112s 60ms/step - loss:
0.0589 - accuracy: 0.9821
WARNING:tensorflow:Early stopping conditioned on metric `val_loss` which
is not available. Available metrics are: loss,accuracy
Epoch 4/8
1875/1875 [==============================] - 108s 58ms/step - loss:
0.0507 - accuracy: 0.9841
WARNING:tensorflow:Early stopping conditioned on metric `val_loss` which
is not available. Available metrics are: loss,accuracy
Epoch 5/8
1875/1875 [==============================] - 108s 58ms/step - loss:
0.0441 - accuracy: 0.9859
WARNING:tensorflow:Early stopping conditioned on metric `val_loss` which
is not available. Available metrics are: loss,accuracy
Epoch 6/8
1875/1875 [==============================] - 108s 58ms/step - loss:
0.0394 - accuracy: 0.9872
WARNING:tensorflow:Early stopping conditioned on metric `val_loss` which
is not available. Available metrics are: loss,accuracy
Epoch 7/8
1875/1875 [==============================] - 109s 58ms/step - loss:
0.0387 - accuracy: 0.9876
WARNING:tensorflow:Early stopping conditioned on metric `val_loss` which
is not available. Available metrics are: loss,accuracy
Epoch 8/8
1875/1875 [==============================] - 110s 59ms/step - loss:
0.0352 - accuracy: 0.9886
WARNING:tensorflow:Early stopping conditioned on metric `val_loss` which
is not available. Available metrics are: loss,accuracy
INFO:tensorflow:Assets written to: .\image_classifier\best_model\assets
```

你會看到 AutoKeras 替最佳模型進行最終訓練時，產生警告說 EarlyStopping 回呼函式沒有 val_loss 指標能參考，不過這是正常的，因為 AutoKeras 在這個階段會合併訓練集與驗證集來做訓練 (因此不會有單獨驗證集的損失值)。

9-2-3 設定與啟動 TensorBoard

TensorBoard 是一個 Web 介面工具，它會隨著 Tensorflow 一起安裝，在 Google Colab 與 Anaconda 中可以直接使用。假如你因故找不到這個套件，請打開命令列來安裝這個工具 (Linux 使用者須加上 sudo 指令)：

```
pip3 install TensorBoard
```

若是 Jupyter Notebook 與 Google Colab 使用者，可以直接在筆記本格子中執行以下程式碼來載入 TensorBoard 儀表板：

In

```
%load_ext TensorBoard
%TensorBoard --logdir logs --host localhost --port 6006
```

第一行指令的用意是在 Notebook 載入 TensorBoard 工具，第二行則是啟動 TensorBoard 本機伺服器 (port 為 6006), 並將其畫面顯示在 Notebook 內。務必注意，logdir 參數後面的路徑得符合我們前面指定給 TensorBoard 回呼函式的父目錄，否則 TensorBoard 不會顯示出任何結果。

本機使用者也可打開命令列 (Windows 命令提示字元或 Linux 終端機), 切到程式檔所在的路徑，然後如下啟動 TensorBoard 本機伺服器：

```
TensorBoard --logdir logs --host localhost --port 6006
```

小編補充：啟動 TensorBoard 的方式

TensorBoard 可以用任何方式獨立啟動。但在本機操作時，從命令列啟動或許是較好的做法，因為你能隨時按 Ctrl + C 關掉它。若在 Notebook 內啟動，事後想砍掉日誌檔的話，你就得先手動終止 TensorBoard 程序。

不僅如此，你甚至可以在訓練模型**之前**就啟動 TensorBoard, 並點右上方的設定圖示來打開自動重新載入 (Settings 圖示 → 勾選 Reload data)。當模型開始在 logs 目錄產生日誌時，TensorBoard 就會顯示它。

以下是在 Colab notebook 中直接顯示 TensorBoard 的結果：

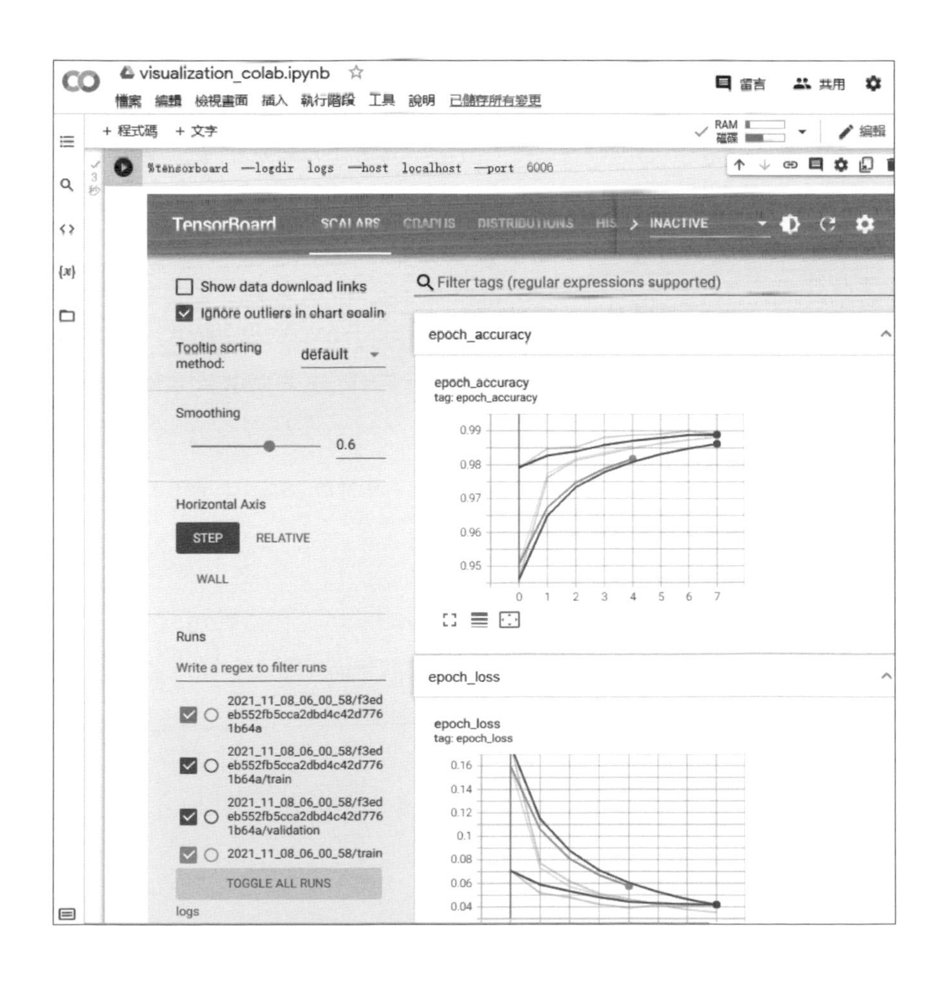

若 TensorBoard 成功讀取 logdir 內的日誌，你就會看到類似如上的畫面，在 SCALAR（純量值）頁籤下顯示兩張圖表。第一張是模型訓練時的預測準確率演進情況，第二章則是損失值的演進情況。

你也應該注意到圖表中有 3 條曲線，它們分別代表模型對訓練集（深藍色線）與驗證集（暗紅色線）的訓練效果（我們只測試了 1 個候選模型），以及最終合併資料集做訓練時的成果（淡藍色線）。

接著點 GRAPHS（圖表）頁籤，這會以圖形化方式顯示模型內的資料流，越粗的線條代表資料流越大：

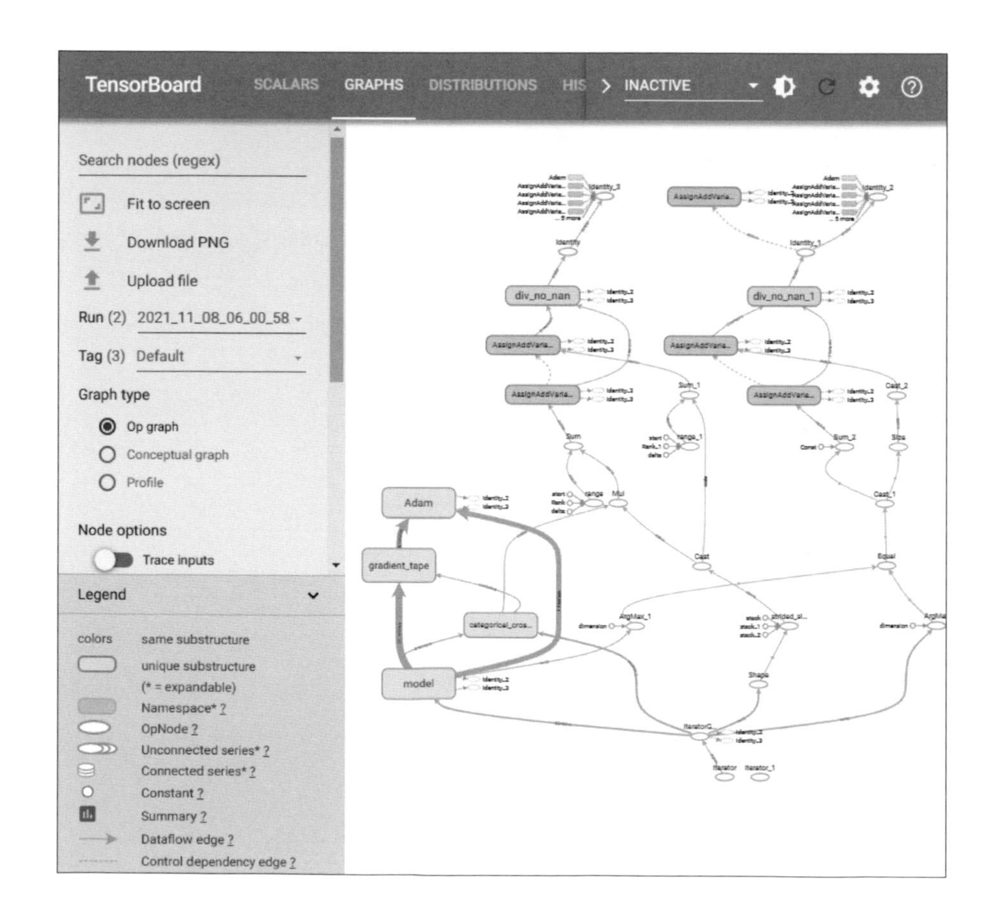

在上面的截圖中，我們可以看到這樣的模型圖表，展示了不同層之間的資料流向。如你所見，模型可能比你預期中複雜的多；你在定義一個分類器時只寫了三行程式，但 AutoKeras 在這背後會自動替你建立一個複雜得多的架構來實現圖像分類。

我們也可以透過 Histogram 檢視模型中各層神經元的權重與偏值在訓練期間的分布變化，而且有 Distributions 和 Histogram（直方圖）兩種呈現方式：

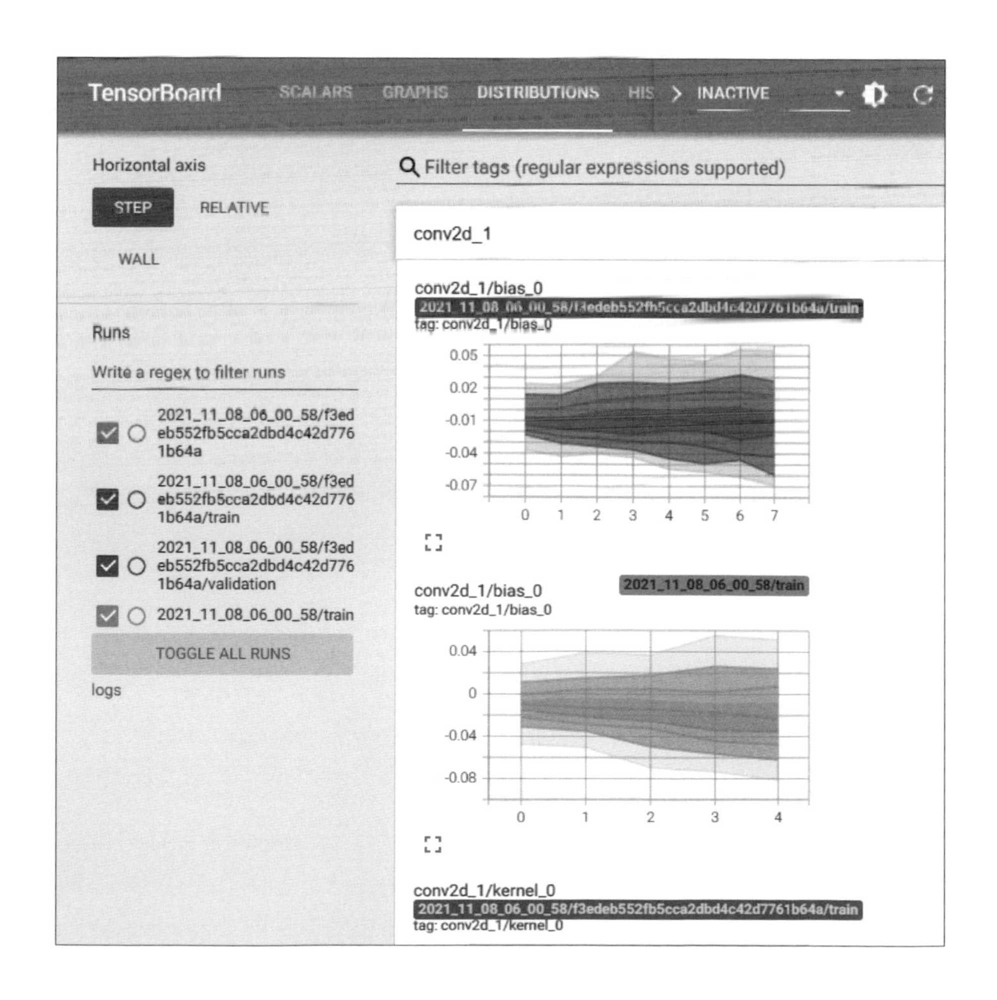

本書不會深入介紹 TensorBoard, 因為它是十分強大又完備的圖形化工具，其內容已經遠遠超出本書的範疇。有興趣的人可參考 Tensorflow 的官方指南：https://www.tensorflow.org/TensorBoard/get_started。

接下來，我們來看看如何將我們的實驗訓練過程透過網路對外分享。

9-3 使用 TensorBoard.dev 來對外分享模型訓練過程

TensorBoard.dev 是一個免費的公開服務，我們可以藉由它來上傳自己的模型訓練日誌，並取得一個可分享的永久 TensorBoard 網址，可以放進於學術文章、部落格貼文、社交媒體中等等，讓其他人也能夠輕易檢視和比較。

> **小編註**：這個方法只適用於本機，無法在 Colab 操作。

若要上傳訓練日誌檔到 TensorBoard.dev, 請開啟命令列、切換到 logs 日誌所在的路徑，並執行以下命令：

```
tensorboard dev upload --logdir logs --name "autokeras experiment"
--description "mnist classifier"
```

在一台電腦上第一次執行時，它會請你打開一個網址來取得授權碼 (需登入 Google)：

> **小編註**：Windows 使用者請在命令提示字元視窗的標題點右鍵，選**內容**然後勾選**快速編輯模式**，這讓你能夠選取並按 Ctrl + C 複製網址。

Google

登入

請複製這組授權碼，然後切換至您的應用程式，再貼上授權碼：

4/1AX4XfWg0QBM1eV_xgS20sW2YkK6h7_5P2mU3SOAQF 

將授權碼貼上到命令列中並按 Enter 。

你的電腦儲存授權碼之後，就會將 logs 的內容上傳，並顯示上傳的網址，而且還會繼續監控資料夾並上傳新日誌：

```
To stop uploading, press Ctrl-C.

New experiment created. View your TensorBoard at: https://tensorboard.
dev/experiment/Cd0W9WyYSAGxLopxQUMGkA/ ◄—TensorBoard 的上傳網址

[1m[2021-11-09T12:19:13][0m Started scanning logdir.
[1m[2021-11-09T12:19:16][0m Total uploaded: 106 scalars, 227 tensors
(187.3 kB), 2 binary objects (93.7 kB)
[2K[33mListening for new data in logdir...[0m

Interrupted. View your TensorBoard at https://tensorboard.dev/experiment/
Cd0W9WyYSAGxLopxQUMGkA/
```

按 Ctrl + C 停止監看服務，並複製以上網址貼到瀏覽器，即可檢視已經公開分享的 TensorBoard.dev 儀表板：

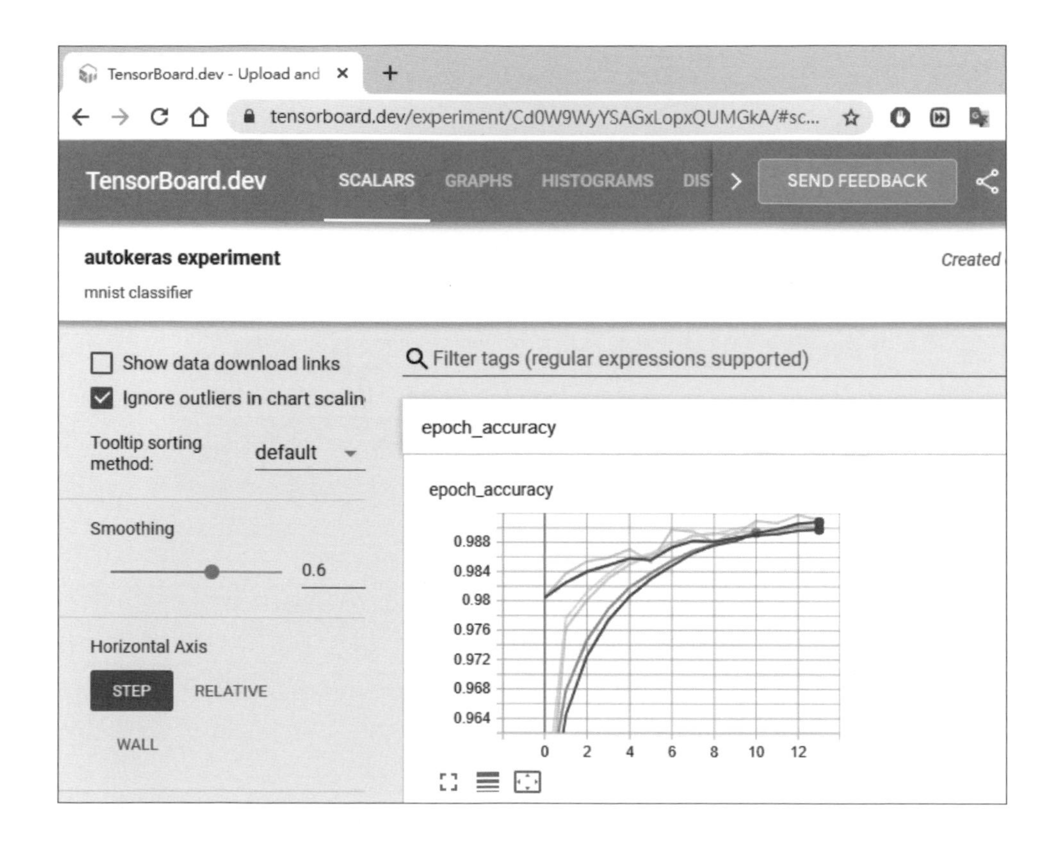

小編補充：讀取訓練時最佳模型的 history

還有一個簡單的方式，可以檢視 AutoKeras 找到的最佳模型進行最終訓練時的指標，也就是接收 fit() 方法的傳回值：

In

```
clf = ak.ImageClassifier(max_trials=1, overwrite=True)
history = clf.fit(x_train, y_train, callbacks=cbs)
```

→ 接下頁

Out

```
Epoch 1/6
1875/1875 [==============================] - 132s 70ms/step - loss:
0.1552 - accuracy: 0.9532
...( 中略 )
Epoch 6/6
1875/1875 [==============================] - 124s 66ms/step - loss:
0.0403 - accuracy: 0.9866
```

這個 history 物件是由模型自動呼叫 tf.keras.callbacks.History() 回呼函式來產生，其 history 屬性會是一個 Python 字典，包含最終模型訓練時各週期的指標：

In

```
history.history  # 檢視 history 的 history 屬性
```

Out

```
{'loss': [0.15516410768032074,
  0.07059723883867264,
  0.05784111097455025,
  0.052049268037080765,
  0.04502423107624054,
  0.04028692469000816],
 'accuracy': [0.953249990940094,
  0.9783333539962769,
  0.9823499917984009,
  0.9833333492279053,
  0.9857333302497864,
  0.9866499900817871]}
```

可見 history.history 當中包含 'accuracy' 及 'loss' 兩個鍵，並對應到一系列的值。我們可將這些資料繪成曲線：

→ 接下頁

In

```
import numpy as np
import matplotlib.pyplot as plt

epochs = np.array(history.epoch) + 1  # 訓練週期
loss = history.history['loss']  # 取得損失值資料
accuracy = history.history['accuracy']  # 取得準確率資料

# 將損失值與準確率畫成曲線
fig = plt.figure(figsize=(6, 8))

ax = fig.add_subplot(2, 1, 1)
ax.set_title('Loss')
plt.plot(epochs, loss, color='tab:blue')
plt.grid()

ax = fig.add_subplot(2, 1, 2)
ax.set_title('Accuracy')
plt.plot(epochs, accuracy, color='tab:orange')
plt.grid()
```

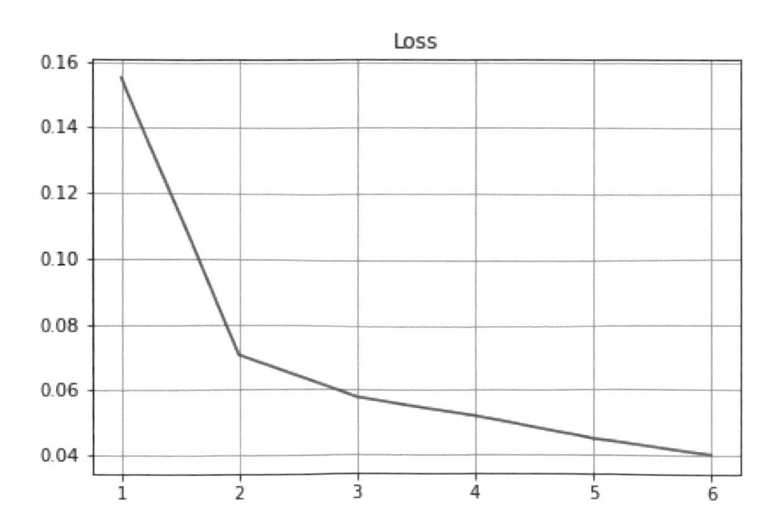

→ 接下頁

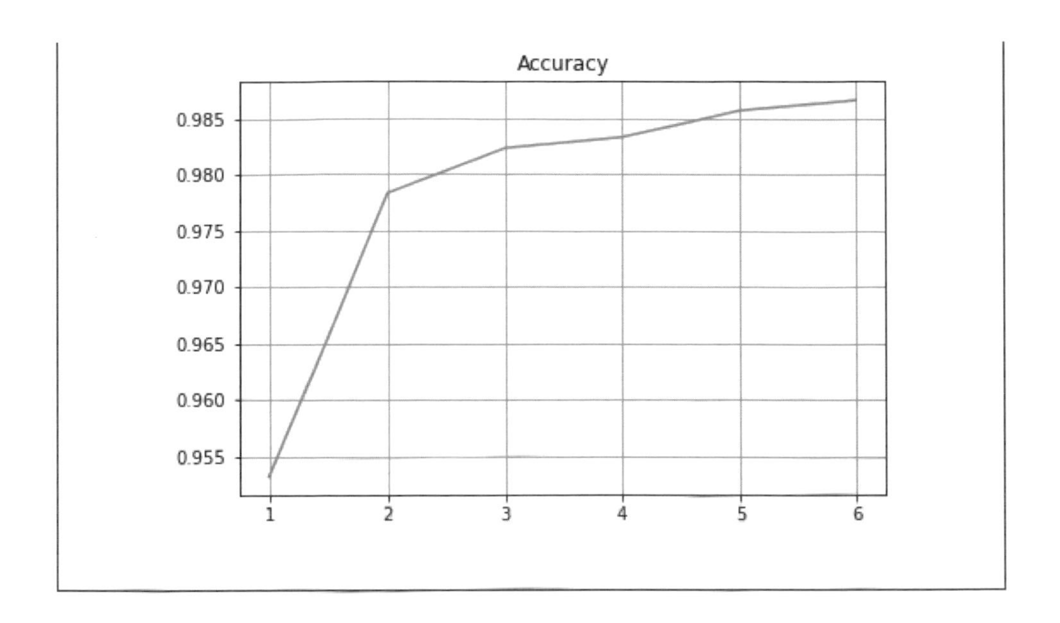

如前所見，TensorBoard.dev 不僅能上傳模型訓練成果，還能繼續追蹤後續的模型訓練。但若要多人同時共享實驗記錄的話，你或許可考慮使用一個支援 AutoKeras 的免費線上工具—— **ClearML**。

9-4 使用 ClearML 來視覺化並分享模型訓練過程

ClearML (前身叫作 Trains) 是一個完整的 ML/DL 實驗解決方案，特別設計來監控與追蹤實驗結果，它會自動追蹤模型訓練過程要記錄的項目，並以直觀、互動式的視覺化網頁呈現。ClearML 的本質和 TensorBoard 很類似，但擁有更多附加功能。

ClearML 可以執行以下幾項任務：

- 在 ClearML 的網頁介面中視覺化實驗結果。
- 追蹤並上傳模型。
- 追蹤模型表現並建立追蹤目標排行榜。
- 重新執行實驗，在任何目標機器上複製實驗結果、並且微調實驗。
- 比較實驗。

若要在 AutoKeras 的專案使用 ClearML 來記錄，你僅需要在機器上初始化 ClearML、在程式碼開頭啟動一個 ClearML 服務、並確保有在模型使用 TensorBoard 回呼函式。接下來 ClearML 就會自動記錄這個 Python 執行環境中所有由 TensorBoard 記錄的日誌；它甚至會記錄你用 matplotlib、seaborn 繪圖套件顯示的圖片。

★提示 範例程式：chapter09\notebook\visualization_clearml.ipynb 及 chapter09\py\visualization_clearml.py

小編註：在 Google Colab 使用 ClearML 的方式會有些不同。以下我們先以本機操作為主，稍後再來看 Colab 上的做法。

9-4-1 安裝 ClearML 並取得授權碼

首先在系統命令列安裝 ClearML 套件：

```
pip3 install clearml
```

你也可以透過 Notebook 來安裝 (語法是 !pip3 install clearml)。

安裝完成後，打開命令列並輸入以下指令：

```
clearml-init
```

在系統上首次執行時，它會提示你到 ClearML 網站登入並取得授權碼：

```
Please create new clearml credentials through the profile page in your
`clearml-server` web app (e.g. http://localhost:8080/profile)
Or create a free account at https://app.community.clear.ml/profile

In the profile page, press "Create new credentials", then press "Copy to
clipboard".

Paste copied configuration here:
```

依指示打開 https://app.community.clear.ml/profile 並註冊帳號：

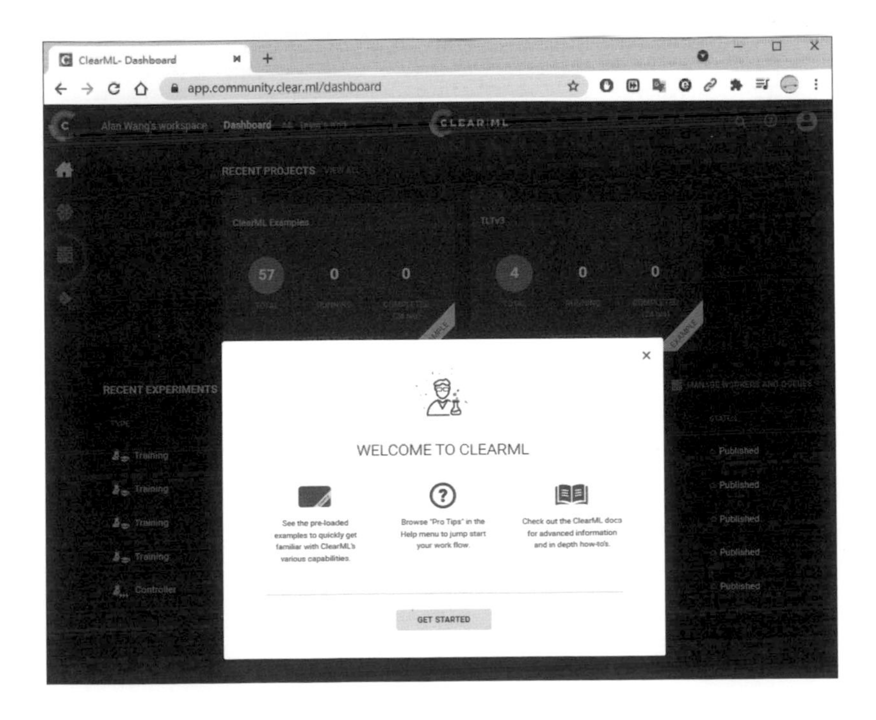

點選歡迎畫面中的『Get Started』，它會顯示簡單的 ClearML 操作步驟：

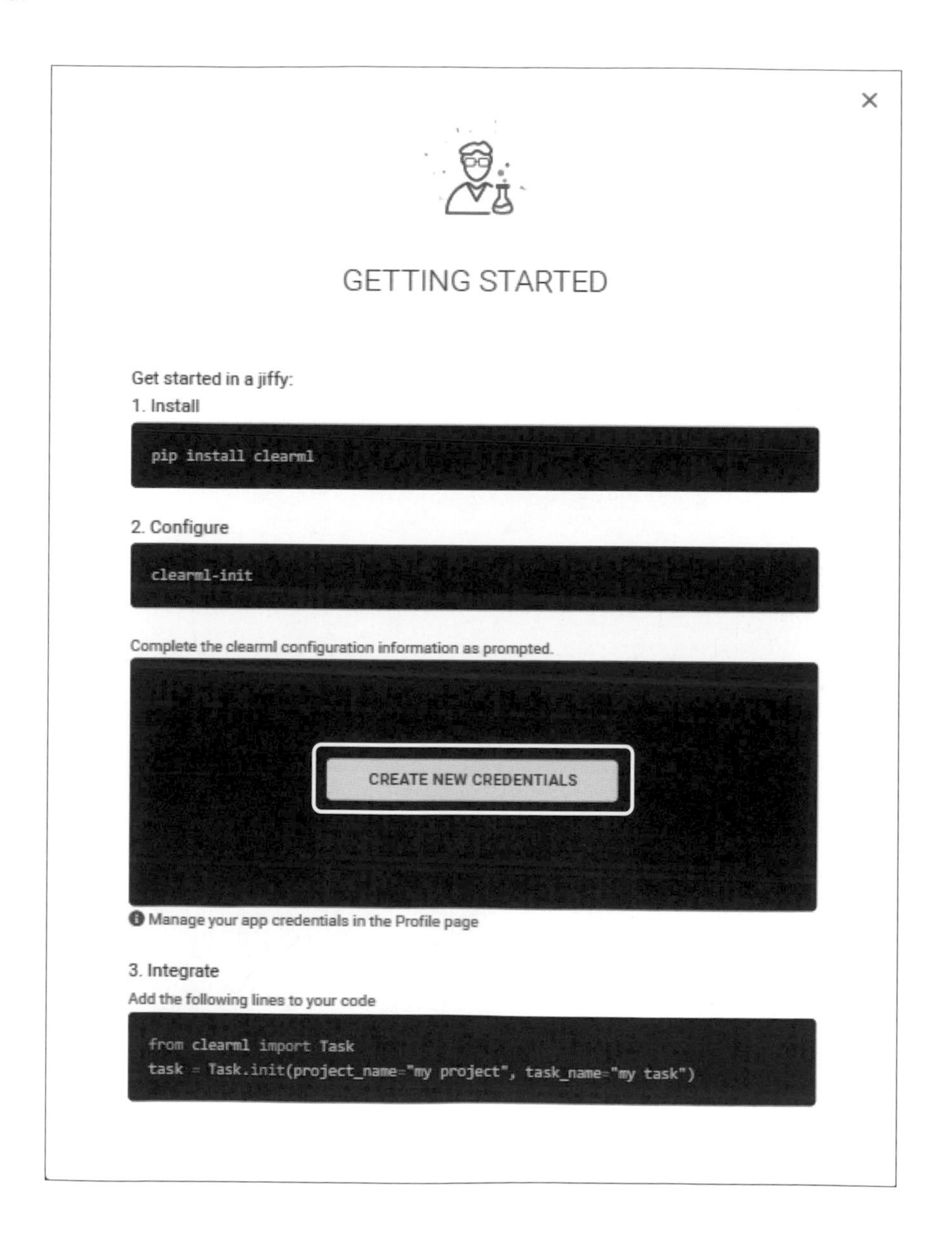

點以上畫面中的『Create New Credentials』，你會得到一段類似如下的文字，這便包含了使用 ClearML 服務所需的授權碼：

```
api {
    # XXX's workspace
    web_server: https://app.community.clear.ml
    api_server: https://api.community.clear.ml
    files_server: https://files.community.clear.ml
    credentials {
        "access_key" = "XXXXX"
        "secret_key" = "XXXXX"
    }
}
```

將這段文字存起來，並貼到命令列中，然後一直按 Enter 直到結束：

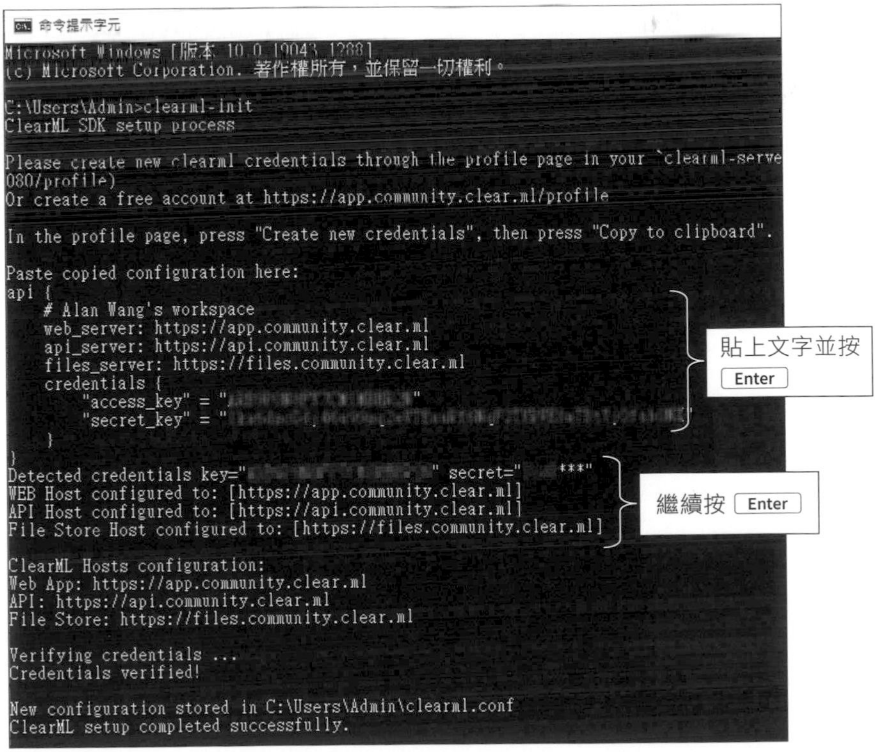

```
命令提示字元
Microsoft Windows [版本 10.0.19043.1288]
(c) Microsoft Corporation. 著作權所有，並保留一切權利。

C:\Users\Admin>clearml-init
ClearML SDK setup process

Please create new clearml credentials through the profile page in your `clearml-serve
080/profile)
Or create a free account at https://app.community.clear.ml/profile

In the profile page, press "Create new credentials", then press "Copy to clipboard".

Paste copied configuration here:
api {
    # Alan Wang's workspace
    web_server: https://app.community.clear.ml
    api_server: https://api.community.clear.ml
    files_server: https://files.community.clear.ml
    credentials {
        "access_key" = "
        "secret_key" = "
    }
}
Detected credentials key="                " secret="    ***"
WEB Host configured to: [https://app.community.clear.ml]
API Host configured to: [https://api.community.clear.ml]
File Store Host configured to: [https://files.community.clear.ml]

ClearML Hosts configuration:
Web App: https://app.community.clear.ml
API: https://api.community.clear.ml
File Store: https://files.community.clear.ml

Verifying credentials ...
Credentials verified!

New configuration stored in C:\Users\Admin\clearml.conf
ClearML setup completed successfully.
```

貼上文字並按 Enter

繼續按 Enter

你也可以手動將上述文字以 **clearml.conf** 儲存在系統中的特定位置 (參閱 https://clear.ml/docs/latest/docs/configs/clearml_conf/#editing-your-configuration-file), 效果和執行 clearml-init 是一樣的。

小編註：請注意：就我們的測試，若電腦名稱不是英文，ClearML 嘗試讀寫 clearml.conf 的內容時會產生編碼錯誤。

現在連線授權建立好了，我們就能在程式中啟用 ClearML 服務。

9-4-2 在程式中啟用 ClearML 服務

為了啟用 ClearML 服務並確保它能讀到東西，我們必須在其他程式碼之前加入以下兩行程式：

In

```
from clearml import Task
task = Task.init(project_name='autokeras experiment', task_name= 接下行
'mnist classifier')
```

執行以上程式時，它會透過系統中的 clearml.conf (透過 clearml-init 或手動建立) 連上 ClearML 伺服器，並以指定的專案及任務 (task) 名稱初始化一個任務。任務順利建立後，其連結會顯示在輸出結果內：

Out

```
2021-11-09 11:19:18,682 - clearml.Task - INFO - No repository found,
storing script code instead
ClearML results page: https://app.community.clear.ml/projects/d9476ec5
e9744786863acb9fc5f39966/experiments/fe9c1e045d1041948d033e9529138279/
output/log ◄── ClearML 任務上傳網址
```

這時打開上面的連結，就會看到 ClearML 已經有個執行中的任務，而且能讀到我們在筆記本中執行的內容：

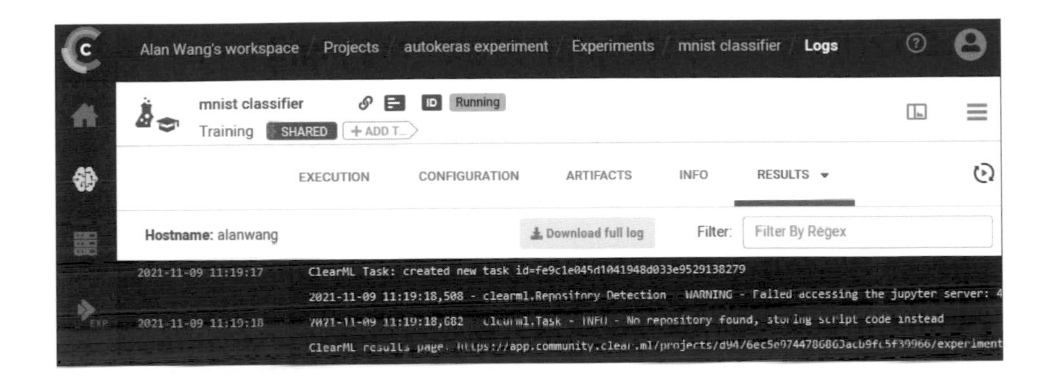

9-4-3 執行訓練並比較訓練結果

現在我們來再次訓練 MNIST 手寫數字集的分類器，首先匯入需要的套件及資料集：

In

```
import tensorflow as tf
import autokeras as ak

from tensorflow.keras.datasets import mnist
(x_train, y_train), (x_test, y_test) = mnist.load_data()
```

接著執行訓練，只測試一個候選模型，並使用 TensorBoard 回呼函式在 logs 目錄下記錄訓練日誌：

In

```
import os, datetime
logdir = os.path.join('./logs/', datetime.datetime.now().
strftime("%Y_%m_%d_%H_%M_%S"))

cbs = [
    tf.keras.callbacks.EarlyStopping(patience=3),
    tf.keras.callbacks.TensorBoard(log_dir=logdir, histogram_freq=1)
]

clf = ak.ImageClassifier(max_trials=1, overwrite=True)
clf.fit(x_train, y_train, callbacks=cbs)
```

現在點選 ClearML 儀表板上的『Scalars』頁籤 (網頁縮小時會顯示在『Result』頁籤底下) 來顯示模型的相關數值。由於 ClearML 任務已經啟動，你能看見模型每訓練完一個週期，準確率和損失值都會即時更新到 ClearML 儀表板上：

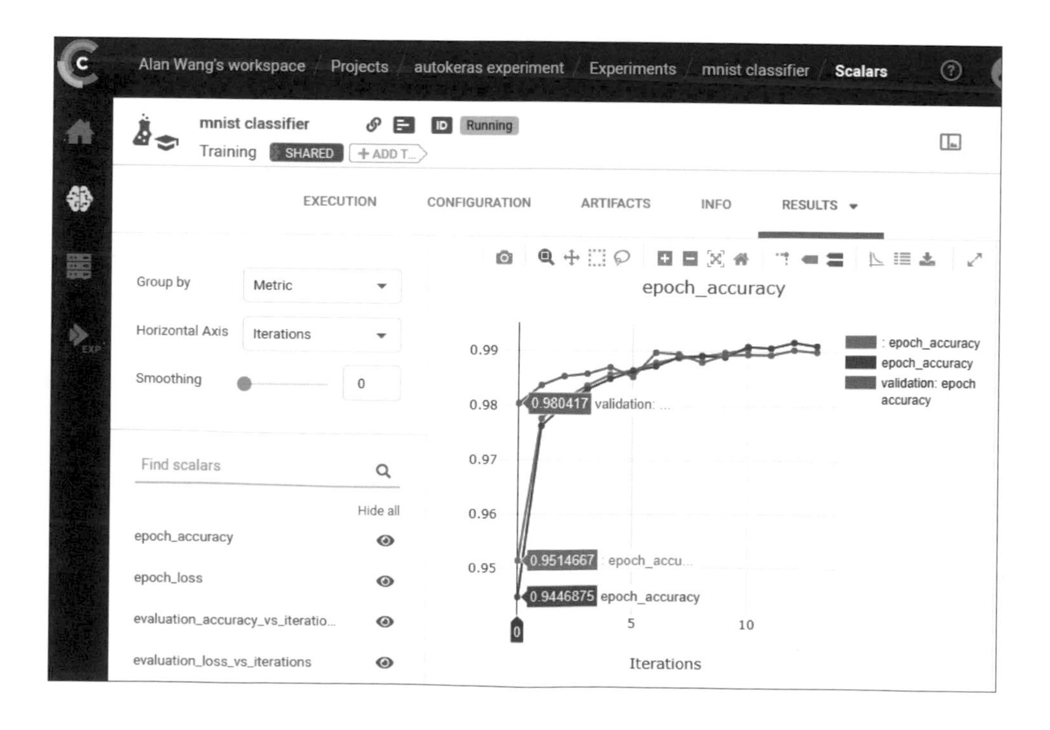

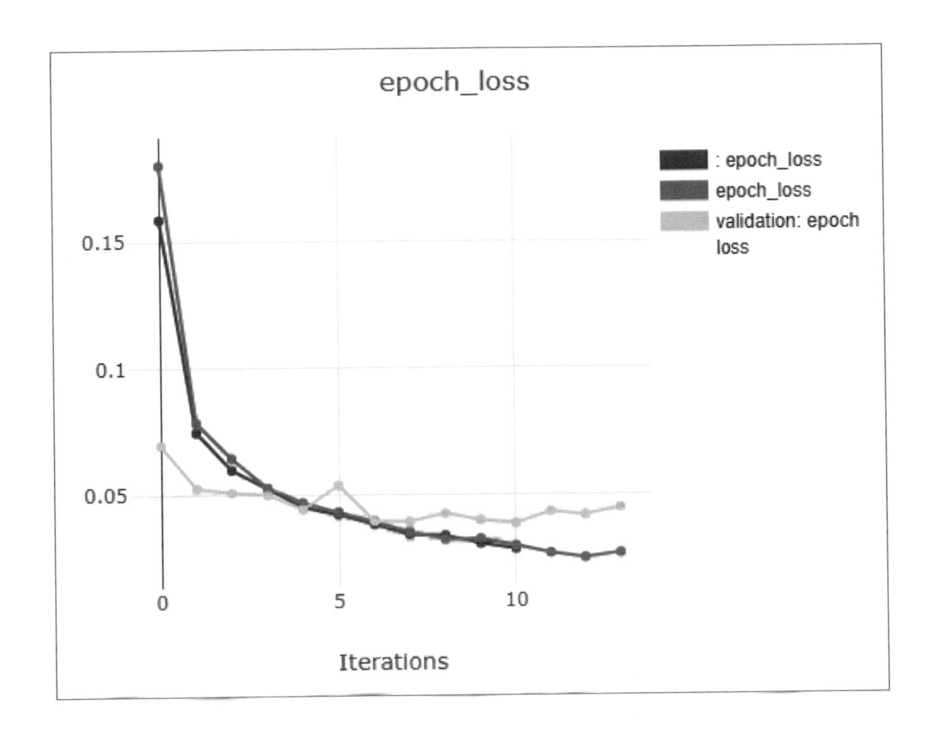

可以看到這裡也有 3 條曲線，分別是唯一一個候選模型對訓練集和驗證集的預測能力，以及最終模型的訓練成果。假如我們讓 AutoKeras 測試更多模型，我們就會有更多曲線可以比較。若繼續往下捲，還可看到 ClearML 記錄了系統的運算狀況、記憶體用量等等。

接著點選『Plots』頁籤，你可以檢視模型各層權重與偏值的立體分布圖：

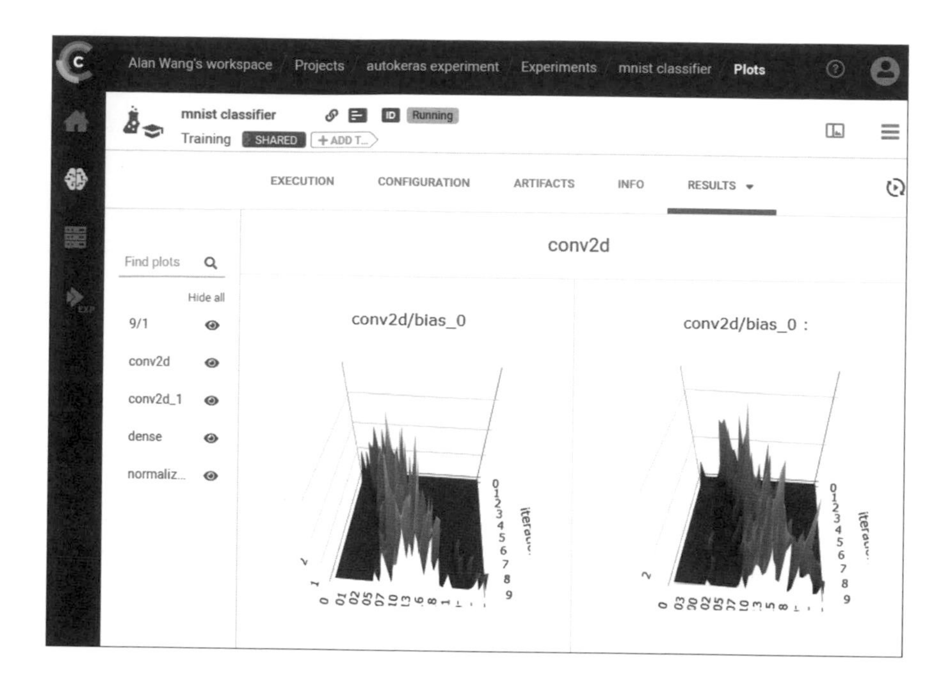

9-4-3 將圖表輸出到 ClearML

如前所述，ClearML 也能自動記錄 matplotlib 及 seaborn 繪圖套件輸出的結果。

在 Notebook 新增一個格子並輸入以下程式，好對測試集的前 100 個手寫數字產生預測結果，並用 matplotlib 繪製出來：

In

```
predicted = clf.predict(x_test[:100]).flatten().astype('uint8')

import matplotlib.pyplot as plt

fig = plt.figure(figsize=(10, 10))
```

→ 接下頁

```
for i in range(100):
    ax = fig.add_subplot(10, 10, i + 1)
    ax.set_axis_off()
    plt.imshow(x_test[i], cmap='binary')
    ax.set_title(f'{predicted[i]}')

plt.tight_layout()
plt.savefig('plot.png')  # 儲存成圖檔
plt.show()
```

小編註：這裡 plt.imshow() 的 cmap (colormap) 參數設為 binary 而不是 gray。簡單來說，binary 的黑白顏色方向與 gray 相反，使我們能印出白底黑字的效果。

以上程式會產生下列圖檔：

注意到這兒除了呼叫 plot.show() 以外，我們還使用 plt.savefig() 來儲存這個圖檔。這是因為我們產生的 matplotlib 圖檔包含子畫布，ClearML 沒辦法直接讀到它。然而一旦圖檔被儲存在 ClearML 任務監控中的目錄內，它就會被上傳到儀表板。

現在回到 ClearML 網站，重開 Result 下的『Plots』，就能看到圖檔出現了：

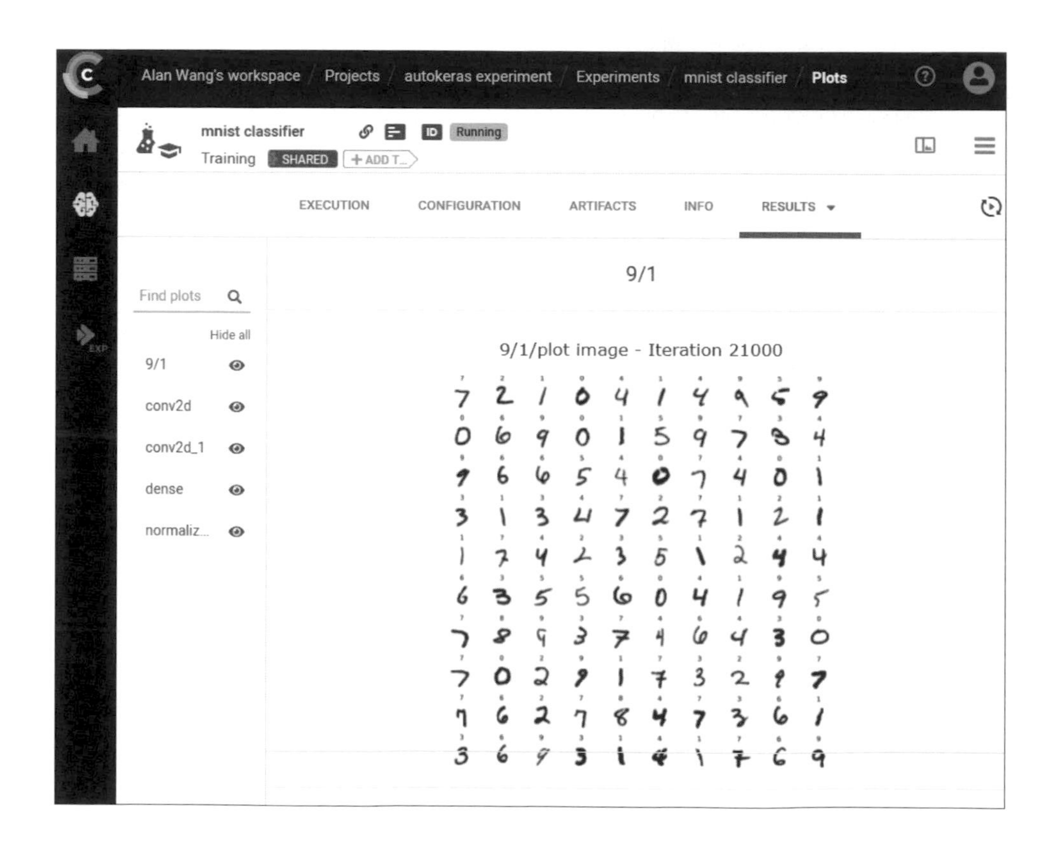

9-4-4 分享 ClearML 任務

若要將 ClearML 任務分享給其他人，也非常的容易。首先點選儀表板左上的首頁圖示，檢視實驗清單：

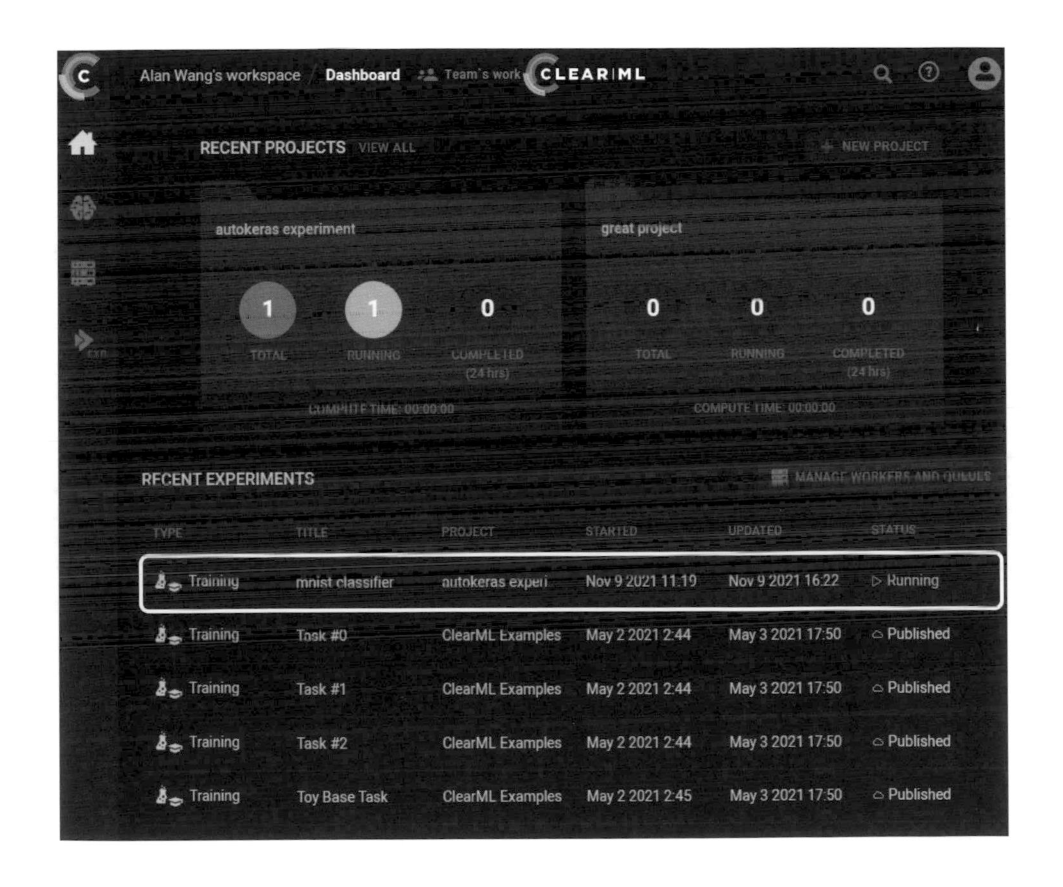

點選我們的實驗，然後在其名稱點右鍵，選擇『Share』：

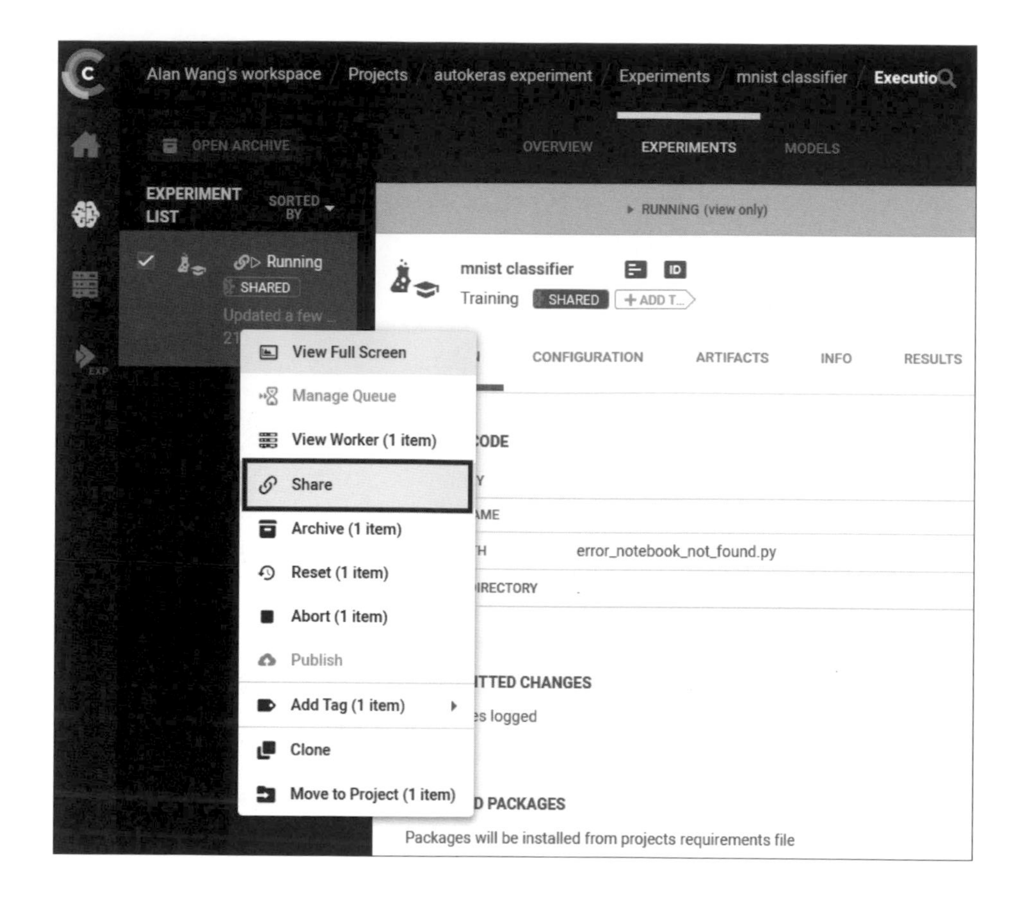

在接下來的畫面建立分享連結即可。

9-4-5 在 Google Colab 使用 ClearML

由於 Google Colab 執行階段沒有命令列介面，因此得用稍微不同的方式啟用 ClearML 服務。以下我們便來介紹，如何使用 ClearML Agent 來在 Colab 做到相同的效果。

> ★提示 範例程式：chapter09\notebook\visualization_clearml_colab.ipynb

首先是在 Colab Notebook 內安裝 AutoKeras、ClearML 以及 ClearML Agent(安裝後會提示你重新啟動執行階段來讓套件生效):

In

```
!pip3 install autokeras clearml clearml-agent
```

再來用 ClearML 建立一個 Task 物件,並將授權碼字串內的 key 與 secret 字串拷貝到底下的對應處(你可以到 https://app.community.clear.ml/profile 產生新的授權碼):

In

```
from clearml import Task

Task.set_credentials(
    api_host='https://api.community.clear.ml',
    web_host='https://app.community.clear.ml',
    files_host='https://files.community.clear.ml',
    key='xxxxx', # 填入你的 key
    secret='xxxxx' # 填入你的 secret
)
```

最後啟動 ClearML Agent:

In

```
!clearml-agent daemon --queue default
```

當你看到底下輸出類似如下的文字時,就可以按該格子的停止執行鈕(該格子會顯示執行成功,ClearML Agent 也會繼續運作):

Out

```
Worker "6ec1e32a88bc:gpuall" - Listening to queues:
+----------------------------------+--------+-------+
| id                               | name   | tags  |
+----------------------------------+--------+-------+
| 32ee63d0ad4742c2902a0143656b7e81 | default |       |
+----------------------------------+--------+-------+

Running CLEARML-AGENT daemon in background mode, writing stdout/stderr to
/tmp/.clearml_agent_daemon_out_df4el7o.txt
```

這時你就能用和前面相同的方式建立 ClearML 任務，讓它監控 Colab 內的模型訓練與輸出圖表：

In

```
task = Task.init(project_name='autokeras experiment', task_name= 接下行
'mnist classifier')
```

接下來你就能進行任何想記錄的 AutoKeras 模型訓練了。

9-5 總結

在本章中，我們重新檢視了如何匯出 Keras 模型，以及如何透過 TensorBoard 回呼函式來記錄模型訓練過程的相關指標。我們看到如何將日誌上傳到 TensorBoard.dev 或 ClearML，以便讓你跟其他人分享和比較模型的訓練效果。

靠著以上這些新工具，你不僅能在真實世界中建構深度學習模型來解決問題，更能觀察期訓練和試著進一步改善它。

最後幾句話

這本書已經來到尾聲了！拜 AutoKeras 之賜，於真實世界中運用 Keras 神經網路來解決問題，已經變得超乎想像的容易。我們看到了如何使用 AutoKeras 來自動產生高效能的 Keras 神經網路模型，用於圖像、文本、結構化資料、時間序列方面的預測任務，以及如何將模型的訓練過程和結果視覺化。

但是，這本書絕對不是終點。AI 領域每天都有新概念和新技術誕生；我非常鼓勵你繼續走下去，深入這個令人興奮的世界，並享受旅程中的每一段時刻。既然你已經在這本書打下 DL 的重要基礎，要繼續往前走，想必已經沒有像一開始那樣感覺那麼難了。

誠如西班牙詩人 Antonio Machado 寫過的一句話：『旅人啊，路並不存在。路由你腳下走出來。』(wanderer, there is no path, the path is made by walking.)。我希望這本書可以做為開拓你那條路的起點。

Bonus 電子書：運用輕量級 AutoML 套件 Flaml 於結構化資料預測任務

儘管本書已經展示，神經網路模型能夠應付各式各樣的預測任務，它們真正的強項仍然在於圖像或文本這類較複雜的資料。對於一般的結構化資料任務，非 DL 演算法其實也有機會在更短的時間內取得不亞於之的結果。若資料集本身並不複雜，不見得一定要動用牛刀 (神經網路) 吧？

小編要在 Bonus 介紹一個輕量級的全新自動化機器學習套件 **Flaml (Fast and Lightweight AutoML)**, 能以較低的運算成本來搜尋超參數，而依其研究論文顯示，Flaml 的表現通常也能勝過 Auto-sklearn、H2OAutoML、TPOT 等其他的 AutoML 套件。各位日後在處理較簡單的結構化資料，或者有運算資源上的考量時，不妨也可考慮看看使用 Flaml。

Bonus 下載網址：http://www.flag.com.tw/bk/st/F1385

輸入指定通關密語，加入 VIP 會員即可下載。

MEMO